先进核科学与技术译著出版工程

系统运行与安全系列

Dynamics and Control of Nuclear Reactors

核反应堆动态学与控制

〔美〕托马斯·柯林（Thomas W. Kerlin）

〔美〕贝尔·乌帕迪耶亚（Belle R. Upadhyaya） 著

张博文　成守宇　译

ELSEVIER

哈尔滨工程大学出版社
Harbin Engineering University Press

内 容 简 介

本书是一本介绍核反应堆动态学与控制的书籍。全书正文包括 16 章,涵盖反应堆物理、反应堆控制、反应堆热工水力、核反应堆安全、不同类型反应堆、核电厂仿真机、核电厂仪器仪表等多方面的核学科专业理论知识。除正文外,本书还使用大量篇幅编写附录,附录是正文所涉及基础知识的重要补充,将附录与相应的正文章节结合,有助于读者深入学习研究。

本书从不同角度、不同层面描述了核反应堆动态学与控制的相关专业知识,适合作为研究生教材以及核领域工程师的参考书,读者可根据学时和学习深度,有针对性地将正文与附录结合,控制学习的深度和广度。

图书在版编目(CIP)数据

核反应堆动态学与控制 /(美)托马斯·柯林
(Thomas W. Kerlin),(美)贝尔·乌帕迪耶亚
(Belle R. Upadhyaya) 著;张博文,成守宇译. —哈
尔滨:哈尔滨工程大学出版社,2023.3
ISBN 978 - 7 - 5661 - 2915 - 4

Ⅰ. ①核… Ⅱ. ①托… ②贝… ③张… ④成… Ⅲ.
①反应堆 - 动态 - 控制 - 研究 Ⅳ. ①TL36

中国版本图书馆 CIP 数据核字(2020)第 258398 号

◎选题策划 石 岭 ◎责任编辑 丁 伟 ◎封面设计 李海波

出版发行	哈尔滨工程大学出版社
社 址	哈尔滨市南岗区南通大街 145 号
邮政编码	150001
发行电话	0451 - 82519328
传 真	0451 - 82519699
经 销	新华书店
印 刷	哈尔滨午阳印刷有限公司
开 本	787 mm × 1 092 mm 1/16
印 张	20.5
字 数	482 千字
版 次	2023 年 3 月第 1 版
印 次	2023 年 3 月第 1 次印刷
定 价	118.00 元

http://www.hrbeupress.com
E-mail:heupress@ hrbeu.edu.cn

黑版贸登字 08－2021－005 号

Dynamics and Control of Nuclear Reactors, 1st edition

Thomas W. Kerlin, Belle R. Upadhyaya

ISBN: 9780128152614

Copyright © 2019 Elsevier Inc. All rights reserved.

Authorized Chinese translation published by Harbin Enigeering Univerity Press

《核反应堆动态学与控制》（第 1 版）（张博文，成守宇译）

ISBN: 978－7－5661－2915－4

注　意

　　本书涉及领域的知识和实践标准在不断变化。新的研究和经验拓展我们的理解，因此须对研究方法、专业实践或医疗方法做出调整。从业者和研究人员必须始终依靠自身经验和知识来评估和使用本书中提到的所有信息、方法、化合物或本书中描述的实验。在使用这些信息或方法时，他们应注意自身和他人的安全，包括注意他们负有专业责任的当事人的安全。在法律允许的最大范围内，爱思唯尔、译文的原文作者、原文编辑及原文内容提供者均不对因产品责任、疏忽或其他人身或财产伤害及/或损失承担责任，亦不对由于使用或操作文中提到的方法、产品、说明或思想而导致的人身或财产伤害及/或损失承担责任。

前　　言

核动力反应堆的瞬态特性取决于系统的固有特性和控制系统的性能。必须对这些问题进行分析，以预测和了解核动力反应堆的特性。本书论述了上述分析所需的方法。

本书既可作为可读性强的介绍性刊物，又可作为专业的研究类刊物，教师可根据学生的水平选择合适的章节和附录。本书正文阐述了核反应堆动态特性的时域和频域分析，附录介绍了线性系统频率响应分析的基础。假设学生具有核反应堆物理学的入门知识，那么其可根据需要查阅附录中的基础知识，基础较好的高年级学生则可忽略这些附录。著者建议学生复习附录的基础知识，这些知识是正文章节内容的重要补充。

本书有些附录可能过于详细，因此更适合将本书作为研究类刊物的读者（研究型读者），而不是将本书作为介绍性刊物的读者（科普型读者）。如果将这些附录放在正文章节中，将会降低科普型读者的阅读兴趣。

本书包含了许多习题，有些是为了让读者熟悉书中所介绍技术的应用，这类习题适合各个层次的读者，有些习题比较复杂，是为研究型读者准备的，其中包括文献调研的作业。

我们希望本书能够供教师灵活使用，确定合适的教学章节以适应学生当前所储备的知识。

有人可能会问，为什么要出版一本关于核能的新书。许多人认为核能是不安全且非必需的，其他能源则是更加环境友好的，如太阳能和风能。读者应该了解著者对核能需求的观点，具体如下：

由于对自然条件的依赖，太阳能和风能是不能持续稳定的。著者支持最大限度地利用太阳能和风能。

即使小型电厂的发电量在增加，大型发电厂总是需要的。

由于对污染和气候变化的担忧，燃烧化石燃料的发电厂将会减少。

核电厂是安全的，因为吸取了以往的经验教训，提高了反应堆设计和运行的安全性，丰富了核安全文化。但是，操作人员必须充分了解反应堆及其运行特性，以避免错误操作。

译 者 序

本书介绍了核反应堆动态学与控制方面的内容，涵盖了反应堆物理、反应堆控制、反应堆热工水力、核反应堆安全、不同类型反应堆、核电厂仿真机、核电厂仪器仪表等多方面的核学科理论知识，几乎覆盖了核反应堆动态特性分析所需的全部知识要点。

本书可作为核专业研究生课程的教材，提供核反应堆动态特性分析方面的教学内容。之所以更适合研究生，是因为本书将反应堆物理、反应堆控制、反应堆热工水力等本科教学内容进行融会贯通，为研究生提供了结合已有知识进行核反应堆动态特性分析的方法和途径，辅助研究生厘清分析的思路。由于本书涉及的知识面广且篇幅有限，相比于仅涉及其中一个方面的教材，本书的知识描述不够详细，因此不适合作为本科生教材。

本书亦可作为核领域工作者的参考书，读者可根据自身学习诉求，选择合适的章节和相应的附录进行阅读。对于科普型读者，可以着重阅读正文章节，忽略描述十分详细的附录。对于研究型读者，可结合附录进行深入阅读。

由于译者水平有限，本书翻译内容难免存在疏漏和不足之处，诚恳希望广大读者批评指正。

译 者
2022 年 12 月

目　　录

第 1 章　概述 ·· 1

　1.1　引言 ·· 1

　1.2　系统动态学和控制设计 ·· 2

　习题 ··· 3

　参考文献 ·· 3

第 2 章　核反应堆设计 ··· 4

　2.1　引言 ·· 4

　2.2　第一代反应堆 ·· 4

　2.3　第二代反应堆 ·· 5

　2.4　第三代反应堆 ·· 9

　2.5　第三代 + 反应堆 ·· 10

　2.6　第四代反应堆 ·· 10

　2.7　先进反应堆 ··· 11

　2.8　21 世纪初的建设 ·· 11

　习题 ··· 11

　参考文献 ·· 12

　拓展阅读 ·· 12

第 3 章　点堆动力学方程 ··· 13

　3.1　中子学 ··· 13

　3.2　缓发中子 ·· 13

　3.3　点堆动力学方程的开发 ·· 16

　3.4　点堆动力学方程的其他形式 ··· 19

　3.5　点堆动力学方程的扰动形式 ··· 20

　3.6　传递函数 ·· 21

　3.7　频率响应功能 ·· 23

　3.8　稳定性 ··· 23

　3.9　液体燃料反应堆 ·· 24

　习题 ··· 25

　参考文献 ·· 25

　拓展阅读 ·· 25

第 4 章 点堆动力学方程的分析与求解 ············· 26

4.1 仿真方法的演变 ························· 26

4.2 数值分析 ····························· 26

4.3 零功率反应堆中的瞬态响应 ··············· 29

4.4 解析解 ····························· 31

4.5 具有小扰动的方程求解 ··················· 32

4.6 正弦反应性和频率响应 ··················· 33

4.7 液体燃料反应堆响应 ···················· 36

4.8 倒时方程 ····························· 38

习题 ································· 40

参考文献 ······························ 41

第 5 章 亚临界运行 ······················· 42

5.1 中子源 ······························ 42

5.2 亚临界反应堆中子通量与反应性之间的关系 ······ 42

5.3 逆乘因子 ···························· 43

5.4 启堆期间的响应 ······················· 43

5.5 功率提升 ···························· 44

习题 ································· 44

拓展阅读 ······························ 45

第 6 章 裂变产物中毒 ······················ 46

6.1 引言 ······························· 46

6.2 ^{135}Xe 动力学 ······················· 46

6.3 ^{149}Sm 中毒 ························· 56

6.4 总结 ······························· 58

习题 ································· 58

参考文献 ······························ 58

第 7 章 反应性反馈 ························ 59

7.1 引言 ······························· 59

7.2 热中子反应堆中的燃料温度反馈 ············· 59

7.3 热中子反应堆中的慢化剂温度反馈 ··········· 60

7.4 热中子反应堆中的压力和空泡份额 ··········· 62

7.5 裂变产物反馈 ························· 63

7.6 综合反应性反馈 ······················· 63

7.7 反应性功率系数与功率亏损 ··············· 65

7.8 反应性反馈对频率响应的影响 ············· 65

7.9 负反馈失稳:一种物理解释 ··············· 66

7.10　状态空间表示的稳定性分析 ……………………………………………………… 69

习题 …………………………………………………………………………………………… 69

参考文献 ……………………………………………………………………………………… 70

第 8 章　反应堆控制 ………………………………………………………………… 71

8.1　引言 …………………………………………………………………………………… 71

8.2　开环和闭环控制系统 ………………………………………………………………… 71

8.3　基本控制原理 ………………………………………………………………………… 72

8.4　零功率反应堆的控制 ………………………………………………………………… 77

8.5　反应堆中的控制项 …………………………………………………………………… 79

8.6　固有反馈对控制项的影响 …………………………………………………………… 80

8.7　负荷跟踪运行 ………………………………………………………………………… 80

8.8　储能作用 ……………………………………………………………………………… 81

8.9　稳态功率分布控制 …………………………………………………………………… 81

8.10　各种堆型的重要反应性反馈和控制策略 ………………………………………… 82

习题 …………………………………………………………………………………………… 82

参考文献 ……………………………………………………………………………………… 83

第 9 章　时空动力学 ………………………………………………………………… 84

9.1　引言 …………………………………………………………………………………… 84

9.2　扩散理论 ……………………………………………………………………………… 84

9.3　多群扩散理论 ………………………………………………………………………… 85

9.4　计算要求 ……………………………………………………………………………… 86

9.5　计算机软件 …………………………………………………………………………… 87

9.6　模型与计算方法 ……………………………………………………………………… 87

习题 …………………………………………………………………………………………… 88

参考文献 ……………………………………………………………………………………… 88

第 10 章　反应堆热工水力 ………………………………………………………… 89

10.1　引言 …………………………………………………………………………………… 89

10.2　燃料元件中的热传导 ………………………………………………………………… 89

10.3　冷却剂的传热 ………………………………………………………………………… 90

10.4　冷却剂沸腾 …………………………………………………………………………… 92

10.5　箱体和管道模型 ……………………………………………………………………… 93

10.6　稳压器 ………………………………………………………………………………… 93

10.7　换热器模型 …………………………………………………………………………… 95

10.8　蒸汽发生器模型 ……………………………………………………………………… 96

10.9　二回路系统模型 ……………………………………………………………………… 99

10.10　反应堆系统模型 …………………………………………………………………… 100

　　习题 ··· 100

　　参考文献 ··· 101

　　拓展阅读 ··· 101

第 11 章　核反应堆安全 ··· 102

11.1　引言 ··· 102

11.2　反应堆安全原则 ·· 102

11.3　早期的燃料损坏事故 ··· 102

11.4　反应堆潜在事故分析 ··· 104

11.5　第二代动力堆事故 ··· 105

11.6　后果和吸取的教训 ··· 107

　　习题 ··· 108

　　参考文献 ··· 108

第 12 章　压水堆 ·· 110

12.1　引言 ··· 110

12.2　压水堆的特点 ··· 110

12.3　堆芯 ··· 111

12.4　稳压器 ··· 114

12.5　蒸汽发生器 ··· 115

12.6　反应性反馈 ··· 117

12.7　功率变化 ·· 118

12.8　压水堆的稳态程序 ··· 119

12.9　控制棒操作带和控制棒操作 ·· 123

12.10　带 U 形管蒸汽发生器的压水堆给水控制 ······································ 124

12.11　带直流蒸汽发生器的压水堆控制 ··· 125

12.12　汽轮机控制 ·· 125

12.13　主要的压水堆控制器概述 ·· 126

12.14　压水堆安全系统 ·· 126

12.15　压水堆仿真案例 ·· 127

　　习题 ··· 129

　　参考文献 ··· 130

　　拓展阅读 ··· 130

第 13 章　沸水堆 ·· 132

13.1　引言 ··· 132

13.2　沸水堆设计的演进历史 ··· 132

13.3　沸水堆的特点 ··· 134

13.4　沸水堆的反应性反馈 ··· 138

13.5　反应性和再循环流量 ··· 139

13.6　总反应性的平衡 ……………………………………………………… 139

13.7　沸水堆动态模型 ……………………………………………………… 140

13.8　沸水堆稳定性问题及对控制的影响 ………………………………… 142

13.9　功率流量图和启堆 …………………………………………………… 143

13.10　在线稳定性监测 ……………………………………………………… 145

13.11　功率操纵 ……………………………………………………………… 147

13.12　反应堆控制策略 ……………………………………………………… 147

13.13　沸水堆安全 …………………………………………………………… 148

13.14　优点与缺点 …………………………………………………………… 148

习题 …………………………………………………………………………… 148

参考文献 ……………………………………………………………………… 148

拓展阅读 ……………………………………………………………………… 149

第 14 章　加压重水反应堆 ………………………………………………… 150

14.1　引言 …………………………………………………………………… 150

14.2　加压重水反应堆特性 ………………………………………………… 150

14.3　中子特性 ……………………………………………………………… 152

14.4　重水反应堆的温度反馈 ……………………………………………… 153

14.5　空泡系数 ……………………………………………………………… 153

14.6　反应性控制机制 ……………………………………………………… 154

14.7　控制系统 ……………………………………………………………… 154

14.8　机动性 ………………………………………………………………… 155

14.9　反应堆动态 …………………………………………………………… 156

习题 …………………………………………………………………………… 159

参考文献 ……………………………………………………………………… 159

第 15 章　核电厂仿真机 …………………………………………………… 160

15.1　引言 …………………………………………………………………… 160

15.2　仿真机的类型及用途 ………………………………………………… 160

15.3　桌面仿真机 …………………………………………………………… 161

15.4　控制室仿真机 ………………………………………………………… 164

参考文献 ……………………………………………………………………… 165

第 16 章　核电厂仪器仪表 ………………………………………………… 166

16.1　引言 …………………………………………………………………… 166

16.2　传感器特性 …………………………………………………………… 166

16.3　压水堆(PWR)仪器仪表 ……………………………………………… 175

16.4　沸水堆仪器仪表 ……………………………………………………… 177

16.5　CANDU 堆(加压重水反应堆)仪器仪表 …………………………… 178

16.6　高温堆仪器仪表 ……………………………………………………… 179

参考文献 …………………………………………………………………… 182

拓展阅读 …………………………………………………………………… 183

附录 A　第二代反应堆参数 …………………………………………… 184

参考文献 …………………………………………………………………… 188

附录 B　先进反应堆 ……………………………………………………… 190

参考文献 …………………………………………………………………… 197

附录 C　基础反应堆物理 ………………………………………………… 200

习题 ………………………………………………………………………… 209

参考文献 …………………………………………………………………… 210

附录 D　拉普拉斯变换和传递函数 ……………………………………… 211

习题 ………………………………………………………………………… 218

参考文献 …………………………………………………………………… 220

附录 E　线性系统的频率响应分析 ……………………………………… 221

习题 ………………………………………………………………………… 233

参考文献 …………………………………………………………………… 234

附录 F　状态变量模型和瞬态分析 ……………………………………… 235

习题 ………………………………………………………………………… 247

参考文献 …………………………………………………………………… 248

附录 G　MATLAB 和 Simulink 简要教程 …………………………… 250

参考文献 …………………………………………………………………… 257

附录 H　点堆中子动力学方程的解析解和瞬变近似 …………………… 258

附录 I　移动边界模型 …………………………………………………… 262

附录 J　压水堆的建模与仿真 …………………………………………… 265

参考文献 …………………………………………………………………… 284

拓展阅读 …………………………………………………………………… 284

附录 K　熔盐堆的建模与仿真 …………………………………………… 285

习题 ………………………………………………………………………… 293

参考文献 …………………………………………………………………… 293

拓展阅读 …………………………………………………………………… 294

词汇表 ……………………………………………………………………… 295

第1章 概　　述

1.1 引　　言

核电厂经历的瞬态过程是由操作员的动作、自动控制系统发起的动作或组件故障引起的,核电厂操作员期望核反应堆的功率水平在任何时候都能达到自己的预期。设计人员和操作人员必须了解瞬态行为,以实现所需的操作和安全性。

一方面,要了解低功率运行工况下反应堆的瞬态运行特性,这里的低功率工况是指裂变热引起的温度升高可忽略不计的工况。这样的反应堆通常称为零功率反应堆,实际上核功率并非为零,而是核功率太低不会产生大量的热,且温度相关的反馈效应可忽略不计。因而许多研究堆可看作零功率反应堆。

另一方面,动力堆在足以引起温度大幅升高的功率水平下运行。在瞬态工况下,反应堆组件的温度会随反应堆功率的变化而变化,而这些温度变化又会影响反应堆的功率(反馈环路)。同样,包含可压缩流体的动力堆在瞬态过程中也会发生压力变化。这些压力变化还会影响反应堆功率(另一个反馈环路)。

瞬态通常伴随控制动作。控制系统监视选定的系统参数(例如功率、温度、压力、流速),并适当改变控制动作(例如控制棒和阀门位置)。

创建一组数学方程式和参数(系数)来分析反应堆的瞬态过程称为建模,为这些方程式创建一个解决方案称为系统仿真。

核反应堆仿真通常有以下三个目的:了解反应堆的基本瞬态运行特性;分析正常工况下的瞬态操作和事故工况下的瞬态响应;培训操作员。不同目的对仿真模型的精细化程度要求也不同。

反应堆仿真工作在反应堆运行初期就开始了,起初采用手工和初级计算器计算,此后不久,反应堆仿真转向用计算机来实现,仿真技术随着计算机技术能力的发展而逐渐成熟。模拟计算机通过电路去模拟反应堆运行,在早期的仿真中得到广泛使用。接下来是混合电脑,使用了数字组件和模拟元件,数字组件可以处理模拟组件无法执行的计算,随着数字计算机变得更快更强,其开始主导反应堆仿真工作。

个人计算机可以通过一些应用程序完成仿真计算、模型方程求解并提供数值或图形结果。复杂的个人计算机仿真计算能够模拟实际反应堆控制室的屏幕显示。

操作员培训仿真机为全范围仿真机,能够模拟实际控制室的功能,显示实际核动力装置所有监测变量的计算结果,操作员可在仿真机上进行模拟操作。

反应堆事故分析一般需要在大型高性能计算机上实现非常详细的建模,进行具有潜在严重后果的大扰动处理过程的仿真,并分析严重事故场景,如失水事故和控制棒弹棒事故。

本书讲述了核反应堆的建模和仿真,包括零功率反应堆和功率运行反应堆的多种建模方案,每种方案的复杂程度不同。建模仿真不是一蹴而就的工作,需要进行反复调试与迭代,其内部状态在运行期间连续变化,而在换料重启堆前后其内部状态阶跃变化,这些变化的程度决定了反应堆的动态特性,因此,没有一种仿真模型能够适用于反应堆的所有工况。此外,即使是试图评估模型中所需的参数也很复杂,因为需要知道中子动力学及传热特性,这些特性取决于堆芯中的位置和燃料的燃耗历史,并且很难评估。仿真的重要性在于提供一种方法来了解反应堆中发生的情况以及发生的原因,而不是精确仿真特定时间、特定扰动下的反应堆动态响应行为。

本书中详细介绍反应堆物理的内容很少,但对于入门层面熟悉反应堆物理知识的读者是有帮助的。

1.2　系统动态学和控制设计

发电机组(如核电厂、化石燃料发电厂等)和大型工业设施属于复杂系统,需要对这些系统的设计进行广泛的分析,并使用动态模型进行各种条件下的运行仿真。由于过去两个世纪数学方法和 20 世纪 50 年代以来计算机技术的发展,目前已具备分析动态系统和设计控制系统的条件。现在可以预测系统对外部干扰的响应方式,并开发一种控制策略,使系统按预期运行。

使用各种模型进行系统动态学建模,对于实现良好的工程设计至关重要。核电厂的控制和调节需要进行过程参数和中子注量率等参数测量,大型核电厂具有几千个测点,用于控制系统、保护系统和监控系统。因此,仪表和控制系统在商业核电厂的安全可靠运行中起着至关重要的作用。

系统动态性能是许多工业系统中的关键问题。系统动态性能的关键问题如下:

1. 系统能否以可接受的方式从一个期望值(设定点)移动到另一个期望值? 也就是说,期望值及其变化速率是否在运行限制条件内。

2. 当受到计划外干扰(可能是事故、外部干扰、部件故障或人为错误引发)时,系统能否以稳定的方式做出响应而不超过运行限制条件?

最新发展的模块化建模软件提高了建模的效率和可用性。模块化建模软件提供了常见系统模型库(反应堆动态学、燃料 - 冷却剂换热、热段和冷段体积、蒸汽发生器、给水加热器、稳压器、汽轮机、冷凝器、汽水分离器、蒸汽再热器、泵、阀门及其控制模块等)和用于将它们连接在一起并模拟运行的自动化装置。每个组件的模型用于许多不同情况的仿真分析,因此需要专业的开发人员进行软件的开发、测试与验证,以保证软件仿真计算的准确性和可用性。

目前有几家供应商提出了新的仿真和控制设计软件系统,国际原子能机构

（International Atomic Energy Agency，IAEA）也向成员国成员组织提供了大多数类型的动力反应堆仿真机，用于工业和大学的培训。参考文献[1]提供了申请原子能机构仿真软件的途径，要求所在国家的原子能机构代表推荐申请人。

本书强调了 MATLAB 软件及其工具箱的使用，一个名为 Simulink 的配套系统用于对大型复杂过程，如核电厂进行仿真。该软件在个人计算机和大型计算机上实现设计，由 MathWorks 公司开发和销售。

我们强烈建议学生熟悉 MATLAB、Simulink 和相关的工具箱[2-3]。MATLAB 是用于科学计算的高性能编程语言，它在一个易于使用的环境中集成了计算、可视化和编程。MATLAB 意为矩阵实验室[4]，基于 Modelica 建模的开源仿真平台是系统建模和仿真的主流软件[5]。

这本书阐述了动态系统分析和控制系统设计的方法，除了讨论当前的反应堆系统，还概述了下一代核电厂（NGNP）、小型模块化反应堆（SMR）和仪器系统，个别章节内容的描述从入门到高级。对于本科工程课程，可选择简单的章节进行学习。附录是本书不可或缺的一部分，用以提供主要章节的细节补充，鼓励读者学习这些内容。

习　　题

1.1 请访问国际原子能机构网站（参见文献[1]），查找所有可获取的反应堆建模仿真程序，并记录。

参 考 文 献①

[1]　International Atomic Energy Agency：Website：https://www. iaea. org/topics/nuclear power-reactors/nuclear-reactor-simulators-for-education-and-training/ , Email：Simulators. Contact-Point@ iaea. org.

[2]　H. Klee, Simulation of Dynamic Systems with MATLAB and Simulink, CRC Press, Boca Raton, FL, 2007.

[3]　MATLAB and Simulink User Guides, The MathWorks, Inc. , Natick, MA.

[4]　C. Moler, The Origins of MATLAB, MathWorks Technical Articles, 2004.

[5]　OpenModelica, Open Source Modelica Consortium,www. openmodelica. org.

---

① 为忠实原著，便于读者查阅与参考，在翻译过程中本书参考文献格式均与原著保持一致。　　　　　　——译者注。

第 2 章　核反应堆设计

2.1　引　　言

熟悉反应堆的运行特性,明确其对反应堆动态特性和控制策略的影响,在本书的学习中是十分必要的。本章默认读者了解基本的反应堆运行特性,回顾了与核反应堆动态学与控制研究相关的反应堆运行特性。

商用核能的发展通常描述为不同代,其特点是每一代的反应堆设计占主导地位。21 世纪初,世界上一些地方正在建造的反应堆为第三代,后来改进的设计构成了三代 + 和四代。第五代系统是全新的、高度符合需求的设计,正在研究中,以便以后可以使用。

戈德堡和罗斯纳[1]确定了影响核电反应堆开发和部署的六个主要因素,分别为成本效益、安全、安保和防扩散、电网适用性、商业化路线和燃料循环。

2.2　第一代反应堆

早期(20 世纪 50 年代至 60 年代初)建造的反应堆通常称为第一代反应堆。

第一个核反应堆用来证明运行基于铀裂变系统的可行性,由恩利克·费米设计,并于 1942 年在芝加哥大学建造,因此,被称为"芝加哥堆"。"芝加哥堆"建造成功后,在田纳西州的橡树岭和华盛顿州的汉福德建造了反应堆,其目的是通过中子俘获将^{238}U 转化为用于生产核武器的^{239}Pu。随后在南卡罗来纳州的萨凡纳河建造了生产钚和氚的反应堆。

后来人们对利用核裂变反应堆生产有用的能源产生了兴趣。美国政府通过原子能委员会开始了一项反应堆发展计划。1951 年,爱达荷州阿科的实验增殖反应堆 EBR – 1 用一台小型发电机生产了第一度核电,并用来给灯泡供电。1954 年,美国国会取消了对非政府组织核活动的禁令。

核反应堆在能源生产中的第一次成功应用是在军事上,它是 1955 年服役的美国潜艇"鹦鹉螺"号的推进装置,"鹦鹉螺"号使用了西屋公司为美国海军提供的压水堆。鹦鹉螺号核反应堆的成功应用促使了美国第一个陆基动力反应堆的建造和运行。美国第一个陆基动力反应堆即宾夕法尼亚州的希平波特 60 MW 反应堆,该反应堆于 1957 年投入使用。希平波特反应堆是后来在美国和其他国家建造的大型压水堆的原型。1960 年在伊利诺伊州投入使用的 200 MW 德累斯顿沸水反应堆是大规模商业反应堆系统的另一个原型。

美国专注于发展大型压水堆和沸水堆,加拿大则专注于发展使用重水的动力反应堆,这些核反应堆被称为 CANDU(CANada Deuterium Uranium 的缩写)反应堆。

英国气冷堆的发展始于 1956 年,作为第一代反应堆投入使用的是卡尔德霍尔马格努斯反应堆。马格努斯反应堆使用天然铀作为燃料,石墨作为慢化剂,二氧化碳气体作为冷却剂。马格努斯一词来自制造燃料元件的镁质金属包层。

20 世纪 50 年代至 60 年代初建造的反应堆通常称为第一代反应堆。

2.3 第二代反应堆

第二代反应堆是 20 世纪 60 年代至 90 年代末在美国和其他地方建造的大型商用反应堆(以压水堆和沸水堆为代表)。研究人员经常需要获取核电厂参数,附录 A 提供了第二代压水堆、沸水堆和 CANDU 反应堆的典型设计数据。

除了压水堆、沸水堆和 CANDU 堆,第二代反应堆还包括英国的先进气冷堆、俄罗斯的沃多－沃迪亚诺伊能源切斯基反应堆(VVERs)和 RBMK 反应堆。

在压水堆中,冷却剂流过反应堆堆芯的燃料棒并吸收热量,热水通过管道进入蒸汽发生器内部的管道,蒸汽发生器二次侧水从发生沸腾的蒸汽发生器的管道(在壳侧)流出。在美国的设计中有两种主要的蒸汽发生器:U 形管再循环型和直流型。俄罗斯 VVERs 使用卧式蒸汽发生器。图 2.1、图 2.2 和图 2.3 显示了两种美国压水堆的主要部件。本书将在第 12 章介绍与压水堆动态学和控制有关的细节。

在沸水反应堆中,水流过燃料棒,吸收热量并沸腾。将蒸汽与液态水分离后,饱和蒸汽进入汽轮机,图 2.4 显示了沸水堆的示意图。与沸水堆动态学和控制有关的细节见第 13 章。

压水堆和沸水堆称为轻水反应堆,以区别于使用其他冷却剂的反应堆。典型商用压水堆和沸水堆的设计参数见附录 A。

加拿大开发了 CANDU 反应堆,该反应堆使用天然铀燃料和重水(作为冷却剂和中子慢化剂)。在 CANDU 反应堆中,重水流经燃料棒并吸收热量,加热的重水进入一个类似于压水堆所用 U 形管的蒸汽发生器。图 2.5 显示了 CANDU 反应堆的示意图。CANDU 反应堆是加压重水慢化反应堆,通常叫作 PHWRs。典型商用 CANDU 反应堆的设计参数见附录 A。

本书反应堆动态和控制策略的细节仅针对北美开发和使用的第二代反应堆(压水堆、沸水堆和 CANDU 堆)。潜在的先进反应堆在设计或建设过程中,其相关资料不如目前运行的反应堆详细。

也开发和部署了其他类型的动力反应堆,但到目前为止还没有得到如上述第二代反应堆的广泛应用。

使用二氧化碳或氦气冷却剂和石墨慢化剂的气冷反应堆已经建成并运行,大部分在英国,这些部署在英国的高温气冷堆称为先进气冷堆。

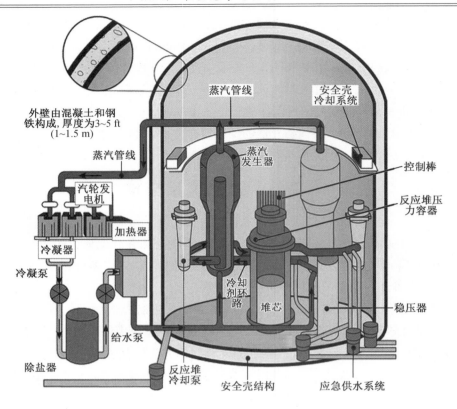

图 2.1　典型压水堆核电厂的布局

（源自：U. S. NRC, www. nrc. gov/reactors/pwrs. html. ）

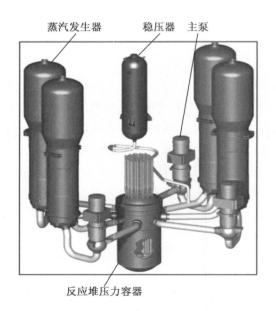

图 2.2　带有再循环型（U 形管）蒸汽发生器的四环路压水堆系统

（源自：AREVA）

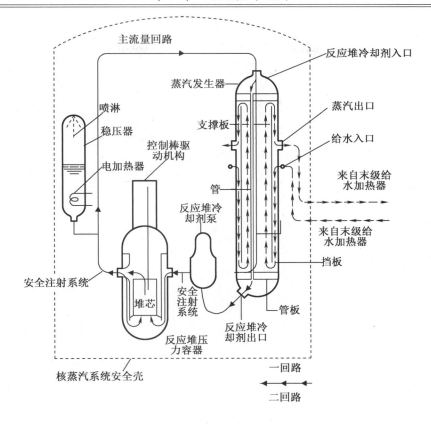

图 2.3　带有直流蒸汽发生器的压水堆

（源自：巴布科克 – 威尔科克斯公司（Steam, Its Generation and Use, Edition 42, The Babcock & Wilcox Company, 2015）.）

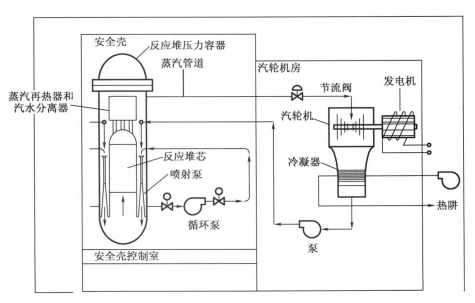

图 2.4　一个沸水反应堆核电厂，带有 Mark – Ⅲ 安全壳（U. S. NRC）

（源自：U. S. NRC）

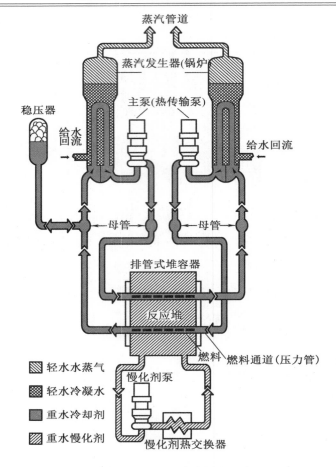

图 2.5 CANDU 反应堆核蒸汽供应系统

（源自：UNENE（W. J. Garland（Editor-in-Chief），The Essential CANDU：A Textbook on the CANDU Nuclear Power Plant Technology，University Network of Excellence in Nuclear Engineering（UNENE），Hamilton，Ontario，Canada，2014）.）

钠冷快堆是一种快中子增殖反应堆（FBR），使用液态钠作为冷却剂。实验和商用钠冷快中子增殖反应堆已经被设计、建造并投入运行。EBR-1、EBR-2 和费米反应堆在美国运行，费尼克斯和 SuperPhenix 反应堆在法国运行。俄罗斯经营两种商用反应堆 SFRs——BN-6000 和 BN-800。印度英迪拉·甘地原子研究中心开发了一个 500 MW 的原型快中子增殖反应堆（PFBR）。中国原子能研究所研制了一种 600 MW 的中国钠冷快堆（CFR-600）。

VVER 是俄罗斯设计的压水堆，它与西方的压水堆既有相似之处，又有一些显著的区别，VVER 具有卧式蒸汽发生器、六角形燃料组件，没有容器底部贯穿件，额定功率范围从 440 MW 到 1 200 MW。文献[2]总结了 VVER 设计的演变过程。图 2.6 显示了一个四环路 1 200 MW VVER 电厂的示意图[2]。

RBMK 是俄罗斯设计的石墨慢化水冷反应堆。众所周知，它有严重的稳定性问题，不幸的是发生了切尔诺贝利事故。因此，RBMK 反应堆已不再建造。

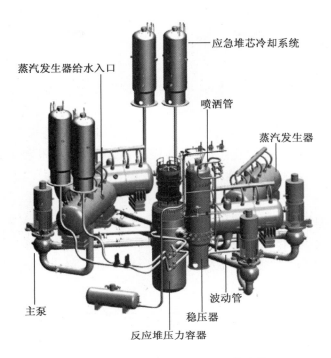

应急堆芯冷却系统

蒸汽发生器给水入口

喷洒管

蒸汽发生器

主泵

波动管

稳压器

反应堆压力容器

图 2.6　1 200 MW VVER 工厂的布局

（源自：罗斯塔姆海外版（The VVER Today：Evolution，Design，Safety，2018，www. rosatom. ru.））

2.4　第三代反应堆

新设计的第三代反应堆已开始开发和建造。其在第二代反应堆的基础上进行了改进。第三代反应堆的特点包括：

1. 加快许可、降低成本和缩短建设时间的标准化设计。

2. 非能动安全功能，可减少工程安全系统的启动和正常运行需求。

3. 通过使用浓缩燃料和可燃毒物（吸收中子的材料，但其强度随着燃料消耗而下降）来实现更长的换料周期。

4. 能够使用混合氧化物燃料（铀和钚）。

5. 更简单的设计，加快了建设和运营。

第一个开始运行的第三代反应堆是 1996 年日本的柏崎 - 6 ABWR（先进沸水反应堆）。AP600 是西屋电气公司设计的第三代压水堆。

2.5　第三代 + 反应堆

与第三代反应堆相比,第三代 + 反应堆提供了模块化设计和显著的固有安全性。这些设计结合了非能动安全功能,如自然循环和冷却剂供给,并减少了对执行机构(阀门、泵等)的依赖和操作员操作。第三代 + 设计的例子有 AP1000(西屋公司)、先进加拿大堆(ACR1000)、APR-1400(韩国先进压水堆)、VVER-1200 和欧洲压水堆(EPR)。1650 MW 的 EPR 在国际市场上也称为进化动力反应堆。文献[3]提供了第三代 + VVER-1200 系统的重要设计特征。

第三代 + 反应堆包括小型模块化反应堆(SMR),额定功率从 25 MW 到 200 MW 不等。轻水 SMR 主导了当前的设计和开发。附录 B 给出了一体化反应堆和小型模块化反应堆的更多细节。国际原子能机构将中小型反应堆称为 SMR,功率范围为 25~350 MW。

2.6　第四代反应堆

未来可能建设开发的新反应堆的设计工作正在进行中,所考虑的设计包括新概念和未能达到商业化的旧概念,第四代反应堆设计的运行温度高。高温可以使电力生产中的热力学效率提高,也可以为高温电解的应用提供热量以产生氢气。

目前(2019 年)正在考虑六个概念,目标是提高安全性和防扩散性、减少浪费和降低成本。文献[4]由经济合作与发展组织核能机构编写,提供了第四代反应堆的技术路线图。考虑中的第四代反应堆概念如下[4]。

1. 气冷快堆(GCFR):GCFR 是一种增殖反应堆,使用氦气从堆芯的燃料元件中带走热量。

2. 铅冷快堆(LFR):LFR 是一种增殖反应堆,使用液态铅从反应堆堆芯的燃料元件中带走热量。

3. 熔盐反应堆(MSR):MSR 是一个液体燃料反应堆。燃料溶解在流经堆芯的熔盐中。MSR 允许通过连续处理去除裂变产物和添加新燃料,但这是以复杂的管道和材料处理为代价实现的。MSR 的设计包括快速反应堆(无慢化剂)和热反应堆(带有流体燃料盐通道的棱柱形石墨块)。

4. 钠冷快堆(SFR):SFR 是一种增殖反应堆,使用液态钠从反应堆堆芯的燃料元件中带走热量。

5. 超临界水冷反应堆(SCWR):SCWR 是当前的一种设计。它的运行温度和压力远高于目前的轻水反应堆。

6. 超高温反应堆(VHTR):VHTR 使用氦冷却剂,该冷却剂流经装有燃料颗粒的石墨组成的堆芯。设计使用布雷顿循环而不是蒸汽循环,热工质在布雷顿循环中直接进入燃气轮机。

2.7　先进反应堆

在撰写本书的时候,许多新的反应堆设计正在进行,一些反应堆正在建设中。由于本书的重点是反应堆动态学与控制,大多数读者会认为包含这些设计的详细描述对他们的研究来说是多余或是不必要的。但是,由于这些设计中的一部分可能会实现,一些读者会发现他们参与了先进反应堆的分析,并因此对关于先进反应堆的信息感兴趣。关于钠冷快堆、气冷反应堆、熔盐反应堆和一体化小型模块化反应堆的信息详见附录 B。该附录并不是每个读者的必读材料,相反,它应该被认为是一种资源,当这些反应堆设计中的一部分达到成熟和可实施阶段时可以查阅。大学相关专业的教师可选择提醒学生此附录的存在。

2.8　21 世纪初的建设

在撰写本书时(2019 年),许多核电厂已经关闭或计划关闭(主要在美国、东欧、德国和日本),但许多新的核电厂将在 21 世纪上半叶在世界各地投入建设和运行。计划到 2020 年完成 50 多个核电厂,其中包括美国的两家核电厂,大部分建设工作在美国以外,包括俄罗斯、印度、韩国、阿联酋,主要在中国。中国核电厂多为第三代或第三代 + 压水堆。

第四代核电厂也在建设中,包括一个高温气冷堆(球床模块反应堆(PBMR))和一个 600 MW 钠冷快堆。中国开始与外国供应商(主要是美国和法国)开展大规模合作项目,随后与日益壮大的本土产业合作。中国甚至进入市场向其他国家供应核电厂。印度完成了一个 500 MW 的原型 SFR 的建造,并且正在开发一个使用钍基氧化物燃料的先进重水反应堆[5]。

第五代反应堆是推测性的概念,可能适合作为第四代系统的继承者。现在确定主要的候选对象以及其技术可行性或经济竞争力还为时尚早。从概念上来说,这些将包括远程和近程自主操作、撤离安全和免受外部威胁等功能。第五代反应堆要过几年才能得到认真考虑。

习　　题

2.1　查阅文献,找到关于第三代和第四代反应堆的信息,并记录它们的独特功能。

参 考 文 献

［1］ S. M. Goldberg, R. Rosner, Nuclear Reactors：Generation to Generation, American Acad emy of Arts and Sciences, 2011.

［2］ Rosatom Overseas, The VVER Today：Evolution, Design, Safety, www. rosatom. ru, 2018.

［3］ Status report-108, VVER-1200（V- 491）,www. iaea. org, 2018.

［4］ OECD Nuclear Energy Agency, Technology Roadmap for Generation IV Nuclear Energy Systems, January 2014.

［5］ M. Todosow, A. Aronson, L. Y. Cheng, R. Wigeland, C. Bathke, C. Murphy, B. Boyer, J. Doyle, B. Fane, B. Ebbinghaus, The Indian Advanced Heavy Water Reactor （AHWR） and Non-Proliferation Attributes, Brookhaven National Laboratory, August 2012. BNL-98372-2012.

拓 展 阅 读

［6］ W. J. Garland, Editor-in-Chief, The Essential CANDU：A Textbook on the CANDU Nuclear Power Plant Technology, University Network of Excellence in Nuclear Engineering （UNENE）, Hamilton, Ontario, Canada, 2014.

［7］ The Babcock & Wilcox Company （Ed.）, Steam, Its Generation and Use, Edition 42, 2015.

第3章　点堆动力学方程

3.1　中　子　学

核反应堆中的中子数是时间、位置、运动方向和能量的函数。中子出现在反应堆的某个位置,是铀或钚与上一代中子发生裂变反应的结果。中子通过裂变反应产生,具有很大的动能(约 3 MeV 的能量或约 3.0×10^9 cm/s 的速度),这些中子在反应堆堆芯中(燃料、结构、包壳、冷却剂、慢化剂等)发生弹性和非弹性散射后能量削弱。

当代大多数反应堆都含有慢化剂,慢化剂通过散射碰撞来减缓中子速率,同时吸收少量中子。典型的慢化剂是水、重水和石墨。带有慢化剂的反应堆称为热中子反应堆。在这些反应堆中,大多数中子的能量小于 0.1 eV(速度约为 4.0×10^5 cm/s)。快堆没有慢化剂,依靠快中子裂变。在热中子反应堆中,中子从产生到靶核吸收所经历的时间通常为 $10 \sim 30$ μs,甚至比快中子更快。

对反应堆最完整的中子描述是玻尔兹曼输运方程,这个方程给出了具有七个自变量(时间、三个位置坐标、能量和两个方向向量)的中子数函数。中子扩散模型经进一步的简化,在扩散理论中,两个方向向量去除,留下一个有五个自变量的模型。更进一步的简化是将空间相关性消除(将反应堆视为一个点),并将能量分群减少到一个能量群。这些简化可能看似极端,但简化的中子学模型已证明适用于广泛的反应堆仿真。

附录 C 为那些需要熟悉或复习的人提供了反应堆物理基本知识。

3.2　缓　发　中　子

3.2.1　裂变产物的缓发中子

不是所有裂变反应产生的中子都会立即出现,在反应堆中,一小部分中子出现在裂变产物的放射性衰变中,这部分中子称为缓发中子。在不考虑缓发中子的情况下,裂变过程会产生过多的中子,不利于反应堆控制。缓发中子的存在,使裂变过程可以通过两种衰变可能性中的任意一种来缓解这种过剩:发射 β 粒子或中子。缓发中子是在裂变碎片衰变过程中发射出来的,产生缓发中子的一般方案如图 3.1 所示。

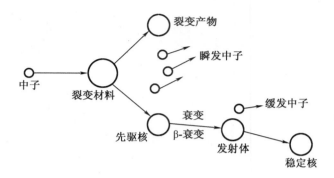

图 3.1 缓发中子的产生

只要缓发中子的贡献对于维持链式反应是必要的,瞬变就必须"等待"缓发中子的释放。如果反应堆的运行完全依赖瞬发中子,瞬变将会太快而无法承受。核弹设计成依靠瞬发中子,显然核弹裂变发生得很快。

缓发中子的动能似乎低于瞬发中子(约 0.5 MeV),这影响了缓发中子在随后的靶核吸收和裂变反应中的作用,与瞬发中子相比,缓发中子从反应堆堆芯泄漏的可能性更小。因此,缓发中子在使反应堆可控方面起到了重要作用。

缓发中子先驱核是某些裂变碎片的集合,这些碎片通过产生缓发中子而衰变为稳定同位素。每种先驱核的产量取决于所采用的燃料。缓发中子的份额在 0.002 2 ~ 0.007 范围内,取决于所涉及的裂变同位素。因此,只占小部分比例的缓发中子对反应堆运行有重大影响。表 3.1 ~ 表 3.4 分别给出了三种裂变材料的热裂变和 ^{238}U(只能用快中子裂变)快裂变的缓发中子数据。

表 3.1 ^{235}U(热裂变)缓发中子数据

分组	衰变常数 $\lambda_1/\mathrm{s}^{-1}$	缓发中子占比 β_1
1	0.012 6	0.000 224
2	0.033 7	0.000 777
3	0.139	0.000 655
4	0.325	0.000 723
5	1.13	0.000 133
6	3.50	0.000 088

注:总缓发中子占比为 0.006 7。

表 3.2　^{233}U（热裂变）缓发中子数据

分组	衰变常数 λ_1/s^{-1}	缓发中子占比 β_1
1	0.012 6	0.000 224
2	0.033 7	0.000 777
3	0.139	0.000 655
4	0.325	0.000 723
5	1.13	0.000 133
6	3.50	0.000 088

注：总缓发中子占比为 0.002 6。

表 3.3　^{239}Pu（热裂变）缓发中子数据

分组	衰变常数 λ_1/s^{-1}	缓发中子占比 β_1
1	0.012 8	0.000 077
2	0.030 1	0.000 656
3	0.124	0.000 464
4	0.325	0.000 717
5	1.12	0.000 189
6	2.69	0.000 097

注：总缓发中子占比为 0.002 2。

表 3.4　^{238}U（快裂变）缓发中子数据

分组	衰变常数 λ_1/s^{-1}	缓发中子占比 β_1
1	0.013 2	0.000 213
2	0.032 1	0.002 247
3	0.139	0.002 657
4	0.358	0.006 363
5	1.41	0.003 690
6	4.02	0.001 230

注：总缓发中子占比为 0.016 4。

^{235}U、^{233}U 和 ^{239}Pu 中热裂变和快裂变的缓发中子数据有很小的差异。

不同参考报告的缓发中子数值略有不同，这些差异对实际的反应堆仿真几乎没有影响。此外，注意 ^{239}Pu 和 ^{233}U 的缓发中子份额比 ^{235}U 小得多，这对动态性能有影响。

用低富集 ^{235}U 燃料的反应堆通过 ^{238}U 的中子捕获产生 ^{239}Pu。因此，随着反应堆运行，^{239}Pu 转换为 ^{235}U 的比例增加，并且"有效"缓发中子份额减小。

单群缓发中子通常用于近似计算，在这种情况下，需要有效缓发中子份额和有效缓发中子衰变常数的近似平均值。^{235}U 燃料反应堆的有效缓发中子份额值为 0.006 7,有效衰减常数为 0.08 s^{-1}(有效衰减常数的计算)。见第 3.4 节单群缓发中子模型的主要用途是提供一个简单且易于实现的工具来描述反应堆的瞬态特性。我们使用带有单群缓发中子先驱核的模型来说明反应堆的一些瞬态特性,而完整的六群缓发中子模型将用于仿真反应堆的运行。

3.2.2　来自受 γ 射线激发的原子核的光中子

几种同位素可以通过与裂变反应中产生的高能 γ 射线相互作用产生光中子。通过与裂变 γ 射线相互作用产生中子的材料是氘、锂、铍和碳。这些材料具有足够小的结合能(都具有 7.25 MeV 或更小的结合能),在裂变反应期间发射的 γ 射线促使产生光中子反应,裂变 γ 射线的能量不足以在其他材料中引起(γ,n)反应。

在产生光中子的反应中,高能 γ 射线导致目标核跃迁到激发态,这种激发态持续到原子核发出中子。中子发射过程遵循以半衰期为特征的放射性衰变规律。不同的光中子产生核的半衰期约为 2.5 s 至 12.5 d。

光中子产额比裂变产物的缓发中子产额小得多,但是一些光中子先驱核的半衰期比裂变产物的缓发中子先驱核的半衰期长得多。因此,在反应堆停堆的一段时间,光中子产量可能会大于裂变产物的缓发中子产量。这通常发生在 CANDU 反应堆停堆几分钟后。

在使用氘的反应堆中,光中子通过氘和 2.225 MeV 的 γ 射线之间的(γ,n)反应产生。CANDU 反应堆中的冷却剂和慢化剂几乎都是纯 D$_2$O。甚至轻水反应堆也有部分天然氘,氘也是通过氢的中子吸收在轻水堆中产生的,因此它们具有与 CANDU 反应堆相似但更小的光中子效应[1]。

3.3　点堆动力学方程的开发

基于使用最简单和最直观的方法得出的反应堆动力学方程,我们想开发一套描述中子密度或反应堆功率时间演化的常微分方程。许多方程已经发表,可从反应堆物理的第一原理推导出方程式。但是所有的方法都给出了相同的结果,所有的方法都将细节转化为简单的量,比如 k_{eff} 和反应性。仿真过程中将 k_{eff} 和反应性的指定值作为输入扰动或反应堆模拟中的反馈项,其中 k_{eff} 和反应性与多个过程参数(如温度或压力)成比例。

$$变化率 = 产生率 - 损失率 \tag{3.1}$$

对于点动力学模型,方程如下式所示:

$$\frac{\mathrm{d}n}{\mathrm{d}t} = F_p P_T + P_d - L_{a+L} \tag{3.2}$$

$$\frac{\mathrm{d}C_i}{\mathrm{d}t} = F_d P_T - L_{decay} \quad (i = 1, 2, \cdots, 6) \tag{3.3}$$

式中　n——中子密度(单位体积中子数);

　　　F_p——迅速释放中子的份额;

　　　P_T——裂变产生中子的总速率;

　　　P_d——缓发中子的释放速率;

　　　L_{a+L}——吸收和泄漏造成的中子损失率;

　　　F_d——缓发中子份额;

　　　C_i——第 i 群缓发中子先驱核浓度;

　　　L_{decay}——缓发中子先驱核的衰变率(等价于 P_d)。

将 β 定义为缓发中子产生的总分数,β_i 是导致缓发中子先驱核 C_i 产生的裂变分数。先驱核 C_i 的损失由 $\lambda_i C_i$ 给出,其中 λ_i 是放射性衰变常数,是第 i 群先驱核的缓发中子释放项 P_d。由于存在多种先驱核,通常由六群表示,所以方程可表示为

$$\frac{\mathrm{d}n}{\mathrm{d}t} = (1 - \beta)P_T - L_{a+L} + \sum_{i=1}^{6} \lambda_i C_i \tag{3.4}$$

$$\frac{\mathrm{d}C_i}{\mathrm{d}t} = \beta_i P_T - \lambda_i C_i \quad (i = 1, 2, \cdots, 6) \tag{3.5}$$

式(3.4)可以写成

$$\frac{\mathrm{d}n}{\mathrm{d}t} = P_T\Big[(1 - \beta) - \frac{L_{a+L}}{P_T}\Big] + \sum_{i=1}^{6} \lambda_i C_i \tag{3.6}$$

请注意 $\frac{P_T}{L_{a+L}}$ 只是总中子产量(通过裂变产生)与总中子损失(通过吸收和泄漏损失)的比率,等同于有效倍增因子 k_{eff},所以式(3.6)表示为

$$\frac{\mathrm{d}n}{\mathrm{d}t} = P_T\Big[(1 - \beta) - \frac{1}{k_{eff}}\Big] + \sum_{i=1}^{6} \lambda_i C_i \tag{3.7}$$

或

$$\frac{\mathrm{d}n}{\mathrm{d}t} = P_T\Big(\frac{k_{eff} - 1}{k_{eff}} - \beta\Big) + \sum_{i=1}^{6} \lambda_i C_i \tag{3.8}$$

或

$$\frac{\mathrm{d}n}{\mathrm{d}t} = P_T(\rho - \beta) + \sum_{i=1}^{6} \lambda_i C_i \tag{3.9}$$

即

$$\rho = \frac{k_{eff} - 1}{k_{eff}} \tag{3.10}$$

总中子产生量 P_T 由下式给出:

$$P_T = \nu \Sigma_f \Phi$$

或

$$P_T = \nu \Sigma_f n v \tag{3.11}$$

式中　ν——每次裂变产生的平均中子数;

　　　Σ_f——宏观裂变截面;

Φ——中子通量;

v——中子速度。

如文献[2-3]的基础反应堆物理文献所示,$(\nu \Sigma_f v)$的倒数是一个中子的产生与裂变产生新中子之间的时间间隔,称为中子代时间 Λ。因此,点堆动力学方程的最终形式为

$$\frac{\mathrm{d}n}{\mathrm{d}t} = \frac{\rho - \beta}{\Lambda}n + \sum_{i=1}^{6} \lambda_i C_i \tag{3.12}$$

$$\frac{\mathrm{d}C_i}{\mathrm{d}t} = \frac{\beta_i}{\Lambda}n - \lambda_i C_i \tag{3.13}$$

也可以开发动力学方程的另一种形式。式(3.4)和式(3.5)可改写为

$$\frac{\mathrm{d}n}{\mathrm{d}t} = L_{a+L}(1 - \beta)\frac{P_T}{L_{a+L}} - 1 + \sum_{i=1}^{6} \lambda_i C_i \tag{3.14}$$

$$\frac{\mathrm{d}C_i}{\mathrm{d}t} = L_{a+L}\frac{P_T}{L_{a+L}}\beta_i - \lambda_i C_i \tag{3.15}$$

使用与上述相同的程序和定义,可表示为

$$\frac{\mathrm{d}n}{\mathrm{d}t} = \frac{k_{eff} - 1 - \beta}{l}n + \sum_{i=1}^{6} \lambda_i C_i \tag{3.16}$$

$$\frac{\mathrm{d}C_i}{\mathrm{d}t} = \frac{\beta_i}{l}k_{eff}n - \lambda_i C_i \tag{3.17}$$

这称为寿命公式,其中 $l = \dfrac{1}{(\Sigma_a + 泄漏算子)v}$。

请注意,临界反应堆的中子代时间和中子寿命是相等的。当反应堆的吸收截面发生变化时(如控制棒的运动),中子代时间将保持不变,而中子寿命将经历一个小的变化(基本上可以忽略)。中子代时间公式将在本书的后续章节中使用。

上面提供的简单推导是严格的,与中子代时间和中子寿命以外的反应堆物理相关的特定量无关。当然,反应性和 k_{eff} 可以根据模拟特定情况的第一准则来计算。但是,瞬态仿真通常不是这样进行的,瞬态计算随反应性和 k_{eff} 改变。

需要注意的是,中子增殖因子、k_{eff}、反应性 ρ 有几种不同的表达方式。不同的读者可以从以下方法中进行选择:

k_{eff}

ρ(反应性)

mk($=0.001\ k_{eff}$)

per cent mill or pcm($=0.000\ 01\ k_{eff}$)

$\Delta k/k$

%$\Delta k/k = (0.01\Delta k/k)$

\$($=\rho/\beta$)

¢($=0.01$ \$)

请注意,1 \$ 的反应性在数值上等于 β,即总缓发中子份额的大小。以上所有方法都是合适的,但却是造成混乱的潜在原因。本书通篇使用了反应性 ρ、\$ 、¢。

3.4　点堆动力学方程的其他形式

在上述点堆动力学方程的推导中,中子密度 n 选为中子变量。在这里,我们表明方程可以用中子通量、反应堆功率或相对反应堆功率来表示。

首先使用关系式 $\Phi = nv$,用中子通量 Φ 代替中子密度 n。结果为

$$\frac{\mathrm{d}\Phi}{\mathrm{d}t} = \frac{\rho - \beta}{\Lambda}\Phi + \sum_{i=1}^{6} \lambda_i C_i' \tag{3.18}$$

$$\frac{\mathrm{d}C_i'}{\mathrm{d}t} = \frac{\beta_i}{\Lambda}\Phi - \lambda_i C_i' \tag{3.19}$$

其中

$$C_i' = vC_i$$

请注意,该式中的先驱核项不再是实际的先驱核浓度,而是非物理量 vC_i。但是由于关注的是中子通量,所以对先驱核变量的物理解释是无关紧要的。

现在关注中子通量,式(3.18)和式(3.19)乘以 $(F\Sigma_\mathrm{f}V)$,其中 F 是从裂变率到功率的转换($\approx 3.2 \times 10^{-11}$), V 是反应堆体积,用来计算功率 P, $P = F\Sigma_\mathrm{f}\Phi V$。结果为

$$\frac{\mathrm{d}P}{\mathrm{d}t} = \frac{\rho - \beta}{\Lambda}P + \sum_{i=1}^{6} \lambda_i C_i'' \tag{3.20}$$

$$\frac{\mathrm{d}C_i''}{\mathrm{d}t} = \frac{\beta_i}{\Lambda}P - \lambda_i C_i'' \tag{3.21}$$

其中

$$C_i'' = F\Sigma_\mathrm{f}VC_i$$

最后关注相对功率 $P/P(0)$。这里 $P(0)$ 是额定功率,即 100% 功率水平,可表示为

$$\frac{\mathrm{d}\dfrac{P}{P(0)}}{\mathrm{d}t} = \frac{\rho - \beta}{\Lambda} \cdot \frac{P}{P(0)} + \sum_{i=1}^{6} \lambda_i C_i''' \tag{3.22}$$

$$\frac{\mathrm{d}C_i'''}{\mathrm{d}t} = \frac{\beta_i}{\Lambda} \cdot \frac{P}{P(0)} - \lambda_i C_i''' \tag{3.23}$$

其中

$$C_i''' = \left(F\Sigma_\mathrm{f}VC_i/P(0)\right)C_i$$

因此,每种案例下的形式都是相同的,不同的只是用来表示中子密度、中子通量、功率或相对功率的量以及先驱核项无关紧要的定义。在随后的表现形式中,先驱核项将简化标记为 C_i,尽管正如我们刚刚演示的那样,每个方程中的物理定义是不同的。

如果只用一个缓发中子群进行更准确的仿真,方程式如下所示:

$$\frac{\mathrm{d}}{\mathrm{d}t}\left(\frac{P}{P(0)}\right) = \frac{\rho - \beta}{\Lambda} \cdot \frac{P}{P(0)} + \lambda C \tag{3.24a}$$

$$\frac{\mathrm{d}C}{\mathrm{d}t} = \frac{\beta}{\Lambda} \cdot \frac{P}{P(0)} - \lambda C \tag{3.24b}$$

$$\beta = \sum_{i=1}^{6} \beta_i \tag{3.25a}$$

$$\lambda = \frac{1}{\dfrac{\displaystyle\sum_{i=1}^{6} \beta_i l_i}{\beta}} \tag{3.25b}$$

式中, l_i 是第 i 群缓发中子先驱核的平均寿命; λ 是一个缓发中子先驱核的衰变常数。

3.5　点堆动力学方程的扰动形式

有时用稳态差分形式来建立点堆动力学方程是有效的,有助于开发反应堆反应性反馈的线性模型和反应堆传递函数。

点堆动力学方程扰动形式的发展(以功率为中子变量的版本)从以下定义开始:

$$P = P(0) + \delta P$$
$$C = C(0) + \delta C$$
$$\rho = \rho(0) + \delta\rho$$

式中　$P(0)$ ——P 的初始稳态值;

　　δP ——P 与其初始稳态值的偏差;

　　$C(0)$ ——C 的初始稳态值;

　　δC ——C 与其初始稳态值的偏差;

　　$\rho(0)$ ——ρ 的初始稳态值,初始状态是临界的,其值为 0;

　　$\delta\rho$ ——ρ 的偏差。

将这些定义代入点堆动力学方程:

$$\frac{\mathrm{d}P(0)}{\mathrm{d}t} + \frac{\mathrm{d}\delta P}{\mathrm{d}t} = \frac{\delta\rho - \beta}{\Lambda} \cdot (P(0) + \delta P) + \sum_{i=1}^{6} \lambda_i C_i(0) + \delta C_i \tag{3.26}$$

$$\frac{\mathrm{d}C_i(0)}{\mathrm{d}t} + \frac{\mathrm{d}\delta C_i}{\mathrm{d}t} = \frac{\beta_i}{\Lambda}(P(0) + \delta P) - \lambda_i(C_i(0) + \delta C_i) \tag{3.27}$$

请注意(在稳定状态下):

$$\frac{\mathrm{d}P(0)}{\mathrm{d}t} = 0$$

$$\frac{\mathrm{d}C(0)}{\mathrm{d}t} = 0$$

$$\rho(0) = 0$$

$$\frac{\beta_i}{\Lambda}P(0) - \lambda_i C_i = 0$$

导出下式:

$$\frac{\mathrm{d}\delta P}{\mathrm{d}t} = \frac{\delta\rho}{\Lambda}P(0) - \frac{\beta}{\Lambda}\delta P + \frac{\delta\rho}{\Lambda}\delta P + \sum_{i=1}^{6} \lambda_i \delta C_i \tag{3.28}$$

$$\frac{\mathrm{d}C_i}{\mathrm{d}t} = \frac{\beta_i}{\Lambda}\delta P - \lambda_i \delta C_i \tag{3.29}$$

一般来说,通过从式(3.26)和式(3.27)中减去指定标准条件下的点堆动力学方程,也可以得到式(3.28)和式(3.29)。

这个方程是动力学方程的扰动形式,相当于标准形式,在扰动形式下,所有初始条件为零。式(3.28)和式(3.29)对于任何非稳态功率 $P(0)$ 也成立。

除了 $\delta\rho\delta P$,扰动方程中的所有项都是线性的、常系数项。如果扰动形式仅用于小扰动,那么 $\delta\rho\delta P$ 与 $\delta\rho$ 相比是小的,且 $P(0)$ 可以忽略,点堆动力学方程的"小扰动"形式的最终结果是:

$$\frac{\mathrm{d}\delta P}{\mathrm{d}t} = \frac{\delta\rho}{\Lambda}p(0) - \frac{\beta}{\Lambda}\delta P + \sum_{i=1}^{6}\lambda_i \delta C_i \tag{3.30}$$

$$\frac{\mathrm{d}C_i}{\mathrm{d}t} = \frac{\beta_i}{\Lambda}\delta P - \lambda_i \delta C_i \quad (i = 1,2,\cdots,6) \tag{3.31}$$

式(3.30)和式(3.31)可以通过除以 $P(0)$ 来重新定义,在讨论燃料到冷却剂的热传递动力学时,这种表达方式将会派上用场。

3.6 传 递 函 数

传递函数定义为系统输出偏差的拉普拉斯变换除以系统输入偏差的拉普拉斯变换。附录 D 阐述了拉普拉斯变换理论。拉普拉斯变换是一种方便的工具,用于将微分方程转换为代数方程,以表达两个变量之间的关系。通常,一个变量认为是系统输出,另一个变量认为是系统输入。该分析可以很容易地扩展到多输入/多输出系统。

对于反应堆,将功率与反应性联系起来的传递函数是 $\delta P(S)/\delta\rho(S)$。我们通过拉普拉斯变换小扰动方程来导出这个传递函数,因为最初没有偏离稳态,初始条件为零,结果为

$$s\delta P = \frac{\delta\rho}{\Lambda}P(0) - \frac{\beta}{\Lambda}\delta P + \sum_{i=1}^{6}\lambda_i \delta C_i \tag{3.32}$$

$$s\delta C_i = \frac{\beta_i}{\Lambda}\delta P - \lambda_i \delta C_i \tag{3.33}$$

其中所有变量现在都是拉普拉斯变换参数 s 的函数。求解 $\delta P(S)/\delta\rho(S)$ 得到所需的传递函数:

$$\frac{\delta P}{\delta\rho} = \frac{1}{\Lambda s\left(1 + \sum\limits_{i=1}^{6}\dfrac{\dfrac{\beta_i}{\Lambda}}{s + \lambda_i}\right)} \tag{3.34}$$

传递函数可以重新计算,给出反应性的功率偏差如下:

$$\frac{\delta\%P}{\delta c} = \frac{\dfrac{\beta}{\Lambda}}{s\left(1 + \displaystyle\sum_{i=1}^{6}\dfrac{\dfrac{\beta_i}{\Lambda}}{s + \lambda_i}\right)} \tag{3.35}$$

这种形式将有助于随后关于反应堆频率响应的讨论。具有单群缓发中子的模型的传递函数为

$$\frac{\delta P(功率百分比)}{\delta \rho \, \phi} = \frac{\dfrac{\beta}{\Lambda}(s + \lambda)}{s\left(s + \lambda + \dfrac{\beta}{\Lambda}\right)} \tag{3.36}$$

在一个子系统的输出作为另一个子系统的输入的情况下,传递函数可能是有用的。例如,考虑图3.2所示的布置,具有传递函数 G_1 的子系统1的输出作为具有传递函数 G_2 的子系统2的输入,总传递函数只是子系统传递函数的乘积。

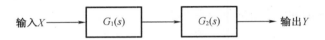

输入 X ——→ $G_1(s)$ ——→ $G_2(s)$ ——→ 输出 Y

图3.2　传递函数的串联(级联)配置

传递函数在经典控制系统设计中发挥了重要作用。控制系统对测量系统输出进行处理后反馈到控制系统输入,从而实现期望的动态响应。闭环系统的配置如图3.3所示,其中 H 为反馈传递函数,由于控制动作通常用于减少输入扰动的影响,一般将反馈显示为对输入的负面贡献。在这种情况下,总传递函数由式(3.37)给出。

$$\frac{\delta O(s)}{\delta I(s)} = \frac{G(s)}{1 + G(s)H(s)} \tag{3.37}$$

图3.3所示的配置也适用于具有固有反馈的系统。在这种情况下,通常由反馈传递函数 H 决定进入求和点的信号符号。在这种情况下,整体传递函数如下:

$$\frac{\delta O(s)}{\delta I(s)} = \frac{G(s)}{1 - G(s)H(s)} \tag{3.38}$$

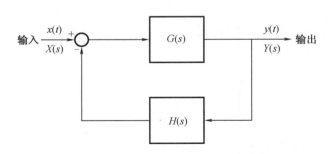

图3.3　反馈配置中的传递函数

3.7　频率响应功能

线性系统的频率响应定义为系统输出的正弦偏差,该偏差是由系统输入的正弦偏差引起的。正弦输入开始后有一个初始瞬变,随后是输出的正弦变化。频率响应由输出幅度与输入幅度之比以及两个正弦波之间的相位差来表征。附录 E 阐述了频率响应理论。

如附录 E 所示,频率响应可通过在传递函数中代入 $s = j\omega$ 来计算(其中 $j = \sqrt{-1}$,ω 是频率,单位为 rad/s),从而提供解的实部和虚部。

3.8　稳　定　性

稳定性是动态系统的关键问题。稳定性分析方法是为线性系统开发的,并且计算简单。在现代计算机和仿真软件出现之前,正式的稳定性分析方法比瞬态分析(也揭示稳定性问题)更容易执行。稳定性分析方法(除了时域分析之外)目前在反应堆分析中很少使用,这里不做讨论。例外情况是分析沸水堆中的耦合热工水力/中子不稳定性问题(见第 13 章)。

线性稳定性是一个普遍的概念。也就是说,一个稳定的线性系统展示了有界输入和有界输出。线性稳定性分析也为评估控制系统的适用性提供了途径。

控制器的目的之一是消除输入干扰的影响,框图通常显示为从输入中减去反馈。在反馈系统中,将反馈添加到输入中更符合逻辑。反馈可能是正面的,也可能是负面的,这取决于反馈过程。例如,在反应性温度系数为正的反应堆中,温度增加过程的反馈将是正的和不稳定的,然而来自系统中其他过程的反馈也会产生正反馈或负反馈,总反馈为来自系统所有反馈的网络反馈。因此,如果其他稳定负反馈占主导地位,则来自其中一个过程的正反馈对于系统来说是可接受的。后面的章节将表明,一些反应堆有正反馈成分,但由于存在其他更强的负反馈,系统是稳定的。

负反馈通常是稳定的。然而,负反馈也可能破坏稳定,例如负反馈在加到输入端之前延迟,并且反馈增益超过某个限值,就会出现这种情况。本书将于第 7.6 节讨论不稳定负反馈的问题,第 13.6 节讨论 BWR 中不稳定负反馈的问题。

非线性系统不同于线性系统,可以有多个平衡点。瞬态可能涉及从一个平衡点跳到另一个平衡点的过程,每个平衡点可能是稳定的,也可能是不稳定的。非线性稳定性取决于输入扰动的大小。非线性系统可以论证极限环,这是一种形状可能不对称的连续振荡响应。

多年来,很多学者一直致力于研究非线性系统的稳定性问题,但尚未得到实用的方法。稳定性分析,尤其是非线性系统的分析,通常依赖于微分方程的数值解。由于响应特性取决于输入扰动的大小和形式,因此有必要模拟多种不同的情况。非线性系统的线性化特性取决于模型线性化的标称状态。因此,非线性方程的线性化形式通常从一个平衡点变化到另一个平衡点。

在反应堆中,中子通量分布可能不稳定。也就是说,反应堆中某部分的扰动可以引起一个部分中的中子通量密度增加,而其他部分中子通量密度减小。一般来说,空间稳定性主要是大型松耦合反应堆(单个区域几乎独立的反应堆)的问题。第 9 章将讨论空间稳定性。

一些反应堆中具有流动不稳定性,尤其是沸水反应堆。沸水堆的运行着重避免可能出现流动不稳定的情况,第 13 章将讨论这个问题。

3.9　液体燃料反应堆

在 20 世纪 60 年代,人们建造了两种类型的液体燃料反应堆(水均匀反应堆和熔盐反应堆),是未来动力反应堆的候选对象,并且建造和运行了小型试验堆。随后,人们将这类概念的反应堆摒弃,转而研究其他类型的反应堆。现在,熔盐堆是一种液体燃料反应堆,正在考虑作为第四代反应堆的候选对象。因为液体燃料反应堆需要不同形式的反应堆动力学方程,所以在这里讨论。

对于动态特性,固体燃料反应堆和液体燃料反应堆之间的重要区别是缓发中子的处理和推导[3-4]。在固体燃料反应堆中,缓发中子位置不变,直到释放出中子。在液体燃料反应堆中,燃料溶解在溶剂中,流经反应堆堆芯,然后通过一个外部环路,在环路中热量在返回堆芯之前提取出来。缓发中子先驱核是在堆芯中产生的,但它们在堆芯和外环中发射中子。这减少了缓发中子对堆芯中子数的贡献。因此,与固体燃料反应堆相比,瞬态过程更多地依赖裂变中子,而不是缓发中子。

由于缓发中子的循环效应,点堆动力学方程必须修改为

$$\frac{\mathrm{d}P(t)}{\mathrm{d}t} = \frac{\rho - \beta}{\Lambda} P(t) + \sum_1^6 \lambda_i C_{C_i} \tag{3.39}$$

$$\frac{\mathrm{d}C_{C_i}}{\mathrm{d}t} = \frac{\beta_i}{\Lambda} P(t) - \lambda_i C_{C_i} - \frac{C_{C_i}}{\tau_{\mathrm{C}}} + \frac{C_{C_i}(t - \tau_{\mathrm{L}}) \mathrm{e}^{-\lambda_i \tau_{\mathrm{L}}}}{\tau_{\mathrm{C}}} \tag{3.40}$$

式中　C_{C_i}——堆芯中的第 i 组先驱核浓度;

τ_{C}——流体在堆芯中的停留时间;

τ_{L}——流体在外部环路中的停留时间。

解这组方程需要特别注意初始条件。对于稳态,必须增加额外的反应性,以补偿在堆外衰变期间损失的缓发中子,稳态的补偿反应性由下式给出:

$$\rho_0 = \beta_T - \sum_{i=1}^6 \frac{\beta_i}{1 + \dfrac{1}{\lambda_i \tau_{\mathrm{C}}}(1 - \mathrm{e}^{-\lambda_i \tau_{\mathrm{L}}})} \tag{3.41}$$

例如,$^{235}\mathrm{U}$ 液体燃料在堆芯的停留时间为 8.46 s,在外部环路的停留时间为 16.73 s,补偿反应性为 0.002 47。这是流动开始时为保持稳定状态而必须添加的反应性(如通过抽出

控制棒)。当然,如果流动停止,会引入相当大的反应性。

附录 K 进一步讨论了熔盐反应堆的中子动力学。

<h1 style="text-align:center">习　题</h1>

3.1　解释为什么传递函数模型便于组合子系统模型以获得整个系统的模型。

3.2　解释液体燃料反应堆动力学方程中新添加项的物理含义。

3.3　根据式(3.39)和式(3.40)推导式(3.41)。

3.4　结合固定燃料反应堆评价式(3.41),并讨论。

<h1 style="text-align:center">参 考 文 献</h1>

[1]　W. J. Garland (Ed.), The Essential CANDU: A Textbook on the CANDU Nuclear Power Plant Technology, University Network of Excellence in Nuclear Engineering (UNENE), Hamilton, Ontario, Canada, 2014 (Editor-in-Chief).

[2]　J. J. Duderstadt, L. J. Hamilton, Nuclear Reactor Analysis, John Wiley, New York, 1976.

[3]　J. K. Shultis, R. E. Faw, Fundamentals of Nuclear Science and Engineering, second ed., CRC Press, Boca Raton, FL, 2007.

[4]　T. W. Kerlin, S. J. Ball, R. C. Steffy, Theoretical dynamics analysis of the molten-salt reactor experiment, Nucl. Technol. 10 (1971) 118-132.

<h1 style="text-align:center">拓 展 阅 读</h1>

[5]　T. W. Kerlin, S. J. Ball, R. C. Steffy, M. R. Buckner, Experience with dynamic testing methods at the molten-salt reactor experiment, Nucl. Technol. 10 (1971) 103 – 117.

第4章 点堆动力学方程的分析与求解

4.1 仿真方法的演变

在早期,开发者必须进行建模、计算机编程和数值分析来完成反应堆仿真。通常,开发者必须处理全部的三项任务。现在软件包的使用,满足了开发者对计算机编程和数值分析专业知识的需求,甚至针对特殊情况下设计的软件也是可用的。这些软件包有助于实现计算可靠的仿真,但是开发者仍然需要具有基本的专业知识才能正确地分析仿真结果。

4.2 数 值 分 析

从数学上讲,点堆动力学方程是一个"刚性系统"。反应堆动力学方程的解有一个快分量(代时间或寿命值小)和一个慢分量(缓发先驱核的中子代时间值大得多)。因此,任何用于求解点堆动力学方程的数值方法都必须具有处理刚性系统的能力。许多微分方程求解器都有易于使用的软件包,大多数都有处理刚性系统的好方法。通常,刚性系统在求解过程中要求时间步长小。更复杂的求解方法可以通过变化的时间步长获得合适的精度,当响应快速变化时,时间步长值较小,当响应缓慢变化时,时间步长可以较大。然而,现代计算机的计算速度较快,在简单求解算法中使用小时间步长是可行的,数值求解常采用MATLAB/Simulink 软件平台。

最简单的仿真模型为线性常系数微分方程组成的模型。具有恒定反应性的点堆动力学方程是一组线性常系数方程;对于时变反应性扰动响应的仿真,点堆动力学方程是一组变系数方程。正如我们将在后面的章节中介绍的,反应性是动力反应堆中其他因变量(如温度和压力)的函数。在这种情况下,模型是非线性的。

目前可用的数值方法可以处理所有的模型类别。软件包通常要求将模型表示为一组耦合的一阶微分方程(就像我们在点堆动力学方程中看到的那样)。这些软件包要求具有 n 个一阶微分方程的模型表达如下:

$$\frac{\mathrm{d}x_1}{\mathrm{d}t} = a_{11}x_1 + a_{12}x_2 + \cdots + a_{1n}x_n + f_1 \tag{4.1}$$

$$\frac{\mathrm{d}x_2}{\mathrm{d}t} = a_{21}x_1 + a_{22}x_2 + \cdots + a_{2n}x_n + f_2 \tag{4.2}$$

$$\frac{\mathrm{d}x_n}{\mathrm{d}t} = a_{n1}x_1 + a_{n2}x_2 + \cdots + a_{nn}x_n + f_n \tag{4.3}$$

$$\frac{\mathrm{d}\boldsymbol{X}}{\mathrm{d}t} = A\boldsymbol{X} + \boldsymbol{f} \tag{4.4}$$

式中,x_i 为独立变量($i=1,2,\cdots,n$),a_{ij} 为常系数($i=1,2,\cdots,n;j=1,2,\cdots,n$),$f_i$ 为扰动函数。$\boldsymbol{X}$ 是($n\times1$)状态向量,$\boldsymbol{f}$ 是($n\times1$)扰动项的向量,A 是($n\times n$)包含系统参数的"系统矩阵"。有 n 个方程的模型称为 n 阶状态变量模型。式(4.4)常作为系统动力学的状态空间表示。一般来说,这种表示还可以通过添加一个非线性向量 $\boldsymbol{g}(\boldsymbol{X})$ 来包含状态变量的非线性函数。关于状态变量模型的详细描述,请参见附录 F。

恒定反应性(如阶跃变化)的矩阵表示如下:

$$A = \begin{bmatrix} \dfrac{\rho-\beta}{\Lambda} & \lambda_1 & \lambda_2 & \lambda_3 & \lambda_4 & \lambda_5 & \lambda_6 \\[2mm] \dfrac{\beta_1}{\Lambda} & -\lambda_1 & 0 & 0 & 0 & 0 & 0 \\[2mm] \dfrac{\beta_2}{\Lambda} & 0 & -\lambda_2 & 0 & 0 & 0 & 0 \\[2mm] \dfrac{\beta_3}{\Lambda} & 0 & 0 & -\lambda_3 & 0 & 0 & 0 \\[2mm] \dfrac{\beta_4}{\Lambda} & 0 & 0 & 0 & -\lambda_4 & 0 & 0 \\[2mm] \dfrac{\beta_5}{\Lambda} & 0 & 0 & 0 & 0 & -\lambda_5 & 0 \\[2mm] \dfrac{\beta_6}{\Lambda} & 0 & 0 & 0 & 0 & 0 & -\lambda_6 \end{bmatrix} \tag{4.5a}$$

请注意,ρ 是一个常数,对于反应性阶跃变化的仿真,矩阵的大多数元素为零,大多数元素等于零的矩阵称为稀疏矩阵。还要注意,如果 $\rho<\beta$,则所有对角元素都是负的,如果 $\rho>\beta$,则除了一个对角元素为负,其他对角元素都是正的。与具有一个或多个正对角元素的矩阵相比,所有对角元素均为负的矩阵更可能具有动态响应的稳定性,但是对角元素的负向性并不能保证稳定性。如果一个描述稳定系统的矩阵中出现正对角元素,应该重新检查公式。

解向量(状态变量)和初始条件向量定义如下:

$$\boldsymbol{X} = \begin{bmatrix} \dfrac{P}{P_0} \\[2mm] C_1 \\ C_2 \\ C_3 \\ C_4 \\ C_5 \\ C_6 \end{bmatrix}$$

$$X(0) = \begin{bmatrix} 1 \\ \dfrac{\beta_1}{\lambda_1 \Lambda} \\ \dfrac{\beta_2}{\lambda_2 \Lambda} \\ \dfrac{\beta_3}{\lambda_3 \Lambda} \\ \dfrac{\beta_4}{\lambda_4 \Lambda} \\ \dfrac{\beta_5}{\lambda_5 \Lambda} \\ \dfrac{\beta_6}{\lambda_6 \Lambda} \end{bmatrix} \tag{4.5b}$$

在这种情况下,向量 f 为零。该模型是一个初值问题。注意,扰动模型的矩阵形式具有零初始条件,但是具有非零的扰动向量。将状态变量扰动模型公式化留给读者作为练习。

线性系统的解是指数的和,指数系数可以是正的或负的,实数或复数(复系数表示振荡响应),这些系数称为特征值,与系统传递函数的极点相同。需要注意的是,如果所有的特征值(或系统传递函数的极点)都为负或有负实部(对于复特征值的情况),则上述线性系统是绝对稳定的。

反应性常数阶跃变化的点动力学模型是一个 7 阶线性动力学系统。因此,它的解是 7 个指数项的和。随着瞬态变化,最积极的项最终主导了中子的响应 $n(t)$,即

$$n(t) \approx 常数 \times e^{st}, t \gg 瞬发时间 \tag{4.6}$$

对于正反应性反馈,s 为正,中子密度无限增加。s 的倒数是中子响应增加 e 倍所需的时间。这个量称为反应堆周期,其中 $T = 1/s$。

对于负反应性阶跃,所有指数都是负的,中子密度无限减小。在这种情况下,具有较大负指数的项比较小负指数的项减小得更快,后续的中子密度减小由较小负指数项主导。轻水堆中 s 的最小值大约为 $1/80\ \mathrm{s}^{-1}$,对负反应性的响应最终稳定在负周期约为 $80\ \mathrm{s}$ 的指数上。但这个结果并不完全准确,随着中子密度的降低,缓发中子先驱核继续产生。但是,与反应性开始降低之前存在的先驱核产生的中子相比,由此产生的缓发中子量较小。

一些可用的软件包通常可以求解动态模型的状态变量公式,包括 MATLAB/Simulink、MAPLE、MATHEMATICA、Modelica 等。熟悉其中一个或类似的软件系统可使学习者受益。附录 G 提供了 MATLAB/Simulink 的简要说明。

4.3　零功率反应堆中的瞬态响应

下面描述针对^{235}U 燃料反应堆的仿真,中子代时间为 10^{-5} s。这一仿真模型在本章的后续章节中称为参考模型,用于获得各种扰动下参考模型的数值解,并在随后的章节中显示。第 3 章给出了与缓发中子先驱核相关的参数表。

零功率反应堆最常见的扰动是反应性的阶跃变化。图 4.1 显示了参考模型对 $\rho = 0.00067$(10 ¢)正阶跃变化的响应,作为式(3.22)和式(3.23)的解。这个仿真过程描述了初始阶跃变化,即反应性阶跃增加后反应堆功率突然增加。

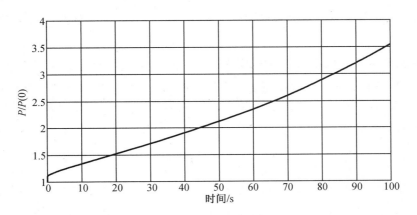

图 4.1　零功率反应堆对 +10% 阶跃反应性扰动的响应

为了证明反应性的大小对反应堆功率响应的影响,在瞬态过程中的特定时间引入阶跃反应性变化,图 4.2 显示了不同反应性阶跃幅度在引入反应性变化 1 s 后的反应堆功率响应。当反应性接近 $\rho = \beta$(缓发中子份额)时,反应堆功率响应显著增加。

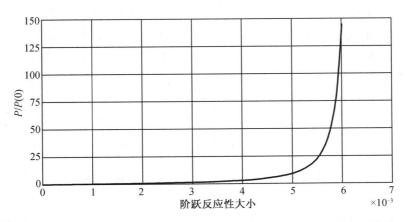

图 4.2　对于不同的反应性值,阶跃反应性大小对 $T = 1$ s 反应堆响应的影响

当反应性超过缓发中子份额时,反应堆功率会出现快速上升,因为反应堆不再依赖缓发中子的贡献来维持链式反应,仅瞬发中子就足以引起中子增长,这种情况称为瞬发临界。然而,应该注意的是,缓发中子仍然影响反应堆功率响应,但不再是必不可少的,如果没有缓发中子,响应速率会相对降低。

反应堆周期是反应堆运行中的一个重要参数。反应堆周期长表示反应堆功率接近恒定值,反应堆周期短表示反应堆正在变功率运行。反应堆周期是一个与安全相关的参数,必须对其进行监控,以确保其不会低于规定值。

如图 4.2 所示,当 $\rho < \beta$ 和当 $\rho > \beta$ 时,响应有显著差异。当反应性的值为 $\rho = \beta$ 时,将这一数值称为 1\$ 反应性,也就是说,1\$ 反应性在数值上等于总缓发中子份额 β,即 1\$ $=\beta$。一般来说,反应性(\$)等同于 ρ/β。同样,可以用 ¢ 表示反应性的大小,即反应性(¢)等同于 $100(\rho/\beta)$。显然,有必要将反应性输入限制在几 ¢ 以内。在本书之后的图表中,反应性通常以 ¢ 表示。

如果没有缓发中子,动力学模型就变为

$$\frac{\mathrm{d}}{\mathrm{d}t}\left(\frac{P}{P(0)}\right) = \frac{\rho}{\Lambda}\frac{P}{P(0)} \tag{4.7}$$

这种情况下的响应为

$$\frac{P}{P(0)} = \exp\left(\frac{\rho t}{\Lambda}\right) \tag{4.8}$$

相比具有适当的缓发中子的模型,这个方程的中子增长率更高。

图 4.3 显示了对负反应性阶跃的响应。对于正反应性阶跃,反应堆功率有一个迅速的阶跃上升,随后的功率下降受到缓发中子的强烈影响。先驱核根据各自的衰变常数衰变。衰变的先驱核有两个来源:反应性降低前的先驱核和反应性降低后的裂变产生的先驱核。

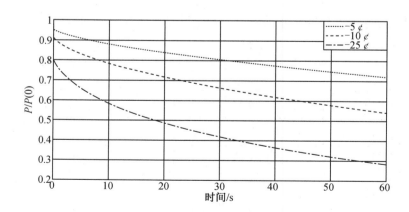

图4.3   对负反应性阶跃扰动的归一化功率响应

反应堆中的实际反应性变化通常是渐变的,而不是突然的。按照斜坡式的反应堆功率变化是反应堆中典型的瞬态变化方式。

斜坡变化的解决方案说明了典型的行为。图 4.4 显示了反应性按 $0.1\,¢$ 的速度增长时,反应堆功率的响应,随后反应性阶跃下降至零。

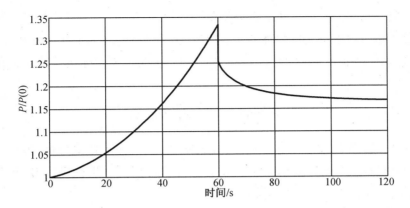

图 4.4　以反应性渐变为输入时归一化功率的响应,随后阶跃变化至零反应性

4.4　解　析　解

对于六群缓发中子先驱核零功率模型和更详细的功率反应堆模型,求解模型的解析解在实际应用时过于烦琐。然而,对于反应性的阶跃变化,求解单群缓发中子的点堆动力学方程的解析解是容易实现的,分析这一求解过程有助于理解反应堆瞬态的本质。拉普拉斯变换是求解线性常系数微分方程的方便工具。附录 D 提供了拉普拉斯变换理论的简要总结。附录 H 给出了反应性阶跃变化的点堆动力学方程的解析解的推导。仿真过程中使用的参数如下:

$$\rho = +10\,¢ = 0.1 \times 0.006\,7 = 0.000\,67$$

$$\beta = 0.006\,7$$

$$\Lambda = 0.000\,01\ \text{s}$$

$$\lambda = 0.08\ \text{s}^{-1}$$

归一化功率的拉普拉斯变换由下式给出:

$$\frac{P(s)}{P(0)} = \frac{\Lambda\left(\lambda + \dfrac{\beta}{\Lambda} + s\right)}{\Lambda s^2 + (\beta - \rho_0 + \lambda\Lambda)s - \lambda\rho_0} \tag{4.9}$$

分母多项式的根用于求解 $P(t)/P(0)$,这个多项式的两个根由下式给出:

$$s_1, s_1 = \frac{1}{2\Lambda}\left[-(\beta - \rho + \lambda\Lambda) \pm \sqrt{(\beta - \rho + \lambda\Lambda)^2 + 4\lambda\rho\Lambda}\right]$$

一般解的形式为

$$\frac{P(t)}{P(0)} = A\mathrm{e}^{s_1 t} + B\mathrm{e}^{s_2 t}$$

示例情况的解由下式给出：

$$\frac{P(t)}{P(0)} = 1.111e^{0.0088t} - 0.111e^{-603.09t} \tag{4.10}$$

注意，反应堆功率的解包含两个指数项，其中一个指数为正，另一个为负。负指数项迅速归零，通过正指数项来定义连续瞬态。示例的反应堆周期为 $T = 1/0.0088 = 113.6$ s。

现在考虑对反应性负阶跃变化的响应，式（4.11）是同一反应堆在 -10 ￠ 的阶跃反应性下的瞬态响应：

$$\frac{P(t)}{P(0)} = 0.909e^{-0.0073t} + 0.0909e^{-737.07t} \tag{4.11}$$

注意，对于正反应性阶跃变化，其中一个指数为正，另一个指数为负；对于负反应性阶跃变化，两个指数都是负的。如第 4.8 节所述，对于六缓发中子群模型，正阶跃有一个正指数和六个负指数，负阶跃有七个负指数。

上述方程可以通过中子密度方程推导出来：

$$\frac{dn}{dt} = \frac{\rho - \beta}{\Lambda}n + \sum_{i=1}^{6} \lambda_i C_i \tag{4.12}$$

注意，对于 $\rho < \beta$，等式右边的第一项为负，第二项为正。因此，如果 $\rho < \beta$，缓发中子对于保持增加的中子密度是必要的。如果 $\rho > \beta$，那么即使没有缓发中子贡献，增长率也是正的。

4.5　具有小扰动的方程求解

零功率反应堆方程的小扰动形式只适用于相对于标称值的小扰动。图 4.5 显示了用六群缓发中子模型和小扰动模型（也有六个缓发中子群）进行的仿真，两种模型得到的结果有明显的差异。

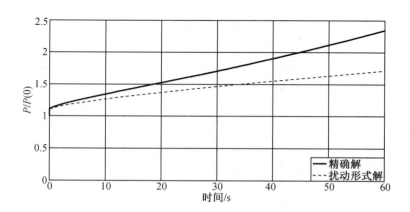

图 4.5　采用精确模型和扰动形式模型的归一化功率响应对比

4.6　正弦反应性和频率响应

线性系统的频率响应是基于对正弦反应性输入的响应（附录 E 进行了线性系统的频域分析）。具有扰动形式的点堆动力学方程用于计算这些瞬态响应。

图 4.6 显示了对 100 rad/s 正弦反应性输入的响应。注意，有一个初始瞬变（第一个周期不同于后续周期）。

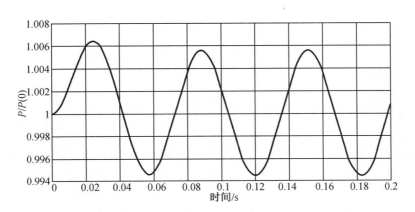

图 4.6　正弦反应性频率为 100 rad/s 时归一化功率的响应

图 4.7 显示了 0.1 rad/s 正弦反应性输入的响应。在这种情况下，有一个偏移（不同的正负摆幅），但初始瞬变太小，不明显。

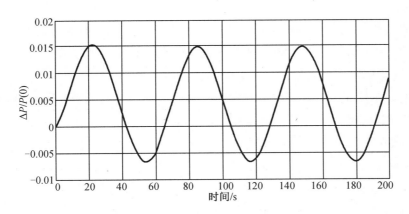

图 4.7　正弦反应性频率为 0.1 rad/s 时归一化功率的响应

这些结果表明，偏移随频率的倒数而变化，初始瞬变衰减非常快（仅在高频时明显）。

对正弦反应性的响应取决于正弦波的振幅，图 4.8 和图 4.9 显示了对振幅为 1 ¢ 和 50 ¢ 正弦波的响应。

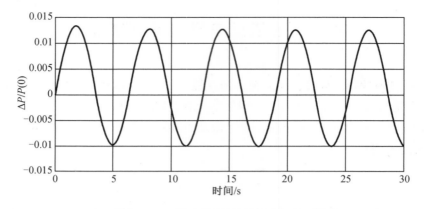

图4.8 振幅为1¢、频率为1 rad/s时归一化功率响应

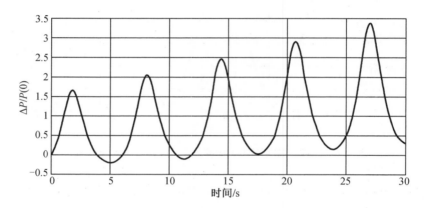

图4.9 振幅为50¢、频率为1 rad/s时归一化功率响应

显然,对于大振幅正弦反应性输入,正摆幅远大于负摆幅。这些图指出了为什么频率响应只适用于小扰动,实验频率响应测试必须使用小振幅反应性输入。当然,反馈会影响反应堆在高功率水平下的响应。

图4.10(a)显示了具有不同中子代时间的零功率反应堆的频率响应幅值,中子代时间越小拐点频率越高,相位与频率的关系如图4.10(b)所示。

图4.10显示了几个重要特征:

(1)功率响应的幅度在低频时较高(随着频率的降低而接近无穷大)。这仅仅意味着引入反应性并长时间保持插入状态会产生很大的功率响应。这与反应性阶跃变化观察到的现象一致。请注意,这种低频响应与中子代时间无关。

(2)功率变化波型为中频坪,由反应性变化1¢引起的功率变化,坪宽度取决于中子代时间,但振幅与中子代时间无关,中子代时间越小则坪宽度越大。

(3)高频响应以每10年频率增加10倍的速度下降。这种效应出现的频率随着产生时间的增加而降低,这意味着发电时间较短的反应堆具有更大的高频响应。

（4）低频和高频的相位差为90°。这意味着功率响应滞后于正弦反应性扰动1/4周期，在中等范围的平稳阶段，相位差接近零度，表明功率变化在该频率范围内与反应性扰动"保持一致"。

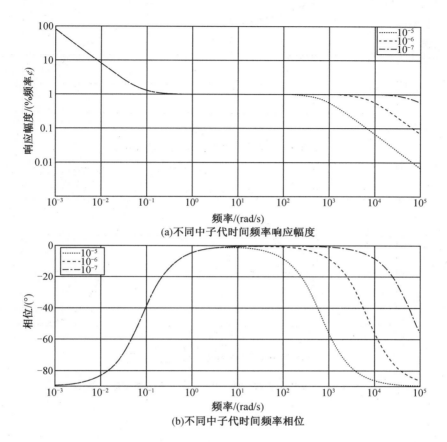

(a)不同中子代时间频率响应幅度

(b)不同中子代时间频率相位

图4.10 不同中子代时间频率响应幅度与相位

线性常系数系统频率响应分析详见附录E。应该注意的是，消除低频下的大振幅是动力反应堆的设计目标，通过设计慢化剂温度、燃料温度或流体压力以及控制系统，获得适当的反应性反馈来实现。这些问题将在后面的章节中讨论。

将六群缓发中子模型和单群缓发中子模型的频率响应结果进行比较，提出了一种有效识别单群衰变常数的方法，使单群模型接近六群模型。图4.11显示了单群衰变常数为0.08 s^{-1}时两种模型的比较。

除了在$0.01 \sim 1 \text{ rad/s}$区间内频率的微小差异外，两个模型的计算结果非常一致，在$0.001 \sim 10 \text{ rad/s}$区间内的相位差更明显。

因此，该值推荐用于^{235}U燃料反应堆的单群模型计算。然而，由于频率响应是基于小扰动的模型，因此只有在小扰动情况下才能获得良好的一致性。

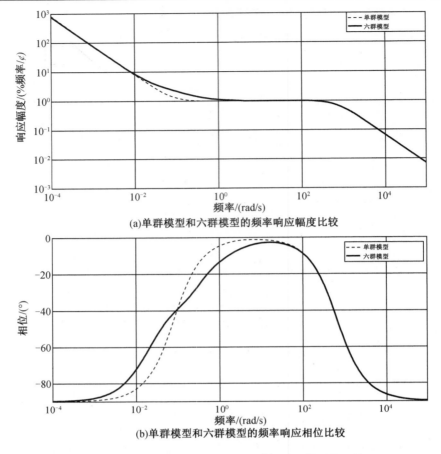

(a)单群模型和六群模型的频率响应幅度比较

(b)单群模型和六群模型的频率响应相位比较

图 4.11　单群衰变常数为 0.08 s^{-1} 时两种模型的比较

4.7　液体燃料反应堆响应

第3.9节中描述的液体燃料反应堆方程用于本节的仿真,不考虑反应性反馈效应。

液体燃料反应堆的响应受对液体燃料的流速影响,缓发中子的贡献取决于燃料在反应堆中的停留时间。循环燃料引起有效缓发中子份额的变化量等于 ρ_0,ρ_0 是系统中的稳态反应性。有效缓发中子份额等于$(\beta-\rho_0)$。因此,1 $ 的反应性等于$(\beta-\rho_0)$,而不是固体燃料反应堆中使用的 β 值。液体燃料反应堆的中子方程见第3.9节。

液体燃料反应堆中流量减少的最极端情况是停流,在这种情况下,堆芯内停留时间趋于无穷大。图4.12显示了停流后液体燃料反应堆的响应。

图4.13显示了不同的环路传输时间下发生反应性阶跃增加的响应。应该注意的是,在运行的液体燃料动力反应堆中,流量的减少导致流体温度增加,以及功率水平反馈效应的增加。

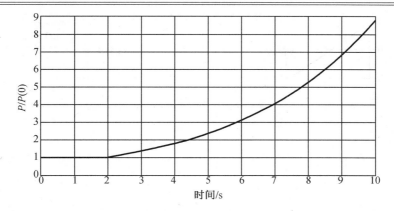

图 4.12 ^{235}U 燃料液体反应堆在 $t = 2$ s 失流后归一化功率响应

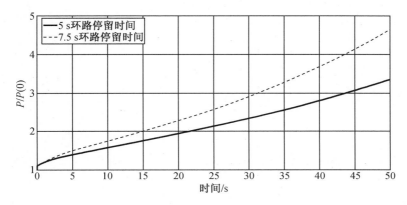

图 4.13 两种不同环路循环时间下液体燃料反应堆的归一化功率响应

（阶跃反应性为 $0.1(\beta - \rho_0)$，堆芯停留时间为 2 s，环路停留时间为 5 s 和 7.5 s）

　　显然，由于堆芯外缓发中子先驱核衰变引起缓发中子贡献减少，液体燃料反应堆比同等燃料的固定燃料反应堆响应更明显。

　　零功率液体燃料反应堆的传递函数如下：

$$\frac{\delta n}{n(0)\delta\rho} = \frac{1}{\Lambda s + \beta - \rho(0) - \sum\limits_{i=1}^{6} \dfrac{\lambda(i)\beta(i)}{s + \lambda(i) + \dfrac{1}{\tau(c)} - \dfrac{1}{\tau(c)} - \mathrm{e}^{-(s+\lambda(i))\tau(L)}}} \tag{4.13}$$

　　频率响应通过代入 $s = \mathrm{j}\omega(\mathrm{j} = \sqrt{-1})$ 并整理得到，振幅和相位的频率响应图描述详见附录 E，频率响应图（幅度和相位）如图 4.14 所示。

　　请注意 $0.1 \sim 1$ rad/s 频率附近振幅"凸起"和相位"凹陷"。零功率频率响应的这一特征对于反馈效应占主导地位的动力堆同样适用。

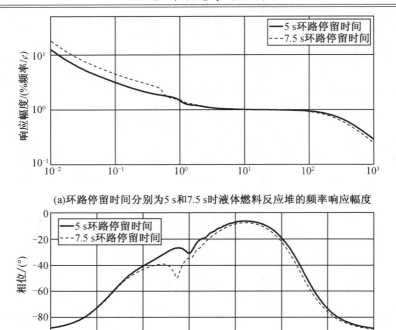

(a)环路停留时间分别为5 s和7.5 s时液体燃料反应堆的频率响应幅度

(b)环路停留时间分别为5 s和7.5 s时液体燃料反应堆的频率响应相位

图4.14　环路停留时间分别为 5 s 和 7.5 s 时液体燃料反应堆的频率响应图

4.8 倒 时 方 程

　　倒时方程是正阶跃反应性变化的大小与响应的指数系数之间的关系。当然,特征值的计算提供了同样的信息。

　　对方程(3.12)和(3.13)进行拉普拉斯变换,分别如式(4.14)、式(4.15)所示:

$$sn - n_0 = \frac{\rho - \beta}{\Lambda} n + \sum_{i=1}^{6} \lambda_i C_i \tag{4.14}$$

$$sC_i - C_{i0} = \frac{\beta_i}{\Lambda} n - \lambda_i C_i \tag{4.15}$$

　　求解 $n(s)$ 得到

$$\left(s - \frac{\rho - \beta}{\Lambda} - \sum_{i=1}^{6} \frac{\frac{\lambda_i \beta_i}{\Lambda}}{s + \lambda_i} \right) n = n_0 + \sum_{i=1}^{6} \frac{\lambda_i C_{i0}}{s + \lambda_i} \tag{4.16}$$

　　方程左边的括号内的七个根是方程的"特征值"。方程的解可表示为

$$n(t) = \sum_{i=1}^{7} A_i e^{s_i t} \tag{4.17}$$

式中,A_i 的系数来源于初始条件。

式(4.16)左侧的乘数是变量 s 的特征多项式,令其等于零并整理,得出下式:

$$\rho = s\left(\Lambda + \sum_{i=1}^{6} \frac{\beta_i}{s + \lambda_i} \right) \tag{4.18}$$

式(4.18)的特征根可通过图解法获得,也就是把方程右侧和常数 ρ 画在同一个图上,交点处的 s 值就是根。图 4.15 用于说明解的形式,也是本练习的目的。

式(4.18)右侧的图形出现在许多参考文献中[1]。这些图表通常是定性的示意图,因为根的距离大约为 30 年,仅能表示根的正负。这里通过图 4.15 定量说明了式(4.18)解的形式,第一幅图为负根的半对数图,解决了根距离过大无法定量表示的问题,该图的纵坐标是周期,时间 T。第二幅图为围绕原点跨越正值和负值的图。图 4.15 显示了 ^{235}U 燃料反应堆中子代时间为 10^{-5} s,根是纵坐标的值,右边的图(代表 ρ 恒定值的线)与左边的图相交。

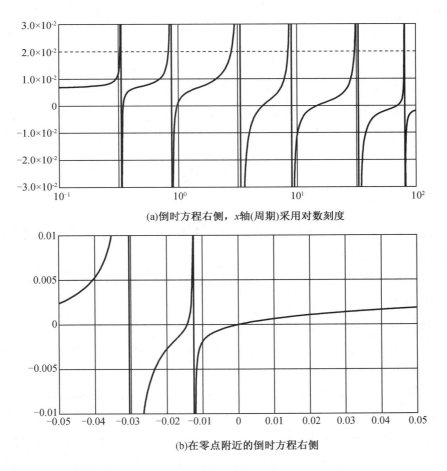

(a)倒时方程右侧,x 轴(周期)采用对数刻度

(b)在零点附近的倒时方程右侧

图 4.15

图 4.15 揭示了以下内容:

(1)当 $\rho < 0$ 时,所有根都是负的。

(2)当 $\rho > 0$ 时,6 个根为负,1 个根为正。

（3）负值最小的根有 80 s 左右的周期。

最小负根限制了负反应性引入后的功率下降速率。然而，这并不意味着功率下降必然会以简单的指数下降方式在 80 s 内发生变化，更多的负根仍将起作用，它们的作用将取决于功率下降期间先驱核的持续产生以及瞬变开始时存在的先驱核作用。

上述行为有一个实际的方面。倒时方程经常引用作为评估反应性变化的关系（例如在控制棒校准中）。这一假设导致了一种具有 $s = 1/T$ 的倒时方程的形式，其中 T 是在初始瞬态消失后观察到的反应堆周期。

$$\rho = \frac{1}{T}\left(\Lambda + \sum_{i=1}^{6} \frac{\beta_i}{\frac{1}{T} + \lambda_i} \right) \tag{4.19}$$

另一种常用的反应性测量方法是"INHOUR"。它定义为反应性与将导致一小时稳定期（$T = 3\ 600$ s）的反应性之比，即

$$\rho = \frac{\frac{1}{T}\left[\Lambda + \sum_{i=1}^{6} \frac{\beta_i}{\frac{1}{T} + \lambda(i)} \right]}{\frac{1}{3\ 600}\left[\Lambda + \sum_{i=1}^{6} \frac{\beta_i}{\frac{1}{3\ 600} + \lambda(i)} \right]} \tag{4.20}$$

习　　题

4.1　给出扰动形式的点动力学方程（6 个缓发中子群）的状态变量模型，考虑反应性的阶跃变化和可变反应性输入。

4.2　如果没有缓发中子，在 10 ¢ 的反应性阶跃变化后 1 s 响应是什么样的？使用中子代时间为 10^{-5} 的 ^{235}U 反应堆的数据。

4.3　缓发中子先驱核是未来中子的一个储存库，这与停堆有什么关系？

4.4　估计反应堆对振幅为 10 ¢、频率为 10 rad/s 的正弦反应性的响应幅度。为什么你的回答不确切？

4.5　当堆芯内停留时间接近无穷大时，通过第 3 章中导出的传递函数，给出循环燃料的传递函数。

4.6　为什么控制室要监测周期表？为什么功率运行的反应堆不会没有稳定期？

4.7　中子代时间 10^{-5} 的 ^{235}U 燃料零功率反应堆经历 10 min 的稳定期，是什么反应性导致了这种瞬变？

参 考 文 献

［1］　J. J. Duderstadt, L. J. Hamilton, Nuclear Reactor Analysis, John Wiley & Sons, New York, 1976.

［2］　H. Klee, Simulation of Dynamic Systems with MATLAB and Simulink, CRC Press, Boca Raton, FL, 2007.

［3］　MATLAB and Simulink User Guides, The MathWorks, Inc., Natick, MA.

第5章 亚临界运行

5.1 中 子 源

反应堆在启动过程中需要一个中子源,以产生可测量水平的中子通量。反应堆具有自然产生的中子源:铀中的自发裂变、宇宙射线与反应堆成分相互作用产生的中子,以及高能伽马射线与反应堆中某些轻同位素相互作用产生的光中子。这些产生光中子的伽马射线来自先前反应堆运行过程中与伽马射线相互作用处于激发态的先驱核的衰变。

人工中子源能够确保产生的中子通量足够大,以引起必要的可测量信号。通常,这些中子源是中子发射器(例如,^{252}Cf 或 α 粒子发射器)与经过(α,n)反应的材料(例如铍或铍的混合物)。

5.2 亚临界反应堆中子通量与反应性之间的关系

对亚临界反应堆建模所需的点堆动力学方程的修改仅是将源项 S 添加到方程(3.12)中或其他公式之中。反应后的中子密度(或与中子密度成比例的量)增加,但保持亚临界状态,达到新的稳态。通过在修改后的方程中将时间导数设置为零来描述稳态(例如,方程(3.12)和(3.13))。中子密度的稳态值由下式给出:

$$n = -\frac{S\Lambda}{\rho} \tag{5.1}$$

或者

$$\frac{1}{n} = -\frac{\rho}{S\Lambda} \tag{5.2}$$

注意,反应性是负的,因为此处考虑的是亚临界反应堆。式(5.2)表明,在亚临界反应堆中,稳态中子密度(或与之成比例的测量)的倒数随负反应性的降低而线性增加,如中子探测器计数率。

5.3　逆 乘 因 子

在启堆期间,核仪表会测量与中子密度成比例的信号。随着反应性的增加,所测量的量 M 会增加(负值的绝对值越来越小),并且当该反应性变为正值时,它将开始以指数方式增加。M 的倒数将随反应性的增加而降低,随着接近临界值,M 的倒数趋于零。操作员观察 $1/M$ 的趋势以判断是否接近临界点(通常通过控制棒提棒)。外推数据可用来估计 $1/M$ 等于零(临界值)的点。当有新数据可用时,重复进行推断。为了避免超调,操作员会在接近零时减小反应性增量的大小。注意,M 的单位无关紧要,只要它们是一致的即可。图 5.1 显示了一个虚拟反应堆的 $1/M$ 图。

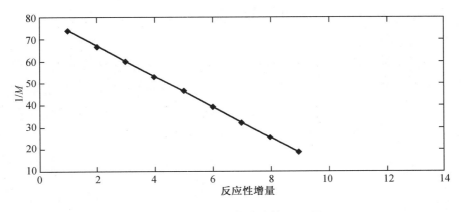

图 5.1　一个虚拟反应堆的 $1/M$ 图

在运行的反应堆中,点堆动力学模型并不精确性,$1/M$ 图可能具有一定的非线性,并且运行的反应堆中的实际中子行为与理论预测偏离。因此,有必要在逼近临界值期间连续推断此数值,以预测启堆达临界的时间。

5.4　启堆期间的响应

启堆要求反应堆处于亚临界并且堆中存在中子源。操作员通过稍微增加反应性来开始启堆,通常通过提升控制棒实现。

图 5.2 显示了亚临界反应堆对反应性阶跃增加的响应。请注意,随着反应堆越来越接近临界值,功率变化的增加幅度变大,反应性变化后稳定所需的时间变长。在此示例中,初始亚临界反应性的值为 -50 ¢,随后的步骤反应性引入为 10 ¢。

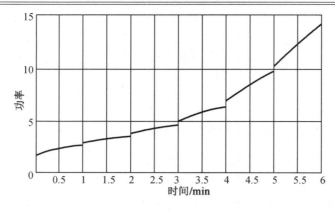

图 5.2 亚临界反应堆对每步增加 10 ¢ 反应性的响应，初始反应性为 −50 ¢

5.5 功率提升

达到临界状态后，便开始提升至所需功率。随着反应性增加，功率开始上升。关于临界反应堆功率增加的示意图，请参见第 4 章。操作员监测反应堆功率和反应堆周期（功率增加 e 倍所需的时间），以确保功率以可接受的速率增加。当接近所需功率水平时，操作员降低反应性，以便在所需功率水平下达到临界值（反应性等于 0）。

习　　题

5.1　确认式 (5.1) 可由点堆动力学方程式（通过添加源项 S 进行修改）得出。

5.2　考虑对于单群缓发中子的动力学方程式 (3.25) 和式 (3.26)。在式 (3.25) 中引入源项 $S(t) = 1.0/s$。当引入阶跃反应性分别为 5,10,15,20,25 ¢ 时，计算归一化功率的响应。

（a）绘制归一化功率随时间变化的趋势，确保功率在下一次反应性引入之前接近稳定值。

（b）绘制稳态功率比倒数 $P(0)/P$ 随反应性的变化趋势。解释这个参数与反应性的变化关系。

5.3　表 5.1 表示模拟反应堆的临界实验的近似实验数据，该表显示了中子探测器计数率与控制棒棒位的比值。

表 5.1　中子探测器计算率和控制棒棒位的实验数据

归一化探测器脉冲率 (n_0/n_i)	控制棒棒位/mm
1.0	0.0
0.98	100

表 5.1（续）

归一化探测器脉冲率（n_0/n_i）	控制棒棒位/mm
0.87	200
0.47	350
0.20	425
0.12	460
0（外推值）	—

对三个点的连续集合进行线性拟合，然后外推以确定控制杆位置的值达到 $n_0/n_i = 0$。当 n_0/n_i 值为零时，外推控制杆的位置是多少？绘制 n_0/n_i 图。并对控制棒的位置以及对具有反应性的归一化中子密度行为的进行评论。

5.4　反应性决定了亚临界反应堆和临界反应堆的核功率，但在本质上是不同的，请解释其原理。

5.5　我们已经看到，对于具有任何负反应性水平的亚临界反应堆，稳态条件是可以实现的。相反，在一个临界反应堆中，唯一可以达到的稳定状态是反应性等于零。

拓 展 阅 读

［1］　G. Gedeon，U. S. Department of Energy Fundamentals Handbook，Nuclear Physics and Reactor Theory，Module 4，Reactor Kinetics and Operation，1993.

［2］　J. Rataj，et al. Reactor Physics Course at VR-1 Reactor，Czech Technical University，Prague，2017.

第6章　裂变产物中毒

6.1　引　言

裂变反应直接产生初级裂变产物（发生裂变反应时立即产生），随后是初级裂变产物的放射性衰变。其中的一些同位素中具有非常大的吸收截面，它们在反应堆中会导致反应性显著降低，必须通过增加反应性（如提升控制棒或稀释反应堆冷却剂中溶解的中子毒物）来消除。裂变产物有很多，但其中两种尤为重要，因为它们会影响反应堆的运行，分别为^{135}Xe和^{149}Sm。

^{135}Xe的影响包括三部分：稳态全局中毒、瞬态全局中毒和反应堆功率的空间振荡。

6.2　^{135}Xe动力学

^{135}Xe热中子的吸收截面非常大（$\sigma_a \approx 3.5 \times 10^6$ b）。

6.2.1　^{135}Xe的产生

^{135}Xe可以作为裂变产物直接产生，也可以通过另一种裂变产物^{135}I的衰变产生。^{135}Xe的裂变产出率（每次裂变产生的原子数）为0.003，这意味着每次裂变有0.3%的概率产生^{135}Xe。^{135}I是由另一种裂变产物^{135}Te衰变而来，但^{135}Te的衰变非常迅速，因此^{135}I原子与^{135}Te原子基本上同时出现。^{135}I的裂变产率为0.063，^{135}I衰变为^{135}Xe的半衰期为6.7 h（衰变常数为2.87×10^{-5} s^{-1}）。^{135}I的吸收截面很小，与衰减损耗相比，吸收损耗可忽略不计。

6.2.2　^{135}Xe的损失

^{135}Xe通过放射性衰变和中子吸收消失。^{135}Xe的半衰期为9.2 h（衰变常数为2.09×10^{-5} s^{-1}）。^{135}Xe的中子吸收导致^{135}Xe原子以$X\sigma_{aX}\Phi$的速率消失，其中X为^{135}Xe的浓度，σ_{aX}为^{135}Xe中子吸收截面，Φ为中子通量。^{135}Xe的吸收消耗了中子，否则该中子可用于燃料中的裂变，因此反应性降低了。

6.2.3　^{135}Xe 的方程

^{135}I 和 ^{135}Xe 的微分方程如下

$$\frac{\mathrm{d}I}{\mathrm{d}t} = \gamma_I \Sigma_f \Phi - \lambda_I I \tag{6.1}$$

$$\frac{\mathrm{d}X}{\mathrm{d}t} = \gamma_X \Sigma_f \Phi + \lambda_I I - X\sigma_{aX}\Phi - \lambda_X X \tag{6.2}$$

式中　I——^{135}I 的浓度,单位为原子数/cm^3;

　　　γ_I——^{135}I 的裂变产率,每次裂变产生 0.063 个 ^{135}I 原子;

　　　Φ——中子通量,单位为中子数/(cm$^{-2}\cdot$s);

　　　λ_I——^{135}I 的衰变常数,为 2.87×10^{-5} s^{-1};

　　　X——^{135}Xe 的浓度,单位为原子数/cm^3;

　　　γ_X——^{135}Xe 的裂变产率,每次裂变产生 0.003 个 ^{135}I 原子;

　　　λ_X——^{135}Xe 的衰变常数,为 2.09×10^{-5} s^{-1};

　　　σ_{aX}——^{135}Xe 的中子吸收截面,能量为 0.025 3 eV 时中子吸收截面为 3.5×10^{6} b。

为了求解这些方程,有必要知道中子截面和中子通量或反应堆比功率(kW/kg 燃料),它们决定了中子通量的大小。

值得注意的是,调研的中子截面适用于 0.025 3 eV 能量的单能级中子或速度为 2 200 m/s 的中子,该能量对应温度为 20 ℃(293 K)。在反应堆中,吸收截面和裂变截面必须根据慢化剂的实际温度进行校准。在热反应堆中,通常假设麦克斯韦分布适用于慢化剂原子处于平衡状态的中子,并且中子截面与中子速度的倒数正相关。如反应堆物理学基础[1]所述,材料在温度 T(开尔文)下的"有效"截面为

$$\sigma(T) = \frac{1}{1.128}\sqrt{\frac{293}{T}}\,\sigma(0.025\ 3\ \mathrm{eV})$$

例如,对于 2 200 m/s 的 ^{235}U 中子裂变截面为 649 b,但在 300 ℃(压水反应堆中的典型慢化剂温度)下,有效中子裂变截面为 411 b。

可以对方程中的变量采用多种方式来重新定义 ^{135}Xe 的瞬变方程。一种重定义方法如下:

$$\frac{\mathrm{d}\dfrac{I}{N_f}}{\mathrm{d}t} = \gamma_I \sigma_f \Phi - \frac{\lambda_I I}{N_f} \tag{6.3}$$

$$\frac{\mathrm{d}\dfrac{X}{N_f}}{\mathrm{d}t} = \gamma_X \sigma_f \Phi + \frac{\lambda_I I}{N_f} - \frac{X}{N_f}\sigma_{aX}\Phi - \frac{\lambda_X X}{N_f} \tag{6.4}$$

或者

$$\frac{\mathrm{d}I'}{\mathrm{d}t} = \gamma_I \sigma_f \Phi - \lambda_I I' \tag{6.5}$$

$$\frac{\mathrm{d}X'}{\mathrm{d}t} = \gamma_X \sigma_f \Phi + \lambda_I I' - X' \sigma_{aX} \Phi - \lambda_X X' \tag{6.6}$$

式中　$\dfrac{I}{N_f} = I'$——反应堆中 $^{135}\mathrm{I}$ 原子数与易裂变原子数的比值；

$\dfrac{X}{N_f} = X'$——反应堆中 $^{135}\mathrm{Xe}$ 原子数与易裂变原子数的比值。

6.2.4　稳态的 $^{135}\mathrm{Xe}$

$^{135}\mathrm{I}$ 和 $^{135}\mathrm{Xe}$ 的稳态值是指方程中导数为零时的值，其结果为

$$I'_{SS} = \frac{\gamma_I \sigma_f \Phi}{\lambda_I} \tag{6.7}$$

$$X'_{SS} = \frac{(\gamma_X + \gamma_I) \sigma_f \Phi}{\lambda_X + \sigma_{aX} \Phi} \tag{6.8}$$

值得注意的是，I'_{SS} 与中子通量成正比，在低通量水平下（$\lambda_X \gg \sigma_{aX}\Phi$）$X'_{SS}$ 与中子通量成正比，并在高通量时（$\lambda_X \ll \sigma_{aX}\Phi$）达到饱和。

由于 $^{135}\mathrm{I}$ 在放射性衰变后变为 $^{135}\mathrm{Xe}$，其稳态值便是 $^{135}\mathrm{Xe}$ 的后备存储。因此，稳态 $^{135}\mathrm{I}$ 与稳态 $^{135}\mathrm{Xe}$ 的比例可作为未来 $^{135}\mathrm{Xe}$ 的指标。其比例为

$$\frac{I'_{SS}}{X'_{SS}} = \frac{\gamma_I (\lambda_X + \sigma_{aX} \Phi)}{\lambda_I (\gamma_X + \gamma_I)} \tag{6.9}$$

插入裂变产额和衰变常数的值（使用 300 ℃ 的慢化剂温度评估 $^{135}\mathrm{Xe}$ 吸收截面，其值为 2.22×10^6 b，并且使用 $^{235}\mathrm{U}$ 的裂变产额与衰变常数）：

$$\frac{I'_{SS}}{X'_{SS}} = 0.695 + 0.738 \times 10^{-13} \Phi \tag{6.10}$$

图 6.1 给出了 $^{135}\mathrm{I}$ 稳态浓度与 $^{135}\mathrm{Xe}$ 稳态浓度之比。

在较小的通量水平下，X'_{SS} 略大于 I'_{SS}，但是当通量水平较高时，I'_{SS} 值大于 X'_{SS}。

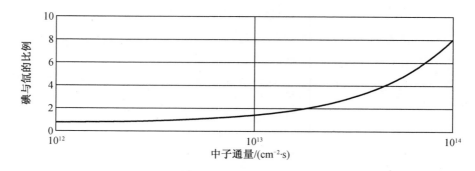

图 6.1　稳态下碘与氙的比例

6.2.5　$^{135}\mathrm{Xe}$ 中毒

裂变产物增加了非裂变吸收。反应堆物理学的六因子公式可以评估由增加的非裂变

吸收而导致的反应性损失。六因子公式为

$$k_{eff} = \eta \varepsilon p f L_f L_s \tag{6.11}$$

式中　η——燃料吸收后产生的中子；

　　　ε——快裂变因子；

　　　p——共振逃逸概率；

　　　f——热中子利用系数；

　　　L_f——快中子不泄漏概率；

　　　L_s——热中子不泄漏概率。

随着裂变产物的增加会对热中子利用系数（f）产生影响，如式（6.12）所示：

$$f = \frac{\Sigma_{af}}{\Sigma_{af} + \Sigma_{aO}} \tag{6.12}$$

式中　Σ_{af}——易裂变物质的宏观吸收截面；

　　　Σ_{aO}——非易裂变物质的宏观吸收截面。

裂变产物的存在会按以下规律改变热中子利用系数：

$$f' = \frac{\Sigma_{af}}{\Sigma_{af} + \Sigma_{aO} + \Sigma_{ap}} \tag{6.13}$$

式中　Σ_{ap}——裂变产物的宏观吸收截面。

因此

$$\frac{k_{eff} - 1}{k_{eff}} = \frac{f' - f}{f'} \tag{6.14}$$

做出如下定义

$$z = \frac{\Sigma_{aO}}{\Sigma_{af}}$$

$$P = \frac{\Sigma_{ap}}{\Sigma_{af}}$$

因此

$$\rho = \frac{k_{eff} - 1}{k_{eff}} = \frac{-P}{1 + z} \tag{6.15}$$

式中，ρ 为由于裂变产物的吸收所降低的反应性。

因为在反应堆中 $z \leqslant 1$，所以可以得到一个近似值（足以估算裂变毒物对反应性影响的近似大小）：

$$\rho = -P = -\frac{\Sigma_{ap}}{\Sigma_{af}} \tag{6.16}$$

反应性损失由下式给出：

$$\rho = X' \frac{\sigma_{aX}}{\sigma_{af}} \tag{6.17}$$

而 $X'\left(X' = \dfrac{X}{N_f}\right)$ 为公式（6.6）中变量的解。^{135}Xe 吸收截面与 ^{235}U 吸收截面之比为（3.5 ×

10^6)/650 或 5 380。因此

$$\rho = 5\ 380X'$$ (6.18)

在稳态下,氙值由下式给出

$$X'_{SS} = 5\ 380 \times \frac{(\gamma_X + \gamma_I)\sigma_f \Phi}{\lambda_X + \sigma_{aX}\Phi}$$ (6.19)

应用慢化剂温度为 300 ℃ 时的截面,$\sigma_f = 348$ b,$\sigma_{aX} = 2.22 \times 10^6$ b,且有

$$X'_{SS} = 5\ 380 \times \frac{0.066 \times 348 \times 10^{-24}\Phi}{2.09 \times 10^{-5} + 2.22 \times 10^{-18}\Phi}$$ (6.20)

图 6.2 显示了稳态下 ^{135}Xe 中毒随中子通量的变化。在此示例中,在高通量水平稳态下最大反应性损失约为 8$\$$。

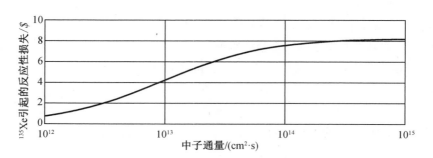

图 6.2　稳态下 ^{135}Xe 中毒引起的反应性损失随中子通量变化曲线

6.2.6　启堆后的 ^{135}Xe 中毒

式(6.5)和式(6.6)适用于反应堆启动(初始条件为 $I' = 0, X' = 0$)。

假设反应堆在满功率状态下(在实际操作中,功率将逐渐增加),通过分析和数值方法可以容易地对方程进行求解。

这里定义了一个参考反应堆,参考反应堆的相关特性如下:

反应堆功率 = 3 000 MW(3×10^9 W)

燃料装载 = 100 t(10^8 g 浓缩燃料)

燃料浓缩 = 3% ^{235}U

^{235}U 装载 = 3.0×10^6 g

慢化剂温度 = 300 ℃

^{235}U 在 300 ℃ 时的有效微观裂变截面 = 3.48×10^{-22} cm^2

满功率中子通量 = 3.47×10^{13} 中子/(cm$^2 \cdot$s)(通量的计算见附录 A)

反应堆中易裂变原子数由下式给出:

$$(6.023 \times 10^{23}) \times 3.0 \times 10^6 = 1.806\ 9 \times 10^{30}$$

^{135}Xe 在 300 ℃ 时的有效吸收截面为

$$\sigma_{aX} = \frac{3.5 \times 10^{-18}}{1.128} \sqrt{\frac{293}{573}} = 2.22 \times 10^{-18} \text{ cm}^2$$

因此,方程中的 $\sigma_{\text{f}}\Phi$ 和 $\sigma_{\text{aX}}\Phi$ 两项变为

$$\sigma_{\text{f}}\Phi = (3.48 \times 10^{-22}) \times (3.47 \times 10^{13}) = 1.208 \times 10^{-8}$$

$$\sigma_{\text{aX}}\Phi = (2.22 \times 10^{-18}) \times (3.47 \times 10^{13}) = 7.70 \times 10^{-5}$$

图 6.3 显示了 [135]Xe 参考反应堆从零功率阶跃变化时的中毒瞬态。

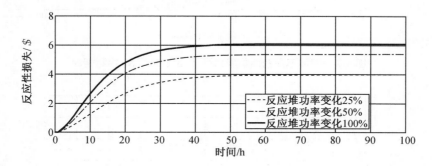

图 6.3　反应堆功率从零功率阶跃变化过程中 [135]Xe 的瞬态变化

6.2.7　停堆后的 [135]Xe 中毒

式(6.5)和式(6.6)适用于反应堆启动(初始条件为 $I' = 0, X' = 0$)。

假设反应堆在满功率状态下(在实际操作中,功率将逐渐增加),通过分析和数值方法可以容易地对方程进行求解。

假设一个反应堆中 [135]I 和 [135]Xe 已达到式(6.7)和式(6.8)给定的稳态水平。假设中子通量突然变为零。[135]I 和 [135]Xe 的瞬态响应由下式给出

$$I'(t) = I'_{SS} \exp(-\lambda_1 t) \tag{6.21}$$

$$X'(t) = X'_{SS} \exp(-\lambda_X t) + I'_{SS} \cdot \frac{\lambda_I}{\lambda_I - \lambda_X} \cdot \left[\exp(-\lambda_X t) - \exp(-\lambda_1 t) \right] \tag{6.22}$$

图 6.4 显示了在 4 个不同的初始功率水平下,参考反应堆停堆后 [135]Xe 中毒的情况。

此模型的数据与第 6.2.6 节中描述的反应堆的数据相同。结果表明,中毒程度随反应堆初始功率的增加而增加。补偿中毒的能力取决于可以通过其他方式增加的反应性(通常采用控制棒或稀释溶解的方式)。初始中子通量水平较大时,中毒达到的水平超过了可用操作员操作进行补偿的范围。因此,只有在 [135]Xe 降到允许启堆的最低水平时,才能重新启堆。图 6.5 给出了一个假设情况。参考反应堆从满功率到停堆,操作员的动作最多可以增加 9$ 的反应性。该图显示了无法重新启动的时间间隔,一般为 1.5 ~ 21 h。

图 6.6 显示了 [135]I 和 [135]Xe 在参考反应堆功率从零上升到 100% 然后又下降到零功率的阶梯变化。需要注意的是,在 100% FP 稳态条件下,[135]I 浓度大于 [135]Xe。[135]I 浓度在停堆后衰减,导致 [135]Xe 浓度达到峰值。

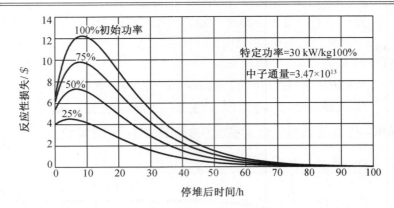

图 6.4　四种不同初始功率水平下，反应堆^{135}Xe 中毒情况

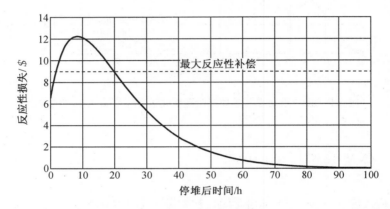

图 6.5　从满功率运行到停堆后，^{135}Xe 中毒导致的反应性损失，且最大反应性补偿为 9$

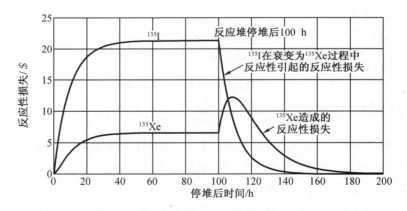

图 6.6　反应堆功率从零到 100% 再回到零过程中^{135}I 和^{135}Xe 的变化

6.2.8　功率增加后的^{135}Xe 中毒

在功率水平升高之后，中子通量增加，首先通过中子吸收作用消耗^{135}Xe 来降低毒性。这是因为高通量消耗^{135}Xe 的速度大于^{135}I 衰变产生^{135}Xe 的速度。随着^{135}I 浓度逐渐升高，反应堆的毒性会达到一个新的水平。图 6.7 显示了参考反应堆从 10% 功率增加到两个不同的更高功率过程中参考反应堆的瞬态特性。

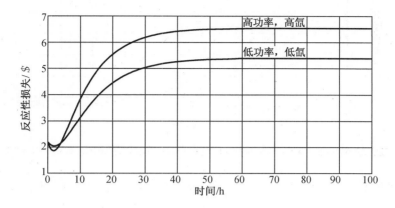

图 6.7　功率从 10% 增加过程中 ^{135}Xe 的毒性变化

值得注意的是,功率增加的初期氙中毒减少并且反应性相应增加。在 ^{135}I 积累之后,^{135}Xe 消耗的增速要快于 ^{135}Xe 产生的速度。图 6.8 显示了对功率增加的初期响应,功率变化的初始响应是动力反应堆反应性反馈的一个组成部分。关于反馈效果的讨论见第 7 章。

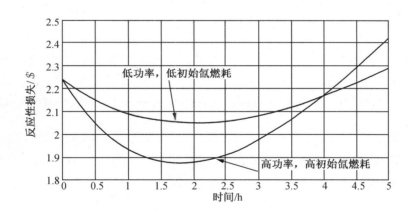

图 6.8　反应堆功率从 10% 阶跃变化时 ^{135}Xe 的初始响应

6.2.9　瞬态工况下 ^{135}Xe 中毒

瞬态工况发生涉及不同的反应堆功率、不同的时间间隔和不同的变化速率等诸多因素。现针对两种特定情景进行模拟,来讨论在参考反应堆变功率运行下的 ^{135}Xe 中毒情况。

首先考虑功率从零到逐渐增加到满功率,再下降到零功率的情况。图 6.9 显示了参考反应堆在此过程中的瞬态。

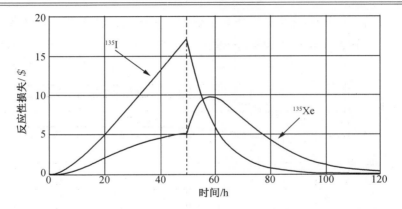

图 6.9 在历时 **50 h** 的功率从零到 **100%** 的斜坡过程后,再回到零功率过程中,^{135}X 和 ^{135}I 的瞬变

图 6.10 显示了 ^{135}Xe 和 ^{135}I 在一个假定的日常功率波动模式下的变化。

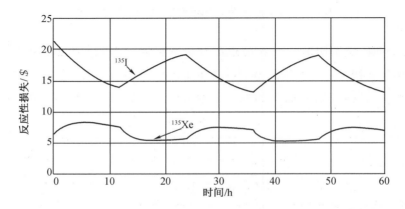

图 6.10 日常功率在 **100%** 至 **50%** 之间的变化过程中 ^{135}Xe 和 ^{135}I 造成反应性损失的变化

参考反应堆以满功率运行 12 h,然后以 50% 功率运行 12 h,每天重复这种模式。这种运行模式的特性是可预料的,当白天需求高时,反应堆提供更多的电力,而在晚上需求低时提供更少的电力。^{135}Xe 中毒可能出现反常规律,此类现象留给读者自行思考(参见本章习题)。

6.2.10 中子 – 氙瞬态耦合

前一节描述了 ^{135}Xe 对反应堆功率变化的响应。当然,^{135}Xe 浓度的变化导致反应性的变化,反应性的变化导致反应堆功率的变化。中子和 ^{135}Xe 中毒是耦合的,彼此相互影响。图 6.11 显示了反应性的变化(反应性以 $-1 ¢$ 阶跃变化引起 ^{135}Xe 中毒)。

注意,由于 ^{135}I 的衰减引起的 ^{135}Xe 浓度增加,因此反应性损失增加。中毒开始 8.5 h 左右对反应性的负面影响达到顶峰,其毒性达到 6 \$ 左右。此后随着 ^{135}Xe 的消耗,毒性随之降低,直到 26.5 h 左右重新达到临界状态。26.5 h 之后,由于 ^{135}Xe 的持续消耗,反应性持续升高,导致反应堆功率迅速增加。

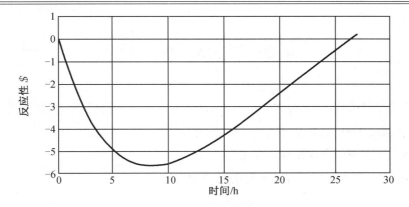

图 6.11　反应性以 $-1\ ¢$ 阶跃变化后 ^{135}Xe 中毒

6.2.11　氙振荡

^{135}Xe 会引起反应堆功率空间分布振荡,即反应性在一个区域增加的同时在另一个区域减少。

功率增加区域		功率减少区域	
P	↑	P	↓
I	↑(未来增加的氙)	I	↓
Xe	↓(初始燃耗)	Xe	↑
ρ	↑(减小氙中毒)	ρ	↓
P	↑(由初始氙燃耗引起)	P	↓
Xe	↑(因碘的衰变增加)	Xe	↓
ρ	↓	ρ	↑
P	↓	P	↑

值得注意的是,功率振荡和局部功率之间存在 180°相位差,因此震荡将持续进行。

在动力反应堆中,来自温度变化和控制的反应性负反馈将抑制或消除振荡。在动力反应堆中操作规程包含抑制氙振荡的内容。

6.2.12　熔盐堆中的氙

在熔盐堆中,通过简单的喷射可以连续地除去裂变气体,因此 ^{135}Xe 对此类反应堆不会产生太大影响。

6.3　^{149}Sm　中　毒

^{149}Sm 热中子吸收截面也很大（$\sigma_a \approx 4.2 \times 10^4$ b），^{149}Sm 是 ^{149}Pm 的衰变产物，^{149}Pm 是 ^{149}Nd 的衰变产物，^{149}Nd 的半衰期为 1.7 h，衰变为 ^{149}Pm 的产率为 0.014。由于 ^{149}Pm 的半衰期较长（47 h），可以将 ^{149}Pm 作为直接裂变产物。

^{149}Pm 和 ^{149}Nd 的微分方程如下（由文献[2]修正）：

$$\frac{\mathrm{d}P'}{\mathrm{d}t} = \gamma_P \sigma_f \Phi - \lambda_P P' \tag{6.23}$$

$$\frac{\mathrm{d}S'}{\mathrm{d}t} = \lambda_P P' - S' \sigma_{aS} \Phi \tag{6.24}$$

其中

$$P' = \frac{P}{N_f}$$

$$S' = \frac{S}{N_f}$$

式中　P——^{149}Pm 的浓度；

　　　S——^{149}Sm 的浓度；

　　　N_f——易裂变材料；

　　　γ_P——^{149}Pm 的裂变产率（0.014）；

　　　λ_P——^{149}Pm 的衰变常数（4.1×10^{-6} s^{-1}）；

　　　σ_{aS}——^{149}Sm 的中子吸收截面，在 2 200 m/s 下为 5.3×10^4 b，在 300 ℃ 下为 3.36×10^4 b。

与 ^{135}Xe 的中毒相似，^{149}Sm 的稳态中毒由下式给出：

$$毒性 = S' \frac{\sigma_{aS}}{\sigma_{af}}$$

S' 的稳态值为

$$S'_{SS} = 0.014 \frac{\sigma_f}{\sigma_{aS}}$$

因此钐中毒

$$S'_{SS} = 0.014 \frac{\sigma_f}{\sigma_{af}} = 0.012$$

反应性为 0.012 时的毒性当于 1.8 $ 。注意，稳态 ^{149}Sm 中毒与中子通量水平无关。

由于 ^{149}Pm 的半衰期较长，在启堆后 ^{149}Sm 的产生非常缓慢。然而，一旦 ^{149}Sm 达到平衡态，它就保持不变。图 6.12 为参考反应堆启堆后的 ^{149}Sm 中毒。

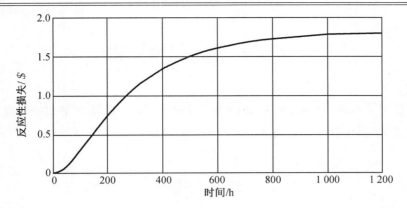

图 6.12　反应堆启动后的^{149}Sm 中毒

图 6.13 显示了反应堆功率下降后^{169}Sm 的毒性变化。随着通量的减小,^{149}Sm 的吸收增加,随着^{149}Pm 的浓度逐渐降低和衰变,^{149}Sm 中毒以致恢复到初始值。^{149}Sm 明显的瞬态特性要在长时间范围内才能观测到,图 6.14 显示了停堆后^{149}Sm 的影响。

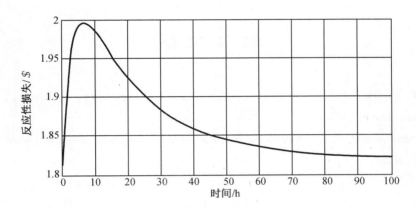

图 6.13　功率从 100％降为 50％后的^{149}Sm 毒性

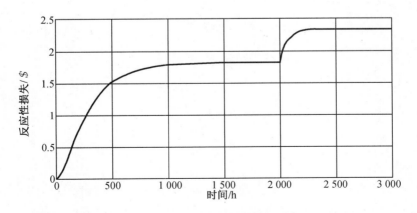

图 6.14　在功率上升至 100％后关闭反应堆^{149}Sm 中毒的上升

6.4 总 结

本章描述了^{135}Xe 和^{149}Sm 的变化和影响。虽然在实际反应堆中得到的结果将取决于该反应堆的特性,但存在着一般性规律。

习 题

6.1 为何早期中子通量较高时操作员为了维持反应堆临界要不断提升控制棒?

6.2 为什么氙中毒会随着反应堆功率的增加而短暂降低?

6.3 有些人会发现图 6.9 所示的^{135}Xe 曲线是反常的,为何会如此?对其中的物理现象给出解释。

参 考 文 献

[1] A. R. Foster, R. L. Wright Jr., Basic Nuclear Engineering, fourth ed., Allyn and Bacon, Boston, 1983.

[2] J. J. Duderstadt, L. J. Hamilton, Nuclear Reactor Analysis, John Wiley & Sons, New York, 1983.

第7章 反应性反馈

7.1 引 言

动力反应堆温度或压力的变化会引起反应性的变化。这些反应性变化的原因是核特性受到温度影响,由于密度变化或堆芯部件的尺寸或形状变化而导致堆芯中存在的物质数量变化。评估反应性反馈涉及反馈系数(过程变量的单位变化量引起的反应性变化),反应性反馈效应对于维持合适的反应堆性能非常重要。

本章对相关影响进行了定性描述。定量评价反馈系数需要使用详细的中子模型,这些方法在关于反应堆物理[1]的书中有详细的描述,不在本书的介绍范围内。本书中假定反应性系数是已知的。

后续章节讨论了对于热中子反应堆的反应性反馈,特别是对于第二代和第三代热中子反应堆。

7.2 热中子反应堆中的燃料温度反馈

燃料温度升高后,由于多普勒效应,核燃料的共振吸收峰将展宽,进而影响反应性。一些中子在慢化过程中由于燃料的中子吸收作用生成重同位素(在低浓缩铀燃料的热中子反应堆中主要是 ^{238}U 和 ^{240}U)而损失。共振峰处中子吸收截面变大导致热中子数减少(共振逃逸概率降低)。

温度的变化改变了共振吸收截面和中子之间的相对运动,导致吸收截面峰值的减小和能量范围的扩大,如图 7.1 所示。

由于在展宽的区域内共振吸收截面更大,重同位素共振吸收的中子比在未展宽区域内吸收的中子多,共振吸收导致反应性降低。这种现象在 ^{238}U 中时有发生,在 ^{240}Pu 中作用更明显,因为这种现象是通过 ^{238}U 和 ^{239}Pu 的中子吸收作用而产生的。因此在热中子反应堆中,燃料的反应性温度系数总是负的。

在功率变化后相比于其他过程变量的变化,燃料温度的变化是最先发生的,因此功率变化后燃料温度反应性反馈最先发生。它有时被称为瞬发温度反应反馈,这种负反应性有助于维持功率的稳定。

功率变化后的燃料温度反馈取决于燃料温度变化的大小以及反馈系数的大小。单位功率变化量的燃料温度变化取决于燃料的热容和燃料与冷却剂之间的热阻,参见第 10 章。

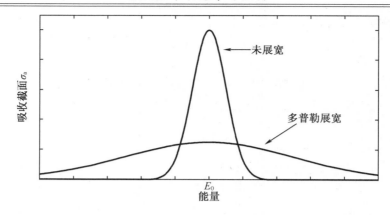

图 7.1　由于温度升高,同位素(如^{238}U 和^{240}Pu)在共振截面上的多普勒展宽

7.3　热中子反应堆中的慢化剂温度反馈

　　反应堆中的中子慢化材料可以是轻水反应堆中慢化剂/冷却剂中的液体,可以是 CANDU 堆中与冷却剂分离的液体,也可以是气冷热反应堆、流体燃料热反应堆和俄罗斯 RBMK 反应堆中的固体,而快堆中没有慢化剂。慢化剂温度反应性反馈对功率变化的响应总是比燃料温度反馈慢。但是,在同时作为冷却剂和慢化剂的水堆中,慢化剂/冷却剂温度反馈首先随着反应堆入口温度的变化而变化,反应堆入口温度变化是与二回路换热引起的。慢化剂温度反馈系数可以是正的或负的,其值随着反应堆不同而有显著差异。

　　热中子反应堆慢化剂温度的升高会使热中子的能量更高。热中子与慢化剂的热能处于平衡状态,更高的慢化剂温度意味着慢化剂原子的热运动更剧烈并且与之相互作用的中子慢化后拥有的能量更高。用麦克斯韦 – 玻尔兹曼分布给出了慢化原子的能谱,进而给出了热中子的能谱。图 7.2 显示了三种不同温度下的麦克斯韦分布。

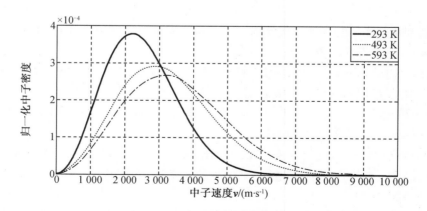

图 7.2　三种温度下热中子的麦克斯韦分布

　　反应堆内许多材料的吸收截面和裂变截面随中子速度倒数的变化而变化。这称为截

面的 $1/v$ 依赖性。反应速率由下式给出：

$$R = N\sigma\varphi \tag{7.1}$$

或写作

$$R = N\sigma nv \tag{7.2}$$

式中　R——反应速率，中子交互作用发生次数/（$cm^3 \cdot s$）；

　　　N——原子核密度，原子核数目/cm^3；

　　　σ——微观裂变截面，cm^2；

　　　φ——中子注量率，中子数/（$cm^2 \cdot s$）；

　　　n——中子密度，中子数/cm^3；

　　　v——中子速度，m/s。

关于 $1/v$ 吸收规律，分母上的 v（$\sigma \approx$ 常数/v）约去了分子上的 v，使得反应速率与慢化剂温度无关。

然而，一些重要的反应堆使用的吸收材料不符合 $1/v$ 规律。图 7.3 显示了裂变同位素 ^{235}U 和 ^{239}Pu 的截面。

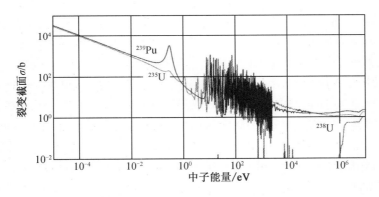

图 7.3　易裂变同位素 ^{235}U 和 ^{239}Pu 的裂变截面

^{235}U 截面显示出与 $1/v$ 规律有轻微的负偏差，当慢化剂温度升高时，频谱效应导致 ^{235}U 的吸收中子和裂变减少（慢化剂的温度反应性系数为负），此效应与慢化剂温度变化所造成的影响相比是很小的。

^{239}Pu 效应则与之不同。^{239}Pu 具有低能量（约 0.3 eV）俘获和裂变共振域，导致相对 $1/v$ 规律存在正偏差，当慢化剂温度增加时，由于频谱效应，^{239}Pu 的俘获和裂变增加。这种效应在 ^{239}Pu 储量丰富的反应堆（例如以低浓缩铀为燃料的热中子反应堆，随后通过 ^{238}U 中的中子俘获生产 ^{239}Pu）中尤为显著。

冷却剂（或慢化剂）温度的变化引起密度的变化，从而引起冷却剂中的吸收截面变化。由于冷却剂温度升高会使流体膨胀，导致了堆芯中能容纳的冷却剂减少，因此吸收中子部分的冷却剂温度反馈系数总是正的。

慢化剂密度的变化同样改变中子散射，而中子散射又改变了中子平均自由程。平均自由程的增加使得更多的中子能够到达边界并逃逸，而平均自由程的减少则相反。

反应堆设计包括评估慢化剂对反应性的影响，图 7.4 给出了说明。

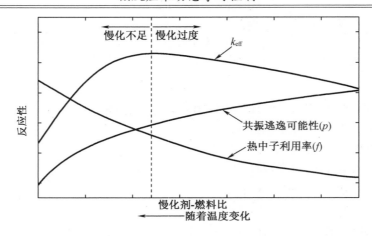

图 7.4　慢化燃料比对过慢化和欠慢化反应堆反应性的影响

　　慢化剂过少是不利于将中子慢化为热中子来提高反应性的。慢化剂过少的反应堆称为慢化剂不足的反应堆。过多的慢化剂对于将中子慢化为热中子来提高反应性同样是不利的,因为慢化剂的中子吸收作用会抵消掉慢化剂的慢化效果。慢化剂太多的反应堆称为过度慢化反应堆。

　　轻水反应堆需要慢化剂,也就是说如果没有慢化剂反应性会降低。因此,液态慢化剂/冷却剂中的温度升高将会导致密度降低、中子慢化能力降低和反应性降低。在使用液态慢化剂/冷却剂的慢化反应堆中,慢化剂反应性温度系数总是负值。然而,毒物(通常是硼酸)有时会溶解在冷却剂/慢化剂中。热膨胀导致溶解的毒物和冷却剂一起从堆芯中移除。毒性降低所引入的反应性是正向的,因此冷却剂/慢化剂温度系数可能为正也可能为负,取决于溶解毒物的浓度。温度系数为正是有可能发生的,特别是在循环开始时溶解硼浓度最高,慢化温度的升高使单位体积硼原子数降低,从而对反应性有正向的影响。

　　CANDU 堆的加压冷却剂通道嵌在一个装满重水的大槽中,重水也可以作为核燃料的冷却剂,两个重水区都有助于中子慢化,致使 CANDU 堆过度慢化。因此,反应性的慢化剂温度系数为正。

7.4　热中子反应堆中的压力和空泡份额

　　当冷却剂中空泡份额发生变化时,使用液体冷却剂的热中子反应堆的反应性会发生改变(即使是液体冷却的反应堆,冷却剂中也会有小气泡)。当液体沸腾时,堆芯中的冷却剂减少,从而减少了对中子的吸收,这是一种正向的反应性反馈。同时,由于降低了慢化剂的浓度,快中子向热中子的慢化能力也减弱了,这时的反应性反馈系数为负值。在热中子反应堆中,空泡份额的反应性反馈为负。

　　现有的两种过度慢化且具有正空泡系数的动力反应堆,分别是苏联 RBMK 反应堆(见第 11 章)和加拿大 CANDU 堆(见第 14 章)。这两种堆的慢化剂(RBMK 中的石墨和 CANDU 中的重水)在物理上与冷却剂通道分离。冷却剂分别为 RBMK 中的沸水和 CANDU

中的液态重水。

在堆芯沸腾时,随着压力的增加,空泡份额减小。因此,它们具有正的压力反馈系数。冷却剂沸腾是一种异常现象,空泡是应对这种情况的一个重要因素。

7.5 裂变产物反馈

反应堆功率的改变会引起裂变产物平衡点的改变。功率增加后,新的平衡点提升,增加了堆芯的裂变产物数量,提高了中子吸收率,降低了反应性。

一些裂变产物在裂变反应发生后立即产生(即初级裂变产物),一些由初级裂变产物衰变而来(即次级裂变产物)。功率变化的瞬态效应是一次裂变产物产量迅速变化,二次裂变产物产量延迟变化,以及功率变化前裂变产物燃耗迅速变化。因此,不同的裂变产物在达到平衡的过程中会存在差异。

^{135}Xe 是最重要的裂变产物之一,经历了一个复杂的过程达到平衡点。^{135}Xe 大部分来自 ^{135}I 的衰变,小部分来自初级裂变产物。考虑对功率增加的响应,短期效应是中子吸收作用导致 ^{135}Xe 燃耗增加,这是一个正反应性反馈。中子通量的增加也导致了 ^{135}I 产量的增加。随着 ^{135}I 浓度的增加,由于 ^{135}I 的衰变,更多的 ^{135}Xe 产生。^{135}Xe 的增加是一种负反应性反馈。^{135}I 衰变产生 ^{135}Xe,最终导致 ^{135}Xe 浓度高于功率增加前的浓度。因此,^{135}Xe 反应性反馈系数在功率变化后立即为正,经过一段时间以后变成负。正的部分持续几个小时,负的部分在几个小时内达到平衡。^{135}Xe 中毒及其对中子动力学的影响详见第 6 章。请注意,^{135}Xe 的反馈效应比温度和压力效应慢得多。

7.6 综合反应性反馈

反应堆的响应特性取决于所有反馈的综合效应。图 7.5 用框图给出了具体的表示。图 7.6 总结了反应堆功率影响反应性的方式。

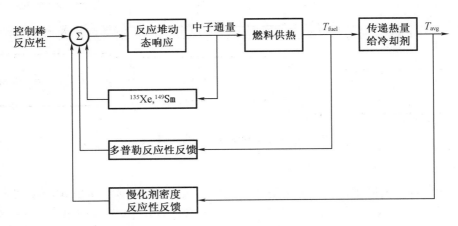

图 7.5 反应性反馈框架

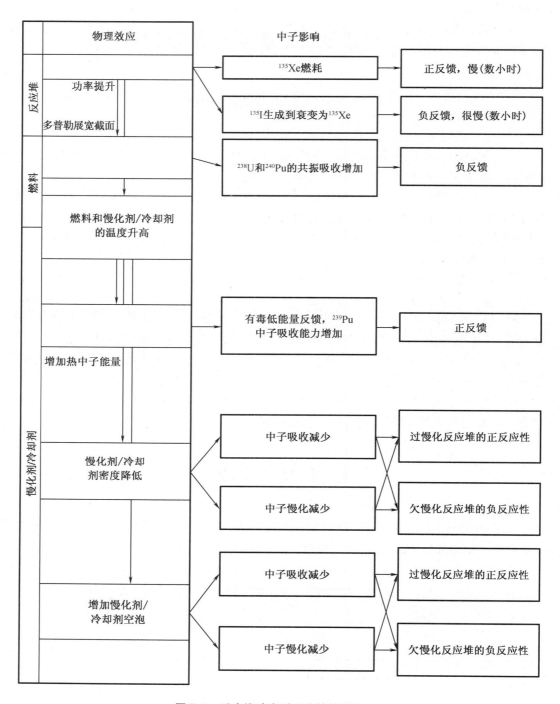

图 7.6　反应堆功率对反应性的影响

7.7　反应性功率系数与功率亏损

在动力反应堆中由外部操控(如控制棒)引起的反应性变化触发功率变化和反应性反馈效应。如果所有反馈效应的综合效应为负,且负反馈反应性抵消了外部原因引起的反应性变化,那么反应堆的功率就会稳定在一个功率水平,从而使稳态所需的总反应性为零。

根据功率变化($\Delta\rho/\Delta P$)测量的总反应性变化称为反应性功率系数,它定义了功率变化后平衡状态下的总反应性反馈。各个反馈遵循不同的轨迹达到平衡,目前并未考虑功率系数的时间相关性。功率系数决定了反应性变化后新的稳态功率水平。显然,对于一个稳定的反应堆来说,反应性的功率系数必须是负的。

值得注意的是,反应性功率系数与时间相关,并与决定各种反应性变化幅度的热工水力过程相关。例如,多普勒反应性反馈是燃料温度变化 ΔT_f 和多普勒反应性系数 $\Delta\rho/\Delta T_f$ 的乘积。

虽然功率系数定义了单位功率变化的反应性增量变化,但反应堆从一个稳定功率水平变化到另一个稳定功率水平时的总反应性变化是同样重要的,这种度量称为功率缺陷(应该注意,一些作者将功率系数定义为上面定义的功率缺陷)。轻水堆从零功率到全功率的功率缺陷 $\Delta\rho_{PD}$ 为 $0.01 \sim 0.03(\rho)$[1]。

7.8　反应性反馈对频率响应的影响

如第 3 章所示,具有内在负反馈的系统的整体传递函数可以写成

$$\frac{\delta_O}{\delta_I} = \frac{G}{1 + GH} \tag{7.3}$$

式中,G 为前馈传递函数,H 为反馈传递函数。

现在考虑作用在总功率上的负反应性反馈对反应性频率响应的影响。如前文所述,无反馈(由 G 给出)的反应堆的频率响应幅度在低频时很大。将式(7.3)改写为

$$\frac{\delta_O}{\delta_I} = \frac{1}{\dfrac{1}{G} + H} \tag{7.4}$$

在低频时,G 的幅值非常大,式(7.4)可以近似为

$$\frac{\delta_O}{\delta_I} \approx \frac{1}{H} \tag{7.5}$$

注意 G 和 H 是与频率 ω(rad/s)相关的函数。

因此,低频响应是由反应性反馈决定的。H 的单位是反应性比功率(通常为功率百分比)。所以,$1/H$ 的单位是反应性的反应性功率/$\not\in$,或者是功率系数的倒数。

在低频率时,反馈 H 与反应性扰动"保持一致"。换言之,在低频时,振幅是恒定的。随

着频率的增加,反馈滞后于反应性扰动。也就是说,H 的大小在特定频率开始减小。这种情况下的频率称为"中断频率",在以燃料反应性反馈为主导的反应堆中,通常为燃料到冷却剂传热时间常数的倒数。在较高的频率下,反馈对整体响应的影响较小。

现在考虑远高于 H 的中断频率,其中 H 很小,G 控制着传递函数。在高频时,传递函数可以通过前馈传递函数 G 近似,此时:

$$\frac{\delta_O}{\delta_I} \approx G \tag{7.6}$$

也就是说,反应堆的反馈效果可以忽略不计。

图 7.7 说明了反馈对典型压水反应堆频率响应的综合效应。反馈传递函数粗略近似为 $H = 1/(s+0.2)$。$H(s)$ 的中断频率为 0.2 rad/s,表明燃料到冷却剂的传热时间常数为 5 s。高频和低频分别约为 700 rad/s 和 0.2 rad/s。其行为与方程式(7.5)和(7.6)所示相近。

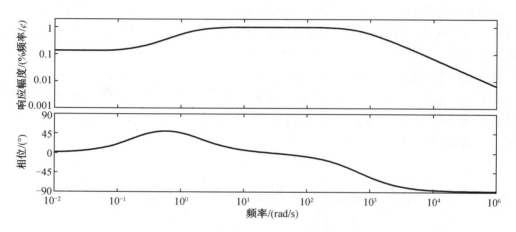

图 7.7　带有反馈的典型压水堆的频率响应幅度和相位的频域图
反馈传递函数为 $H = 1/(s+0.2)$

7.9　负反馈失稳:一种物理解释

因为不稳定的负反馈可能会发生在动力反应堆中,所以了解这种现象的物理基础是很重要的。不稳定的负反馈是沸水堆的一个重要问题(见第 13 章)。

系统中的反馈可以增大或减小输入扰动的影响。有人可能会认为负反馈总是稳定的,但事实并非如此。负反馈可能是有利于稳定的也可能是破坏稳定的。在本节中,我们将展示使负反馈失稳的物理基础。

负反馈引入的时机是关键问题。例如,如果引起负反馈的过程在时间上发生位移,那么当反馈发生在正震荡的过程中,其反馈变量为负值,它可能作用在负震荡上,则整体的反馈结果是正向的。也就是说,对于由负反馈引起的不稳定性,反馈相移必须使它改变反馈量的符号。当反馈导致相移介于 −270° 与 −90° 之间时,就会发生这种现象。

如果反馈是单个一阶滞后($H = K/(s+a)$),相移保持在 −90°～0° 之间则不能改变反馈的符号。所以在一阶滞后的反馈系统中负反馈总是稳定的。

因此,负反馈必须是二阶或更高,才会造成系统不稳定。一个二阶反馈系统的例子将有助于理解这一现象。考虑一个由下列方程定义的简单三阶系统:

$$\frac{\mathrm{d}x}{\mathrm{d}t} = -x - Kz + f \tag{7.7}$$

$$\frac{\mathrm{d}y}{\mathrm{d}t} = 2x - 2y \tag{7.8}$$

$$\frac{\mathrm{d}z}{\mathrm{d}t} = 3y - 3z \tag{7.9}$$

式(7.7)中变量 z 反馈的大小由系数 K 决定。式(7.8)和式(7.9)定义了该反馈。因此,反馈是二阶的,相移介于 $-180°$ 和 $0°$ 之间。图 7.8 所示为上述方程以 $K=5$ 定义的系统框图。

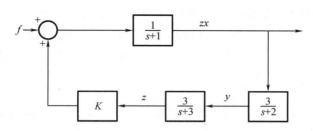

图 7.8　上述方程以 $K=5$ 定义的系统框图

反馈变量为 z,因此反馈传递函数为 $\delta Z(s)/\delta X(s)$。$\delta Z(s)/\delta X(s)$ 的频率响应函数如图 7.9 所示。

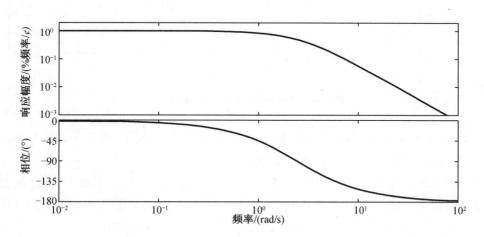

图 7.9　传递函数的响应幅度和相位,$G(s) = \delta Z(s)/\delta X(s)$,$G(s) = \dfrac{6}{(s+2)(s+3)}$

当频率大于 2.3 rad/s 时,相移都大于 $-90°$。在变频率下其幅值小于等于 0.5。所以幅值为 $(-5) \times (-0.5) = +2.5$ 或者频率高于 2.3 rad/s 情况下反馈是正的。

图 7.10 显示了变量 x 对于阶跃函数 $f=1$ 和几个反馈增益值 K 的响应。

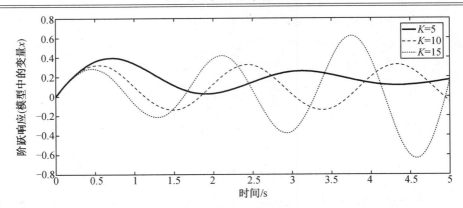

图 7.10　反馈变量增益 x 的阶跃响应 $(K=5, K=10, K=15)$

对于 $K=5$ 系统有阻尼振荡,但系统是稳定的。当 $K=10$ 时,系统持续振荡;当 $K=15$ 时,系统不稳定。显然,失稳取决于反馈的相移和反馈系数的大小。

图 7.11 显示了变量 x 以及变量 z 的响应,z 是第一个方程的反馈变量。请注意,x 在起始阶段立即响应,而 z 在起始阶段的响应是可忽略的。短时间后,z 开始振荡响应,但波形相对于 x 波形发生了位移。

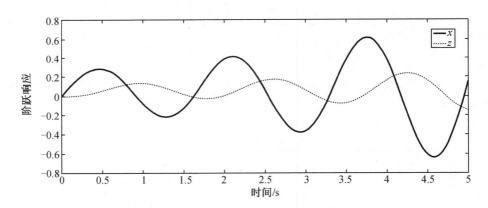

图 7.11　变量的阶跃响应(增益 $K=15$)

注意,反馈变量 (z) 滞后于受反馈影响的变量 (x)。在本例中,滞后 $-108°$ 左右。显然如果滞后 $-180°$,将会发生最大的不稳定效应。

失稳既取决于相移,也取决于负反馈效应的大小。如果反馈量足够大,即使是很小的相移也会造成不稳定。因此,普遍而言的 $-180°$ 相移的不稳定效应存在缺陷。如果反馈是二阶或更高,并且负反馈的大小足够大,任何滞后都可能是不稳定的。

另外,随着反馈增益的增加,负反馈系统的失稳效应发生在含有二阶或更高阶反馈传递函数和正向的一阶反馈传递函数的主系统中。

7.10　状态空间表示的稳定性分析

微分方程(7.7)、(7.8)、(7.9)的状态空间表示形式为

$$\frac{\mathrm{d}\boldsymbol{X}}{\mathrm{d}t} = A\boldsymbol{X} + B\boldsymbol{f} \tag{7.10}$$

$\boldsymbol{X}$ 是状态变量的矢量，$\boldsymbol{f}$ 是一个强迫项。矩阵 $A(3\times3)$ 和 $\boldsymbol{B}(3\times1)$ 由下式给出：

$$A = \begin{bmatrix} -1 & 0 & -K \\ 2 & -2 & 0 \\ 0 & 3 & -3 \end{bmatrix}, \quad \boldsymbol{B} = \begin{bmatrix} 1 \\ 0 \\ 0 \end{bmatrix} \tag{7.11}$$

特征多项式由下式给出：

$$g(\lambda) = \lambda^3 + 6\lambda^2 + 11\lambda + 6 + 6K \tag{7.12}$$

$K = 5$ 时，特征值为 $-0.3928 + 2.5980\mathrm{j}$，$-0.3928 - 2.5980\mathrm{j}$，$-5.2145$
所有的特征值的实部均为负值，系统是稳定的。

$K = 10$ 时，特征值为 $3.3166\mathrm{j}$，$-3.1666\mathrm{j}$，-6.0
有两个虚特征值，实特征值是负的。这个系统是相对稳定的。

$K = 15$ 时，特征值为 $0.2779 + 3.8166\mathrm{j}$，$0.2779 - 3.8166\mathrm{j}$，$-6.5558$
复特征值有正实部，系统不稳定。

- 如果我们把 K 看作反馈增益，改变 K 的值就改变了系统的稳定特性。虽然该系统本质上是一个负反馈系统，但这个结论是成立的。

- 这适用于所有系统阶数大于等于 3 的负反馈系统。随着反馈增益的增加，系统趋于不稳定。任何两个状态变量之间的相位滞后即便未达到 $-180°$，系统也会变得不稳定。

考虑一个具有稳定极点的 3 阶开环传递函数的形式

$$G(s) = \frac{1}{as^3 + bs^2 + cs + d} \tag{7.13}$$

如果闭环系统中存在负反馈，且增益为 K（作为反馈传递函数），则闭环传递函数为

$$G_{\mathrm{c}}(s) = \frac{1}{as^3 + bs^2 + cs + d + K} \tag{7.14}$$

随着增益 K 的增加，闭环极点的负反馈趋于减少，最终在增益 K 的极限值处变为正。

习　　题

7.1　请应用六因子公式中的热中子利用率和共振逃逸概率解释图 7.4 中曲线的形状。对于练习 7.2 ~ 7.4：零功率反应堆的传递函数如下：

$$G_0 = \frac{\dfrac{\delta N(s)}{n_0}}{\delta \rho(s)} = \frac{s + \lambda}{s\Lambda\left(s + \lambda + \dfrac{\beta}{\Lambda}\right)}$$

7.2　制作 $G_0(s)$ 的波特图,并确定振幅图的低频和高频断点。

使用以下典型压水堆的值作为参数:

$$\lambda = 0.08\ \text{s}^{-1}, \quad \beta = 0.006\ 7, \quad \Lambda = 10^{-5}\ \text{s}$$

7.3　现在考虑一种负反馈效应,类似于动力反应堆中的反馈效应。假设其反馈传递函数为

$$H(s) = \frac{0.03}{s + 0.25}$$

(a)确定闭环传递函数。

(b)制作闭环传递函数的波特图,并确定振幅图的低频和高频断点。

(c)与第一部分进行对比。

7.4　对于上一题中指定的反馈传递函数的反应堆,计算在反应性变化 0.001 条件下,其响应 $\delta n(t)/n_0$。绘制 $t_{\max}$ 的响应,范围为 $10 \sim 100$ s。可以使用 MATLAB 命令步骤(SYS)设定适当的步长,时间响应是否稳定? 并给出解释。

7.5　计算式(7.11)中矩阵的特征值 A,其中 $K = 8$。

参 考 文 献

[1]　J. J. Duderstadt, L. J. Hamilton, Nuclear Reactor Analysis, John Wiley & Sons, New York, 1983.

[2]　T. W. Kerlin, E. M. Katz, J. G. Thakkar, J. E. Strange, Theoretical and experimental dynamic analysis of the H. B. Robinson nuclear plant. Nucl. Technol. 30 (3) (1976) 299-316, https://doi.org/10.13182/NT76-A31645.

第8章 反应堆控制

8.1 引 言

所有的控制系统都有两个目的：当控制过程遇到外部干扰时，使其保持在预期状态下（或设定点）；将反应堆从一个状态调节到另一个预期状态。

由于动力反应堆运行的主要目的是提供能量（通常是发电），但有时也会用于产生热量，因此控制系统的首要任务是使所提供的功率与需求功率相匹配。控制系统还能使各种系统参数（如温度、压力、液位等）迅速及时地达到预期值。这些核电厂控制系统有额外的作用，以提升经济性，避免不良工况，最大限度地提高设备耐久度，并在系统建立伊始，确保针对异常事件有一个安全可控的处理方案。

8.2 开环和闭环控制系统

图8.1给出了一个开环系统，其中系统输入 $X(t)$ 不直接受到系统输出的影响。对系统施加扰动，目的是使输出达到期望值。输入"校准"以产生接近期望值的输出。

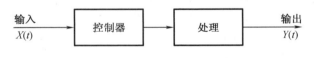

图8.1 一个开环控制系统

下面是一些开环控制系统的例子：
- 打开或关闭厨房水槽的水龙头以提供所需的水流。
- 操作烤面包机。
- 打高尔夫球击中目标。

请注意，在上面的每个例子中，系统的响应（水流量、烹饪时间、高尔夫球的飞行轨迹和最终落点）依赖于一个预先设置的命令，一旦命令执行就不能修改。

在闭环系统中，控制动作 $X(t)$ 依赖于系统输出 $Y(t)$。闭环控制系统又称为反馈控制系统，见图8.2。这个控制器/执行器模块由 $G_c(s)$ 指定。

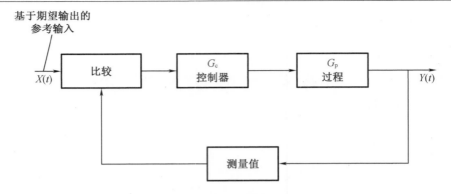

图 8.2　一个闭环(反馈)控制系统

以下是闭环控制系统的特点：

(1)当引入反馈时,某些控制系统会变得不稳定。

(2)反馈控制的引入降低了系统对扰动和元器件老化引起变化的敏感性。

(3)反馈控制减小了过程变量和观测值自然波动的影响,这些波动通常称为噪声。

(4)由于一个闭环控制器要进行期望值(预设点)和输出实际值的比较,并通过测量提供反馈,因此闭环控制系统总是比开环控制系统更昂贵。

影响控制器性能的因素有如下：

(1)控制过程的动态学。

(2)执行机构如阀门、推进器、发动机、加热器、喷雾器等。

(3)各种传感器执行过程的测量参数,如温度、压力、流量、液位、位置、速度;飞机的偏航、俯仰和横摇;金属薄板厚度、薄板张力、轧机机架受力等。第16章介绍了在核反应堆中的重要传感器。

控制系统的复杂性变化很大,取决于过程的复杂性和所需的控制动作的复杂性。自动控制一般是指所有的控制动作都由系统来完成,很少或没有人为的干扰。反应堆控制过程复杂,输出的准确性或产品质量要求很高,或者必须迅速给出反应,有必要使系统完全自动化。

下面是一些常见的闭环控制的例子：

(1)使用暖气或空调控制房间的温度。恒温器测量室温,将其与预期的(设定值)温度进行比较,通过偏差给出打开或关闭加热器或空调的信号。

(2)司机驾驶汽车。驾驶员将(通过视觉观察)车辆的航向与道路上的标记进行比较,判断出偏差。根据这些信息,操作方向盘以保持车辆在道路上的正确位置。

8.3　基本控制原理

控制器设计和控制动作从简单到复杂各不相同。反馈控制系统有七种类型：

(1)手动控制器控制;

　（2）开关控制器控制；

　（3）比例控制器控制；

　（4）积分控制器控制；

　（5）微分控制器控制；

　（6）联合控制器控制；

　（7）先进控制器控制。

　　反馈控制动作使用偏差信号,偏差信号是期望输出(设定值)和实际系统输出(测量值)之间的差值。偏差信号 $e(t)$ 定义为

$$偏差信号 = 设定值 - 测量值$$

$$e(t) = X_{set}(t) - X_{m}(t) \tag{8.1}$$

控制系统利用偏差信号来得到执行器的动作。

8.3.1　手动控制

　　在这种控制系统中,必要的动作由控制回路中的人执行,人观察系统的输出并采取控制措施,这需要基于经验或人的直觉。

8.3.2　开关控制器

　　开关控制器是一种常见而简单的控制器,控件动作具有开和关两个值。开关控制器的应用包括空间供暖、空调系统和家用烤箱。图 8.3 显示了开关控制器的动作。

　　当偏差为正时,控制动作开启,当偏差为负时,控制动作关闭。为了避免开关在零偏差附近频繁启动,可以设置死区。在死区内,控制器动作不变。这种改进如图 8.4 所示。

　　对于拥有死区的控制器,在零偏差两侧的小偏差带不会开启控制动作。一个例子是房间恒温器控制

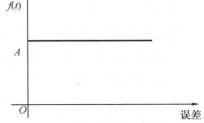

图 8.3　一个典型的无死区开关控制器

器的死区为 $\pm 2\ ^{\circ}\mathrm{C}$。这种改进可以避免执行器中出现严重问题,例如电动机或加热器的频繁启动和关闭。

8.3.3　比例控制器

　　动作与偏差信号成比例的控制器称为比例控制器。这个控制器形式如下：

$$f(t) = K_{P}\{X_{set} - X_{m}\} = K_{P}e(t) \tag{8.2}$$

其中 k_{P} 称为比例常数。图 8.5 给出了比例控制动作的图解。

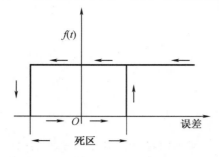

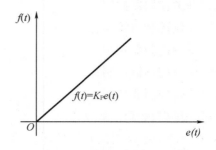

图8.4 一个典型的有死区开关控制器　　**图8.5 一个典型的比例控制器**

一般来说,正向和反向的控制动作都可能发生。死区可以避免控制动作的频繁切换。图8.6给出了一个有死区并且在控制器极限处的比例控制器。

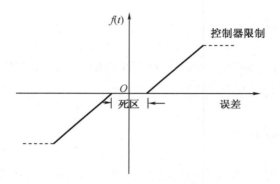

图8.6 一个带有死区和限制的比例控制器

在这种情况下,当偏差出现在死区内时,控制动作关闭。请注意,一般来说,在某些控制器中,常数(或增益)K_P是可以改变的,对于大偏差来说,K_P是大的,对于小偏差来说,K_P是小的(通常称为非线性增益)。

比例控制的一个特点是偏差信号必须是非零的,控制动作才会发生。因此,比例控制不能在外部干扰后调节变量到其设定值。例如,思考一下如果空调使用比例控制而不是开关控制会发生什么。如果房屋由于外部温度下降而冷却到 T_m,控制动作将是 $K_P(T_s - T_m)$。为了成功达到设定值 $(T_s - T_m) = 0$,控制动作必须为零,而不是给出一个加热或冷却的输入。

8.3.4　积分控制器

积分控制器(也称为重调控制器)可以消除比例控制器产生的稳态偏差。积分控制的动作表示为

$$f_I(t) = K_I \int_0^t e(v)\,\mathrm{d}v \qquad (8.3)$$

式中　$f_{\mathrm{I}}(t)$——积分控制作用;

　　　K_{I}——积分常数。

由于控制动作(由积分引起)的持续变化,常数 K_{I} 通常称为重调常数。积分控制器可以将偏差减小到零,从而消除了比例控制器的问题。在应用积分控制器时必须慎重,以避免由于积分偏差引起的控制动作不断增加。这可以通过将驱动器的动作限制在一定的水平内来实现。当偏差接近零时,积分常数的值可以减小,从而保证系统输出的波动更小。

8.3.5　微分控制器

顾名思义,微分控制的作用与偏差信号的时间变化率成正比。由于微分控制对测量过程变量的波动很敏感,因此很少使用微分控制,但有时通过使用低通滤波器来降低偏差信号中的高频噪声就能成功地将其应用。

微分控制器适用于在系统输出与控制动作之间存在大滞后的系统。这种时间滞后会产生错误的偏差项,而系统可能会进入不稳定状态。通过结合偏差项的比例和微分分量,控制器不仅可以预测偏差本身,还可以预测未来输出发生的变化。因此,微分控制器有助于使闭环系统稳定。该控制器可表示为

$$f_{\mathrm{D}}(t) = K_{\mathrm{D}} \frac{\mathrm{d}e}{\mathrm{d}t} \tag{8.4}$$

8.3.6　联合控制器

通常使用一种以上控制方法的控制器称为联合控制器。最常见的是比例加积分(PI 控制)I[1-2]。PI 控制系统的设计者必须选取正确的 K_{P} 和 K_{I} 系数。PI 控制动作表示为

$$f(t) = K_{\mathrm{P}}e(t) + K_{\mathrm{I}}\int_0^t e(v)\,\mathrm{d}v \tag{8.5}$$

8.3.7　一阶系统的比例积分控制器范例

为了说明比例和积分控制动作的具体特性,设计了如图 8.2 所示的闭环系统。以过程 $G_{\mathrm{p}}(s)$ 为例,选定了一个一阶系统:

$$G_{\mathrm{p}}(s) = \frac{1}{s+a} \tag{8.6}$$

8.3.7.1　比例控制器

在这种控制器中,控制动作与偏差成正比,因此

$$G_{\mathrm{c}}(s) = K_{\mathrm{P}}, K_{\mathrm{P}} > 0\ ,\ F(s) = K_{\mathrm{P}}E(s)$$

如附录 D 中 D.5 小节所示,闭环传递函数为

$$\frac{Y(s)}{X(s)} = \frac{G_c(s) G_p(s)}{1 + G_c(s) G_p(s)} \tag{8.7}$$

在我们的例子中,式(8.7)变为

$$\frac{Y(s)}{X(s)} = \frac{K_P}{s + a + K_P}, \quad K_P > 0 \tag{8.8}$$

偏差 $e(t)$ 的拉普拉斯变换由第3.7节给出。

$$E(s) = \frac{X(s)}{1 + G_c(s) G_p(s)} \tag{8.9}$$

在我们的例子中,$E(s)$ 为

$$E(s) = \frac{(s + a) X(s)}{s + a + K_P} \tag{8.10}$$

对于单位阶跃输入,$X(s) = 1/s$,则

$$E(s) = \frac{s + a}{s(s + a + K_P)}$$

当 $x(t)$ 是单位阶跃时,偏差最终的稳态值 $e(t)$ 由下式给出:

$$e(t) = \lim_{s \to 0} sE(s) = \frac{a}{a + K_P} \tag{8.11}$$

注意,稳态偏差不等于零,可以通过增加 K_P(比例增益)来减小。对于 $a = 0.02$ 和 $K_P = 1$,稳态偏差为 $e(\infty) = 1/51 = 0.0196$。如果 K_P 增加到 10,则稳态偏差为 $e(\infty) = 0.02$。

注释　(1)随着比例增益常数 k_P 的增大,稳态偏差减小。然而,稳态偏差永远不会为零。

(2)随着增益 k_P 的增大,系统的时间常数减小,系统的响应速率增大。对于上述例子中的开环系统($a = 0.02$),时间常数 $\tau = 50$ s。对于具有比例增益 K_P 的闭环系统,时间常数由下式给出:

$$\tau = \frac{1}{a + K_P} \tag{8.12}$$

因此,$K_P = 0.1$,时间常数减小到 $\tau = 8.33$ s。

(3)K_P 增加导致控制系统响应更快。由于控制设备的有效响应具有局限性,因此不应该随意增加 K_P。此外,当 K_P 值超过一定值时,系统会变得不稳定。稳定裕度会随 K_P 值的增加而减小。

以上几点在选择比例增益时都必须考虑。比例控制器提高了系统的响应速度,但稳态偏差是非零的。

8.3.7.2　积分控制器

积分控制器表示为

$$f(t) = K_I \int_0^t e(v) \, dv$$

拉普拉斯变换后,控制动作形式如下:

$$F(s) = \frac{K_I E(s)}{s} \tag{8.13}$$

在使用积分控制器时,一个非常重要的注意事项是考虑执行器的限制。当执行器达到其下限或上限(由于执行器饱和)时,偏差可能仍然很大,积分作用会不断增加偏差项。这种特性称为积分饱卷,必须通过使用适当的逻辑来纠正避免。如果执行器达到其极限,可能会出现较大的瞬态。

具有积分控制器 $1/(s+a)$ 的系统的传递函数如下:

$$\frac{Y(s)}{X(s)} = \frac{K_I}{s^2 + as + K_I} \tag{8.14}$$

注意,闭环系统为二阶动态系统,由于 K_I 较大,系统响应可能具有振荡特性。系统偏差由下式给出:

$$E(s) = \frac{s(s+a)X(s)}{s^2 + as + K_I} \tag{8.15}$$

单位阶跃输入的稳态偏差为

$$e(t) = \lim_{s \to 0} sE(s) = 0 \tag{8.16}$$

因此,积分控制使得上述系统的稳态偏差为零。对于 $a = 0.02$,闭环传递函数由下式给出:

$$\frac{Y(s)}{X(s)} = \frac{K_I}{s^2 + 0.02s + K_I} \tag{8.17}$$

当 $K_I > 0.0001$ 时,分母多项式的根是复杂的,导致对阶跃输入的振荡响应。因此,在选择 K_I 时必须格外小心。K_I 的值过大将导致高度振荡的行为,并且很可能使系统不稳定。因此,选择一个合适的 K_I 值是非常重要的。

8.3.8　先进控制器

先进的控制策略使用当前控制行为的预测结果的计算值,而不是像经典控制那样使用当前结果。基于模型的先进控制器在某些应用中是必要的(例如控制导弹轨迹)。复杂的先进控制软件是可用的,但目前不需要应用于反应堆控制。下一代反应堆可能会用到先进控制器来实现。

8.4　零功率反应堆的控制

本节通过对一个零功率反应堆的比例控制、积分控制和比例积分(PI)控制的模拟来讲解控制系统,包括对反应性阶跃输入和功率设定点变化的响应。读者应该关注控制器使响应达到最终期望值的作用。

这里使用的模型是 ^{235}U 燃料零功率反应堆,中子代时间为 10^{-5} s。本例中选择的反应性控制器为比例控制器,其功率变化增益为 $K_P = 1/\%\,FP$。

$$\Delta\rho_P(t) = K_P[P_{set} - P(t)] \qquad (8.18)$$

式中 $\Delta\rho_P(t)$——比例控制;

      K_P——比例系数;

      $P(t)$——反应堆实际功率;

      P_{set}——反应堆期望功率。

本例中选择的积分控制器的增益为 $K_I = 0.1/\%\,FP$。也就是

$$\Delta\rho_I(t) = K_I \int_0^t [P_{set} - P(v)]\,dv \qquad (8.19)$$

式中 $\Delta\rho_I(t)$——积分控制。

      K_I——积分系数(在本案例中 $K_I = 0.1 \times 0.006\,7/100 = 6.7 \times 10^{-6}$)。

选择该系数是为了验证控制特性。通过优化系数值,可以提高实际性能。

首先考虑由外界反应性阶跃增加引起的瞬态。图 8.7 给出了仅具有比例、仅具有积分和比例积分控制作用下反应堆的响应。

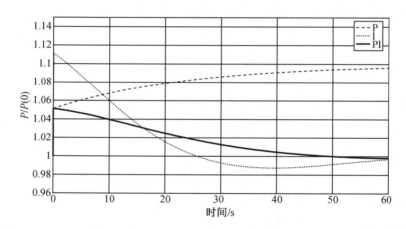

图 8.7   仅具有比例(**P**)、仅具有积分(**I**)和比例 + 积分(**PI**)控制系统对零功率反应堆的瓜尖性扰动的响应

由此我们可以看出,比例控制仅限制了功率的增加,但最终的功率与设定值不相等。这是意料之中的,因为非零控制动作必须有一个偏差信号,以消除启动瞬间引入的外部反应性。

现在考虑由反应堆功率设定点逐步增加引起的瞬态响应。图 8.8 显示了具有仅比例、仅积分和比例积分控制作用下的反应堆响应。

注意,这三个控制策略都成功地将功率调节到新的设定点。这是在预期之内的,因为没有引入外部反应性供比例控制器消除。除此之外,在比例控制和比例积分控制的情况下有一个瞬变,对于这种行为的解释留给读者作为练习。

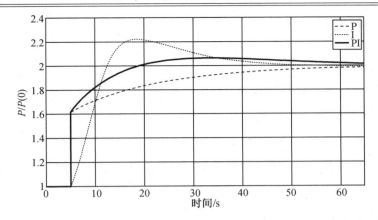

图 8.8　仅具有比例(P)、仅具有积分(I)和比例+积分(PI)控制系统对零功率反应堆功率设定点变化的响应

注意,比例控制不仅能在反应性干扰的情况下将反应堆功率恢复到(未改变的)设定值,还可以成功地在设定值发生变化后将反应堆功率调节到新的设定值。这是因为为了达到稳态需要控制反应性变化来抵消反应性扰动。在比例控制中,必须有一个非零的值$(P_{set}-P)$,而对于反应堆功率设定点的改变,则不存在这种情况。

8.5　反应堆中的控制项

在动力反应堆这样的系统中,控制工程师必须首先思考:"我需要控制什么?"主要包括以下几点:

(1)反应堆功率(整体和局部);

(2)反应堆与汽轮机功率失配;

(3)系统中各处的温度;

(4)压力(带有蒸汽发生器的系统的一次侧压力和沸水堆或蒸汽发生器的蒸汽压力);

(5)沸水堆和蒸汽发生器U形管中的水位;

(6)给水流量;

(7)发电机输出功率。

以上是关于主要设备的监测和控制,对于辅助设备,如给水加热器、蒸汽再加热器和冷凝器也必须监测和控制。

然后控制工程师就需要思考:"还有哪些有效的控制动作?"以下是主要的几点:

(1)控制棒位置(全长、全强;全长、部分强度;部分长度(灰棒));

(2)溶解的中子吸收剂(缓慢);

(3)可燃毒物(非常缓慢,而且效果是预先确定的);

(4)堆芯液腔内的水(应用于重水堆);

(5)主汽阀;

（6）加热器和喷淋装置；

（7）蒸汽发生器的给水流量；

（8）沸水堆的循环流量；

（9）钠冷快堆的一二回路钠流量。

以上包含了控制工程师的主要控制项。

8.6　固有反馈对控制项的影响

控制系统的通常形式如图8.2所示，因为在动力反应堆中有强烈的固有反馈效应，控制系统可以视为与固有反馈并行运行。但在动力反应堆中，策略通常是控制影响反馈的变量（如流速或压力）。例如，可以调整反应性以达到冷却剂温度设定值。在这种情况下，反应性的变化会导致功率的变化，而功率变化到一定水平会使冷却剂温度达到一个新的设定值。

动力反应堆的内在反馈给控制工程师带来了机遇和挑战。例如，熔盐反应堆具有较强的温度反馈效应，在很大程度上是自调节系统。控制动作可以直接改变反应堆输入（例如，使用控制棒改变反应性）或间接改变反应堆输入（例如，使用控制动作改变过程变量，如温度或压力改变反应性反馈）。控制工程师需要选择能提供最有效响应的控制策略。

8.7　负荷跟踪运行

负荷跟踪是指发电厂为了配合电网电力需求而调整生产。在发电厂网络中，一些发电厂可能分配负荷跟踪任务，而其他发电厂对需求的变化不做出响应（所谓的基本负荷发电厂）。对负荷跟踪的功率分配取决于经济和技术因素。

经济上的考虑是基于功率成本对电力成本和经济成本的贡献的。与煤、天然气或石油发电厂相比，核电厂的运营成本更低，而经济成本更高。因此，在任何时候都以最大功率运行核电厂，并将其余的负荷分配给在减少或零功率运行时成本损失较小的电站。

技术上的考虑涉及电厂快速和安全调配产能的能力。例如，水力发电厂可以通过打开阀门，让水进入涡轮机，几乎在瞬间增加产量。尽管水力发电的成本几乎全部是资本成本，但出色的负荷跟踪能力往往带来更多的负荷跟踪任务。早期的核电厂（第二代和第三代）通常期望作为基本负荷电站，几乎没有考虑到这些电站的设计负荷跟随能力。但在核电产量占电能总产量中很大一部分的体系中，负荷跟踪能力成为必要的条件。法国就是一个很好的例子，核能发电量占总发电量的70%以上，就需要负荷跟踪型核电厂。在混合电力网络中也需要负荷跟踪，如混合使用核能和可再生能源（风能和太阳能，其输出依赖于自然）。

一个基本负荷电站的电力输出可以通过操作人员动作（手动改变功率设定点）改变。

当这种情况发生时,其他负荷跟踪装置的输出自动改变,以维持所需的发电频率。

需要考虑的一个问题是,负荷跟随策略是基于"堆跟机"还是"机跟堆"。在"堆跟机"方案中,在负荷不平衡时先调整主蒸汽阀,以满足发电需求。反应堆功率的调整是在反应堆功率不等于需求功率时进行的。在"机跟堆"方案中,在负荷不平衡发生时首先进行反应堆功率调整,在反应堆功率调整后,调节进入汽轮机的蒸汽流量。

电网上所有发电厂的总发电量必须与用电需求完全匹配。电力生产和电力需求之间不匹配会导致交流电频率发生变化,频率变化会导致电网上的负荷跟随电厂发电量改变,直到频率回到其设定值。需注意,运营商引起的基本负荷电厂的发电量变化会导致电网频率变化,从而导致电网上其他电厂的发电量变化。

8.8　储 能 作 用

在反应堆功率变化之前,动力反应堆可以按需提供额外的蒸汽,这是通过使用储存在反应堆流体和金属部件中的能量而实现的。液体沸腾、金属部件冷却均会放出能量。即使在沸水堆中,储存的能量也可以暂时使用。尽管打开沸水堆主蒸汽阀会导致压力降低、沸腾增加、反应性降低和功率降低,但如果执行控制动作引入反应性可以补偿反应性的降低,便是可行的。在此阶段内,输送到汽轮机的蒸汽主要由储存在饱和水中的能量提供。

8.9　稳态功率分布控制

理想的情况是功率均匀地分布在整个堆芯。均匀的功率分布将使整个反应堆燃耗均匀,从而提高经济性。但是外围的中子泄漏、部分反应堆慢化剂密度的变化以及控制棒位置的变化都会导致功率分布不均匀。

反应堆的固有反馈和控制动作可以使功率分配更加均匀。没有外部控制的情况下,在功率密度较高区域的燃料燃耗较高并且裂变更加频繁。当反应堆运行时,这些区域的功率密度会降低。

轻水堆的换料过程包括将旧燃料移至堆芯中心,并在外围添加新燃料,这种方法可以使堆芯功率分布扁平化。

控制项包括控制棒定位,控制棒包括全长全强棒、全长部分强度棒、部分长度棒和固定位置的可燃毒物棒。全长全强控制棒在整个棒的长度范围内都具有很强的中子毒性,因此沿其整个插入长度的局部功率密度减小。全长部分强度控制棒的毒性低于全强控制棒。就像全长全强的控制棒一样,它们会影响局部的功率密度,但没有那么强。部分长度的控制棒只在尖端附近有中子吸收体。它们可以降低核心区域的局部功率密度,而不强烈影响吸收区后面区域的功率密度。它们对控制功率分布很有用。

重水堆(CANDU)可通过在堆芯中增加轻水以降低反应性,减小局部功率。

在反应堆运行前,在高功率密度区域安装位置固定的可燃毒棒,以降低局部功率密度,当反应堆运行时,局部功率会下降,而中子吸收会消耗可燃毒物。毒物在沸水反应堆中很常见。沸水堆燃料组件还含有"水棒",有助于慢化中子,从而增加反应性。

8.10　各种堆型的重要反应性反馈和控制策略

第 12 ~ 14 章介绍了各种堆型及其重要的反应性反馈和控制策略。

<h1 style="text-align:center">习　　题</h1>

8.1　参考图 8.9 所示的闭环系统:

(a)对于 $G_c(s) = 1$,当输入为单位阶跃函数时,确定输出的稳态偏差。

(b)当 $G_c(s)$ 是下式指定的 PI 控制器时,重复习题(a):

$$G_c(s) = 1 + \frac{0.1}{s}$$

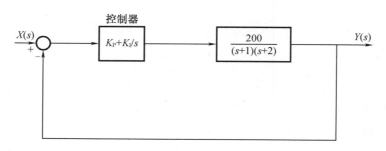

图 8.9　题 8.1 图

8.2　验证式(8.10)。

8.3　验证式(8.17)定义的系统在 $K_1 > 0.000\ 1$ 时发生的振荡。

8.4　图 8.10 中给出了一个反馈控制系统的示例,其目的是维持水箱中的水位。水位由水位计测量,控制器根据水位的设定值(期望值)和实际值(测量值)之间的偏差调整阀门。流出水箱的流量可以改变,这样水箱中的水就能保持在期望水平上。绘制水箱液位控制系统的框图,显示系统、控制器、测量和执行器的功能。

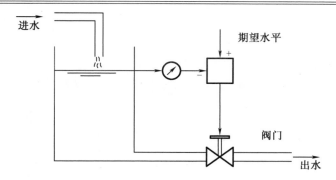

图 8.10　水位控制系统

8.5　请解释为什么图 8.8 所示的两种情况一种有阶跃,而另一种没有。

8.6　用比例控制和积分控制来建立零功率反应堆的方程,使用单群模型。

8.7　解释为什么积分控制器对反应性扰动的初始响应(图 8.7)与比例或比例积分控制的响应差异较大。

参 考 文 献

［1］　C. L. Phillips, J. M. Parr, Feedback Control Systems, fifth ed., Prentice Hall, Upper Saddle River, NJ, 2011.

［2］　R. C. Dorf, R. H. Bishop, Modern Control Systems, twelfth ed., Prentice Hall-Pearson, Upper Saddle River, NJ, 2011.

第9章 时空动力学

9.1 引 言

点堆中子动力学模型已经被证明了其在反应堆动态模拟中的价值,但它是对核反应堆中发生事件的极端简化。在瞬态过程中局部中子通量的变化通常是很重要的,因此开发和使用时空中子动力学模型有重要意义。

中子输运理论对反应堆中子空间分布给出了最完整的描述。输运理论用七个独立变量定义一个反应堆:三个位置坐标,两个方向向量,能量和时间。输运理论方程称为玻尔兹曼输运方程。中子输运模型的计算代码已经开发出来,但它们存在计算复杂和计算时间长的问题。扩散理论提供了更简便且令人满意的方案。

9.2 扩 散 理 论

在对大多数反应堆的研究中将中子运动视为扩散过程,也就是说,中子倾向于从高中子密度的区域扩散到低中子密度的区域。扩散理论忽略了中子运动方向的影响。

除中子扩散外,其他过程也有扩散理论模型。关于基于热扩散理论的热传导理论,请参阅第10章。扩散理论模型使用偏微分方程,这种模型称为分布式参数模型。涉及常微分方程的模型称为集总参数模型。

一些分布参数模型有精确的解。例如,求解均匀固体材料平板、圆柱或球面模型的热传导精确解是可行的。也可以应用于分层固体模型的求解,但其过程更复杂。对于高度不均匀的介质(如反应堆堆芯)的精确求解是很困难的。

非均匀介质模拟的典型方法是将空间划分为几个内部特性均匀的部分,并通过耦合项来处理各个部分之间的传输。这种方法建立了一组可由标准常微分方程求解器求解的常微分方程。

9.3 多群扩散理论

由于中子密度和核反应速率具有能量依赖性,因此中子扩散理论比许多其他分布式参数模型更为复杂。中子扩散的常用方法是在每组中选取具有平均能量依赖性的多个中子群。通常使用少数(2~4 个)中子群对热中子反应堆进行时空分析。由于快中子反应堆中的中子能量跨度大,时空分析通常比热中子反应堆使用更多的中子群。

我们针对具有平均能量的中子群用不同的反应速率来代表组群数量的平衡以实现中子扩散近似。在实际应用中,需要利用多个耦合能量群来处理能量依赖问题。具有平均能量 E 的中子群方程共有 11 项,包含了中子扩散方程和缓发中子先驱核方程。注意,符号 E 代表的是一个中子群的能量,而不是一个具体的能量。还要注意几何形状和材料属性是不变的。为了表述得更加清晰,每项在下式中都有编号和定义。

$$\frac{\partial n}{\partial t}(\boldsymbol{r},E,t) = \overset{(1)}{\underset{i}{\Sigma}} \chi(E,E_i)v(E_i)(1-\beta)\overset{(2)}{\Sigma_f}(\boldsymbol{r},E_i)\Phi(\boldsymbol{r},E_i,t) + \overset{(3)}{S(\boldsymbol{r},E,t)} +$$

$$\overset{(4)}{\underset{i}{\Sigma}}\overset{(5)}{\Sigma_R}(\boldsymbol{r},E_1 \to E)\Phi(\boldsymbol{r},E_i,t) - \overset{(6)}{\Sigma_a}(\boldsymbol{r},E)\Phi(\boldsymbol{r},E_i,t) -$$

$$\overset{(7)}{\Sigma_R}(\boldsymbol{r},E)\Phi(\boldsymbol{r},E,t) - L(\boldsymbol{r},E,t) + \overset{(8)}{\underset{j}{\Sigma}}g_j(E)\lambda_j C_j(\boldsymbol{r},t) \tag{9.1}$$

缓发中子先驱核方程包括 3 项,编号如下:

$$\frac{\partial \overset{(9)}{C_j}}{\partial t}(\boldsymbol{r},t) = \beta_j\overset{(10)}{\underset{i}{\Sigma}}v(E_i)\overset{(11)}{\Sigma_f}(\boldsymbol{r},E_i)\Phi(\boldsymbol{r},E_i,t) - \lambda_j C_j(\boldsymbol{r},t) \tag{9.2}$$

以下是每一项的物理解释:

(1)t 时刻,在 r 位置处能量为 E 的瞬发中子变化速率。

(2)t 时刻,在 r 位置处裂变产生能量为 E 的中子的速率。

(3)t 时刻,在 r 位置处外源产生能量为 E 的中子的速率。

(4)t 时刻,在 r 位置处散射产生能量为 E 的中子的速率。

(5)t 时刻,在 r 位置处由于中子俘获产生能量为 E 的中子的速率。

(6)t 时刻,在 r 位置处能量为 E 的中子因散射而损失的速率。

(7)t 时刻,在 r 位置处能量为 E 的中子因泄漏而损失的速率。

(8)t 时刻,在 r 位置处所有缓发中子先驱核产生能量为 E 的中子的速率。

(9)第 j 个缓发中子先驱核的变化速率。

(10)第 j 个缓发中子先驱核的产生速率。

(11)第 j 个缓发中子先驱核的衰变速率。

方程中各变量含义如下:

$n(r,E,t)$——t 时刻,在 r 位置处能量为 E 的中子密度,也等于 Φ/v,其中 v 为中子群的平均中子速率。

$\chi(E,E_i)$——由于裂变而产生的能量为 E 的中子在中子群中所占的比例。

r——位置矢量。

E——能量为 *E* 的中子群。

$v(E_i)$——由中子群中的中子引起的每次裂变所产生的中子数。

β——总的缓发中子数。

$β_j$——第 *j* 缓发中子群的缓发中子份额。

$Σ_f(r,E_i)$——在 *r* 位置处能量为 *E* 的中子宏观裂变截面。

$Φ(r,E_i,t)$——*t* 时刻,在 *r* 位置处能量为 *E* 的中子通量。

$S(r,E,t)$——*t* 时刻,在 *r* 位置处外源释放的能量为 *E* 的中子的速率。

$Σ_R(r,E_i → E)$——在 *r* 位置处能量为 E_i 的中子群向能量为 *E* 的中子群的宏观散射截面。

$Σ_a(r,E_i)$——在 *r* 位置处能量为 E_i 的中子群的宏观吸收截面。

$Σ_R(r,E_i)$——在 *r* 位置处能量为 *E* 的中子群的宏观散射截面。

$L(r,E,t)$——*t* 时刻,在 *r* 位置处能量为 *E* 的中子泄漏速率。

$g_j(E)$——第 *j* 缓发中子群中衰变产生能量为 *E* 的中子的缓发中子先驱核数量。

$λ_j$——第 *j* 缓发中子群中子的衰变常数。

$C_j(r,t)$——*t* 时刻,在 *r* 位置处第 *j* 缓发中子群的浓度。

有两个变量是在先前的介绍中没有提及过的,分别是散射截面 $Σ_R$ 和中子泄漏项 $L(r,E,t)$,下面进行进一步的介绍。

散射截面是通过散射作用将第 *i* 中子群中的中子输送到第 *j* 中子群中的概率。反应堆物理书籍[1]中介绍了散射截面的公式。中子泄漏项 *L* 由下式给出:

$$L(r,E,t) = -\nabla D \nabla Φ(r,E_i,t) \tag{9.3}$$

其中 $D = D = 1/(3Σ_s)$ 为扩散系数。

若扩散系数为常数,则式(9.3)可改写为

$$L(r,E,t) = -D\nabla^2 Φ(r,E_i,t) \tag{9.4}$$

其中 ∇^2 是拉普拉斯算子,如式(9.5)所示,表示径向和轴向的相关性:

$$\nabla^2 = \frac{1}{r}\frac{\partial}{\partial r}\left(r\frac{\partial}{\partial r}\right) + \frac{\partial^2}{\partial z^2} \tag{9.5}$$

9.4　计　算　要　求

设计和运行一个核动力反应堆需要对空间中子通量和反应速率有详细的了解。稳态和瞬态分析都是必不可少的。为了阐明其重要性,列举出需要分析的条件和进行分析所需的信息。

一个典型的轻水堆包含多达 4 万个或更多的单根燃料棒。当反应堆运行时,燃料棒的成分会发生显著变化。易裂变物质消耗,产生新的裂变材料、裂变产物以及锕系元素。所有这些物质的产量取决于在反应堆运行期间所有位置的中子通量。而通量的大小取决于

局部同位素密度、功率的历史变化和控制棒的历史动作。燃料棒通常会在轻水堆中持续使用四年,并在换料时取出。在进行新一轮的中子扩散计算之前,有必要先计算局部同位素密度,同时还必须知道所有同位素核截面,因为它们对中子数量产生影响。因此分析人员必须知道数百个位置上数百种同位素的密度。

在动力反应堆的时空分析中,反应性反馈必须与中子扩散共同求解。空间相关的反馈与空间相关的功率变化同时发生,这些反馈改变了功率分布。因此,一个完善模型的建立需要同时考虑反馈和中子动力学。

9.5 计算机软件

计算机软件使用玻尔兹曼输运理论或中子扩散理论为反应堆分析提供了强大的计算能力。以上提出的基础理论有助于理解反应堆中发生的现象,而不能用于实际计算。但是,应用计算机软件的用户必须了解其中的规律,以正确理解计算结果。

9.6 模型与计算方法

时空模型通常依赖于多群中子扩散方程,其自变量包括时间、中子群能量和一至三个位置坐标。学者们可应用多种方法来求解方程。这些方法包括以下几种。

9.6.1 有限差分法

有限差分法对空间导数使用离散逼近,生成一组可以用数值方法求解的常微分方程。关于有限差分法的描述见附录 F。

9.6.2 有限元法(FEM)

对有限元法的简要讨论见附录 F。有限元法最初是用于复杂几何体的结构分析。后来扩展到其他学科,包括传热和流体力学分析。目前有限元法也用于反应堆分析。

9.6.3 模态法

模态法是用特定形状的函数乘以随时间变化的振幅来表示中子群,该算法用于振幅函数的求解。

9.6.4　静态法

静态法是假定通量分布缓慢变化,点堆中子动力学提供了用稳态扩散理论重新评估通量形状的方法。

9.6.5　节块法

节块法将反应堆划分为数个子区域,假定每个区的核特性是均匀的。用节块到节块的系数定义中子通量[2]。

关于时空动力学方法的研究有许多文献。文献给出了许多减少计算时间、提高准确性和提供准确性评估报告的方法。

习　　题

9.1　解释一下为什么没有精确的时空模拟。

9.2　通量分布对反应堆有什么影响?

9.3　如何修改时空模型来应对^{135}Xe中毒?

9.4　如果偏离中心的控制棒提升一小段距离,局部^{135}Xe浓度会发生什么变化,将如何影响此处局部功率,对总功率有什么影响? 如果反应堆在没有任何控制动作的情况下恢复了恒定的功率,解释这种现象发生的原因。

参 考 文 献

[1]　J. H. Ferziger, P. F. Zweifel, The Theory of Neutron Slowing Down in Nuclear Reactors, The MIT Press, Cambridge, MA, 1966.

[2]　J. J. Duderstadt, L. J. Hamilton, Nuclear Reactor Analysis, John Wiley & Sons, New York, 1976.

第10章 反应堆热工水力

10.1 引　言

反应堆流体和固体的温度和压力是稳态和瞬态运行中的重要参数。它们与相关的反应性系数一起决定了反应性反馈的幅度。质量、能量和动量守恒是热工水力学模型的基础。然而，由于压力瞬态比质量或能量在瞬态中可更快地达到新的稳态，因此动量微分方程有时不是必需的。本章的大部分信息来自参考文献[1]。

本章内容包括核动力反应堆中主要传热系统的简单描述。第12,13和14章提供了有关动力堆特性和控制系统的更详细信息。

10.2　燃料元件中的热传导

本书中的大多数反应堆都使用锆合金材料的圆柱形 UO_2 燃料棒包壳，在 UO_2 和包壳之间有气隙。具有非圆柱形燃料元件（例如高温气冷堆和熔盐堆）反应堆中的燃料热传递在此处没有涉及。

完整的传热模型需要两个空间尺寸（轴向和径向，方位角不需要）和时间的偏微分方程。这种模型方程的解是已知的，但它们不适用于冷却剂模型的耦合。相反，必须使用集总参数模型（有时也称为节点模型）。集总参数模型将系统分解成内部属性一致的区域，并耦合到相邻区域。对具有同心径向块的燃料棒进行建模是可行的，但对于圆柱形燃料元件是不可行的，最简单和最常见的集中参数模型使用单个径向节点。

考虑一种具有热传递到流体冷却剂的燃料元件的单个径向节点模型。燃料具有质量 M_f 和特定的热容 C_f。模型方程如下：

$$M_f C_f = \frac{\mathrm{d}T_f}{\mathrm{d}t} = UA(T_f - \theta_{avg}) + P_f \tag{10.1}$$

式中　M_f——燃料质量；

　　　C_f——燃料的比热容；

　　　T_f——燃料温度；

　　　P_f——燃料节点中释放的功率；

U——燃料整体到冷却剂的传热系数；

A——燃料包壳表面积(燃料到冷却剂的传热面积)；

θ_{avg}——相邻冷却剂节点中的冷却剂平均温度。

式(10.1)可以改写为

$$\frac{\mathrm{d}T_f}{\mathrm{d}t} = \frac{UA}{M_f C_f}(T_f - \theta_{avg}) + \frac{P_f}{M_f C_f} \tag{10.2}$$

数量$(M_f C_f / UA)$有时间单位,它是燃料传热给冷却剂的时间常数。轻水堆和 CANDU 堆的典型值为 4 ~ 5 s。

10.3　冷却剂的传热

堆芯传热模型也需要冷却剂的热平衡方程。一般模型需要质量和能量平衡,如果冷却剂密度和节点体积是恒定的,则不需要质量平衡(关于移动边界模型的传热讨论,请参阅10.4 节)。

与燃料模型一样,冷却剂需要一个节点模型来考虑图 10.1 中所示系统。

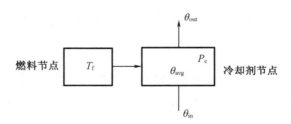

图 10.1　热传递到液体冷却剂节点

从图中可以看出,有五个变量的定义如下:

P_c——节点内产生的功率(冷却剂中原子辐射的相互作用)；

T_f——相邻燃料节点的温度；

θ_{in}——冷却剂入口温度；

θ_{out}——冷却剂出口温度；

θ_{avg}——节点的冷却剂平均温度。

节点功率 P_c、燃料温度 T_f 和冷却剂入口温度 θ_{in} 由其他子系统方程定义。留下两个变量,但冷却剂方程只提供一个。需要一个假设来消除 θ_{out},θ_{avg} 必须保留,因为它出现在燃料到冷却剂的传热方程中。平均温度由下式给出:

$$\theta_{avg} = (\theta_{in} + \theta_{out})/2 \tag{10.3}$$

或者

$$\theta_{\text{out}} = 2\theta_{\text{avg}} - \theta_{\text{in}} \tag{10.4}$$

这个公式有一个问题,注意式(10.4)中冷却剂入口温度的突然升高会导致出口温度的突然下降。这是一种非物理特征,需要考虑另一种公式。

另一种公式将节点出口温度设置为节点平均温度。这解决了前面公式中的问题,但是将平均温度和出口温度相等并不能很好地代表实际的情况。

美国橡树岭 Ray Mann 国家实验室解决了这个问题[2]。Mann 公式使用了两个冷却剂节点与一个燃料节点相邻;图 10.2 显示了这种排列方式。第一冷却剂节点的出口温度(假设等于该节点的平均温度)作为冷却剂温度,每个冷却剂节点从燃料节点接收一半的热量。因此,Mann 公式的模型方程如下:

$$M_c C_c \frac{\mathrm{d}\theta_1}{\mathrm{d}t} = WC_c(\theta_{\text{in}} - \theta_1) + \frac{UA}{2}(T_f - \theta_1) + P_{c1} \tag{10.5}$$

$$M_c C_c \frac{\mathrm{d}\theta_2}{\mathrm{d}t} = WC_c(\theta_1 - \theta_2) + \frac{UA}{2}(T_f - \theta_1) + P_{c2} \tag{10.6}$$

式中　M_c——节点中冷却剂的质量;

　　　C_c——冷却剂比热容;

　　　θ_1——第一个冷却剂节点的温度;

　　　θ_2——第二个冷却剂节点的温度;

　　　W——冷却剂质量流量;

　　　U——从燃料到冷却剂的总传热系数;

　　　A——燃料到冷却剂传热的总燃料表面积;

　　　P_{c1}——第一个冷却剂节点的产热率;

　　　P_{c2}——第二个冷却剂节点的产热率。

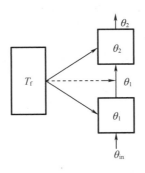

图 10.2　一个燃料节点和两个冷却剂节点的 Mann 模型示意图

注意,燃料到冷却剂的传热是由燃料温度和第一个冷却剂节点温度之间的温差给出的(假设等于该冷却剂节点的出口温度)。在这个公式中,燃料到冷却剂的传热平均分配到两个冷却剂节点。

最简单的公式是将所有燃料表示为一个节点,而将所有冷却剂表示为一对 Mann 节点。一个更详细的公式使用一系列轴向燃料节点,每个节点与一对 Mann 节点耦合。两个燃料节点的情况如图 10.3 所示。

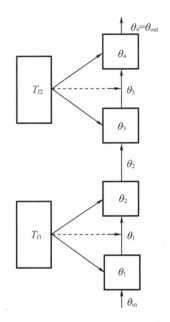

图 10.3　一系列的 Mann 模型对多个燃料节点(两个燃料节点)表示形式

10.4　冷却剂沸腾

考虑冷却剂沸腾的建模方式比单相流体建模更复杂。沸水堆和蒸汽发生器需要建立沸腾传热模型。

当流体进入具有沸腾流体的加热通道后,流体温度逐渐增加,离加热通道入口较近的流体一般处于过冷状态,其下游相邻流体可能达到饱和状态,沸腾段的传热系数大于过冷段。随着流体继续通过通道,大量流体温度达到饱和度,并且发生剧烈沸腾,并存在液体和蒸汽的混合物。在沸水堆中汽液混合物从 U 形管蒸汽发生器中排出。如果所有流体在离开加热区域之前沸腾(如通过蒸汽发生器),将会继续传热导致蒸汽过热。在瞬态中,不同区域之间的边界移动,这些边界在模型中作为状态量。

沸水堆和蒸汽发生器的移动边界模型非常复杂。附录 F 展示出了加热通道中的过冷节点的移动边界模型的建立方法。

10.5 箱体和管道模型

箱体是流体进入并与现有的流体混合的区域。在堆芯的进出口和蒸汽发生器的进出口处都有箱体模块。稳定的罐式模型通常用于箱体建模。该模型如下：

$$M_p C_p \frac{\mathrm{d}\theta_p}{\mathrm{d}t} = W C_p (\theta_{p,\text{in}} - \theta_p) \tag{10.7}$$

式中 M_p——内部的全部液体质量；

C_p——流体的比热容；

W——流体流量；

θ_p——箱体中的液体温度(由于搅拌罐近似等于增压室出口温度)；

$\theta_{p,\text{in}}$——进入箱体的流体温度。

管道将流体从一个反应堆子系统带到另一个反应堆子系统。管道模型用于压水堆和 CANDU 堆的热段和冷段管道，以及沸水堆和蒸汽发生器的给水管道。

通常使用纯时滞模型，公式简单表示如下：

$$\theta_{\text{out}}(t) = \theta_{\text{in}}(t - \tau) \tag{10.8}$$

式中 τ——流体在管道内停留时间。

也使用搅混罐式模型。搅混罐式模型的基本原理是在管道中发生一些轴向混合。管道中液体温度的动态方程具有如下形式：

$$\frac{\mathrm{d}\theta_{\text{out}}}{\mathrm{d}t} = \frac{1}{\tau} (\theta_{\text{in}} - \theta_{\text{out}}) \tag{10.9}$$

停留时间近似为管道中的流体质量(M_p)与流体流速(W_p)之间的比值：

$$\tau = M_p W_p \tag{10.10}$$

10.6 稳 压 器

压水堆稳压器是一种底部有液态水，顶部有饱和蒸汽的容器。在压水堆和 CANDU 堆中用一个稳压器来维持主冷却剂压力，稳压器通过波动管连接到热管段上，图 10.4 为一个典型的稳压器。由于蒸汽与液态水的接触，水在稳态时也处于饱和温度。冷却剂的喷雾从顶部进入，底部的电加热器加热液态水。稳态会受到进水或出水、进水温度变化、喷淋流量变化或加热器功率变化等因素的干扰。

压水堆稳压器控制系统可以通过调节加热器功率或喷雾流量来改变压力。稳压器模型结构的示意图如图 10.5 所示。

如第 14 章所述，压水堆和 CANDU 堆稳压器略有不同。

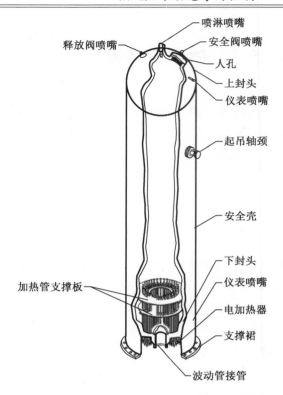

图 10.4　压水堆用稳压器原理图

由西屋电气公司提供(西屋压水堆核电站,西屋电气公司,匹兹堡,1984)

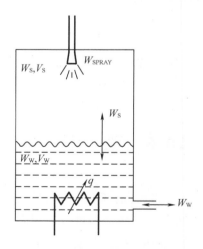

图 10.5　稳压器模型示意图

10.7　换热器模型

Mann 公式也可用于液 – 液热交换器中, 模型如图 10.6 所示, 公式如下:

$$M_{p1} C_p \frac{d\theta_{p1}}{dt} = W_p C_p (\theta_{p,in} - \theta_{p1}) + \frac{UA}{2}(T_t - \theta_{p1}) \tag{10.11}$$

$$M_{p2} C_p \frac{d\theta_{p2}}{dt} = W_p C_p (\theta_{p1} - \theta_{p2}) + \frac{UA}{2}(T_t - \theta_{p1}) \tag{10.12}$$

$$M_t C_t \frac{dT_t}{dt} = UA(T_t - \theta_{p1}) + UA(T_t - \theta_{s1}) \tag{10.13}$$

$$M_{s1} C_s \frac{d\theta_{s1}}{dt} = W_s C_s (\theta_{s,in} - \theta_{s1}) + \frac{UA}{2}(T_t - \theta_{s1}) \tag{10.14}$$

$$M_{s2} C_s \frac{d\theta_{s2}}{dt} = W_s C_s (\theta_{s1} - \theta_{s2}) + \frac{UA}{2}(T_t - \theta_{s1}) \tag{10.15}$$

式中　M_{p1}——节点 1 一次侧流体质量;

M_{p2}——节点 2 一次侧流体质量;

M_t——金属节点(换热管)质量;

M_{s1}——节点 1 二次侧流体质量;

M_{s2}——节点 2 二次侧流体质量;

W_p——一次侧流体的流速;

W_s——二次侧流体的流速;

C_p——一次侧流体的比热容;

C_s——二次侧流体的比热容;

C_t——管道金属的比热容量;

U——从一次侧流体到金属的总热传递系数, 或从金属到二次侧流体;

A——从一次侧流体到金属节点的传热面积, 或从金属节点到二次侧流体;

$\theta_{p,in}$——一次侧流体流入的温度;

$\theta_{s,in}$——二次侧流体流入温度;

θ_{p1}——节点 1 的一次侧流体温度;

θ_{p2}——节点 2 的一次侧流体温度;

θ_{s1}——节点 1 的二次侧流体温度;

θ_{s2}——节点 3 的二次侧流体温度;

T_t——金属(管道)节点温度。

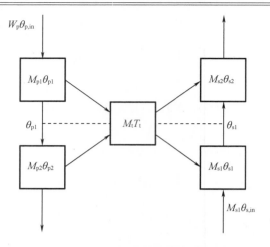

图 10.6　液－液热交换器模型示意图

10.8　蒸汽发生器模型

蒸汽发生器模型可以简单或复杂。图 10.7 显示了典型的 U 形管蒸汽发生器,对二次侧系统建模的不同要求决定了对蒸汽发生器建模的详细要求。

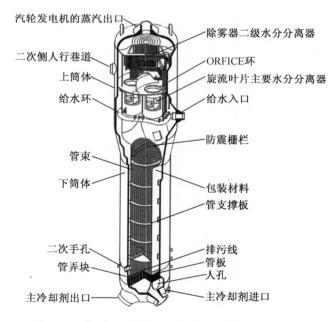

图 10.7　典型 U 形管蒸汽发生器(UTSG)示意图

由西屋电气公司提供(西屋压水堆核电站,西屋电气公司,匹兹堡,1984)

例如,如果关注的是反应堆的特性,那么一个简单的蒸汽发生器模型,充分模拟热量排出就足够了。"茶壶模型"是一种简单的模型,可进行蒸汽发生器建模,其动态学方程只有三个。茶壶模型的示意图如图 10.8 所示。在整个系统模拟[1]中,发现这种方法可以很好地表示二次侧流体的传热。

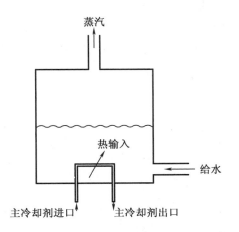

图 10.8　蒸汽发生器的茶壶模型示意图

10.8.1　U 形管蒸汽发生器(UTSG)

如果要考虑蒸汽发生器的特性,还需要更详细的模型。例如,给水控制系统的仿真往往受到关注。有限差分模型将各节点参数更新,用于瞬态过程建模,但比较复杂。10.4 节中描述的移动边界方法也可用于蒸汽发生器的建模,而且实现起来比较简单[3-6]。U 形管蒸汽发生器移动边界模型的节点图如图 10.9 所示。该模型使用了 14 个耦合微分方程和附加代数方程。完整的模型见参考文献[6]。

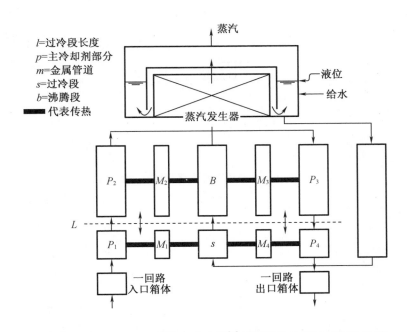

图 10.9　移动边界 U 形管蒸汽发生器[6]模型的集总参数(节点)结构

10.8.2 直流蒸汽发生器(OTSG)

压水堆的直流蒸汽发生器是管壳式换热器,管内有液态水,壳侧有水和蒸汽。图10.10是直流蒸汽发生器(OTSG)[7]的原理图。移动边界模型的示意图见图10.11[8]。注意两个边界(过冷水段和沸腾段之间的边界,沸腾段和过热段之间的边界)会移动。在参考文献里已经建立了更详细的直流蒸汽发生器模型[8]。

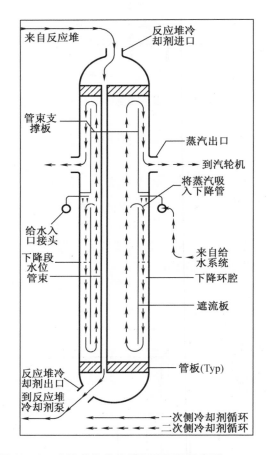

图 10.10 直流蒸汽发生器(OTSG)示意图

由 Babcock & Wilcox 公司提供(蒸汽及其生成和使用,Babcock & Wilcox 公司,第42版,2015年)

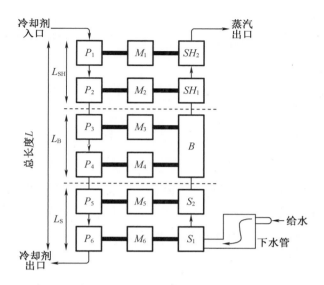

图 10.11 OTSG[8] 的移动边界模型

10.9 二回路系统模型

二回路系统与核电厂通过反应堆热能产生蒸汽的系统相似,这里的反应堆包括压水堆、沸水堆、CANDU 堆、钠冷快堆、气冷堆、熔盐堆和小型模块化反应堆。如图 10.12 所示为二回路系统示意图,显示二回路系统的主要组成和相关的状态变量[8]。

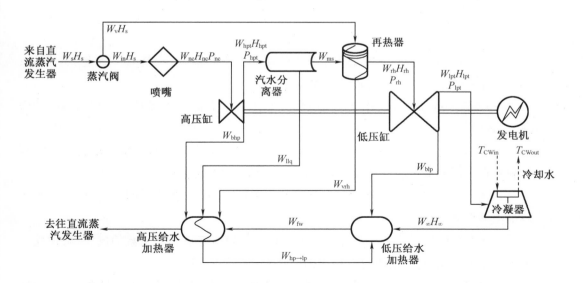

图 10.12 二回路系统示意图

该图显示以下二回路设备：

- 蒸汽母管
- 高压缸和低压缸汽轮机
- 汽水分离器和蒸汽再热器
- 冷凝器
- 给水加热器
- 冷凝器压力控制器
- 给水温度控制器

这些设备的瞬态通过质量和能量守恒方程来计算，在参考文献[6,8]中给出了控制方程的完整描述和相关的系统参数。本书中不涉及阀门和泵模型。为了完整表示二回路系统的瞬态过程，必须包括这些组件和执行器的动态学模型。

10.10　反应堆系统模型

第 12 章讨论了压水堆的动态学。第 12 章的附录用第 3 章描述的中子学模型和本章描述的传热模型说明了一个完整的压水堆系统模型的公式。另一个附录（附录 K）论述了熔盐堆动态学问题。附录 K 提供了一个与当前商业反应堆特性非常不同的反应堆建模技术的使用说明。

习　　题

10.1　假设冷却剂平均温度是每个节点中温度的平均值，而不是第一节点中的温度，重新构建 Mann 模型，这会如何影响仿真结果？

10.2　对于移动边界方法建立的沸腾换热模型和具有固定边界及瞬态更新系数的模型，比较二者的计算差异。

10.3　考虑通过一次移动边界模型建立具有过热的蒸汽发生器模型。动态模型需要多少界限？在一次侧液体温度增加之后，边界如何移动（向上或向下）？

10.4　对于冷却剂中含有溶解硼的压水堆，描述在低硼浓度和高硼浓度条件下，当入口冷却剂温度升高时，反应堆功率响应的差异。

10.5　具有负的燃料温度反应性系数和正的冷却剂温度反应性系数的反应堆，即使正系数大于负系数的绝对值，也可以是稳定的。解释这是如何实现的。

10.6　沸腾速率的变化是由沸水反应堆中的扰动引起的，当它沿着通道移动时，冷却剂密度会发生变化，沸水堆的冷却剂密度系数为负，这种影响可能会破坏稳定，解释这是如何发生的，并解释增加冷却剂流量会使系统更稳定还是更不稳定。

参 考 文 献

[1]　T. W. Kerlin, Dynamic analysis and control of pressurized water reactors, in: C. T. Leondes (Ed.), Control and Dynamic Systems, vol. 14, Academic Press, 1978.

[2]　S. J. Ball, Approximate models for distributed parameter heat transfer systems, ISA Trans. 3 (1) (1964) 38-47.

[3]　M. R. A. Ali, Lumped-Parameter, State Variable Dynamic Model for U-Tube Recirculation Type Steam Generators, PhD dissertation, The University of Tennessee, 1976.

[4]　A. Ray, H. F. Bowman, A nonlinear dynamic model for a once-through subcritical steam generator, J. Dyn. Syst. Meas. Control 98 (3) (1976) 332-339. Series G.

[5]　T. W. Kerlin, E. M. Katz, J. Freels, J. G. Thakkar, Dynamic modeling of nuclear steam gen erators, in: Proceedings of the Second International Conference sponsored by the British Nuclear Energy Society, Bournemouth, England, 1979. October.

[6]　M. Naghedolfeizi, B. R. Upadhyaya, Dynamic Modeling of a Pressurized Water Reactor Plant for Diagnostics and Control, University of Tennessee Research Report, 1991. DOE/NE/88ER12824-02, June.

[7]　Steam, its generation and use, The Babcock & Wilcox Company, forty second ed. , 2015.

[8]　V. Singh, Study of Dynamic Behavior of Molten Salt Reactors, MS Thesis, The Univer sity of Tennessee, Knoxville, 2019.

拓 展 阅 读

[9]　A. T. Chen, A Digital Simulation for Nuclear Once-Through Steam Generators, PhD dissertation, The University of Tennessee, 1976.

[10]　The Westinghouse Pressurized Water Reactor Nuclear Power Plant, Westinghouse Electric Corporation, Pittsburgh, 1984.

第11章 核反应堆安全

11.1 引　　言

反应堆安全是一个很重要的问题,需要进行全面的处理。然而,一个完整的处理超出了本书的范围和目的,但所有的核工程师都需要知道核反应堆安全恶化的严重后果。几个研究堆和三个动力堆都发生过事故,反应堆运行特性是决定一起核电厂事故发生方式的重要因素。

11.2　反应堆安全原则

在动力反应堆发生核安全事故后,必须实现两种基本安全功能。第一个基本功能是裂变反应必须停止(通常的方法是立即插入控制棒,即反应堆"紧急停堆")。这阻止了大部分裂变能量的产生,但一些裂变仍会继续发生,放射性核素继续衰变并产生热量。衰变热功率水平取决于反应堆的历史运行情况,通常是停前反应堆功率的6%左右。第二个基本功能是对反应堆堆芯进行持续冷却。冷却是为了防止持续的衰变产生热量使堆芯温度上升,避免燃料熔化。备用电力系统(紧急柴油发电机)在第二代反应堆中提供电力,以保持冷却剂泵在正常电力损失的情况下维持运行。此外,核电厂具有备用泵,其功能是在正常给水泵不能工作或阀门关闭时投入运行,这是严重违反运行程序的。

值得注意的是,较新的反应堆设计包括不需要电力的紧急冷却系统。冷却水通过重力或加压容器进入反应堆。

11.3　早期的燃料损坏事故

若事故发生在反应堆部署早期,最糟糕的是发生燃料熔化事故,燃料熔化事故包括以下简要的事故描述。

11.3.1　事故

NRX：1952 年 12 月 12 日，加拿大[1] 的 NRX 反应堆发生了一起事故。NRX 是一个重水慢化、轻水冷却的反应堆。在停堆过程中，操作人员在气动控制棒驱动装置上工作时，错误地打开阀门，导致控制棒抽出。在采取行动纠正问题时，操作人员之间出现了沟通失误，控制棒进一步抽出，致使反应堆功率迅速增加，燃料熔化。

SRE：1959 年 7 月，美国加利福尼亚的钠冷快堆实验（SRE）发生了一起事故。SRE 是一个钠冷却、石墨慢化的[2] 反应堆。四氢化萘（SRE 泵中用作密封胶的有机液体）泄漏到钠冷却剂中，四氢化萘降解后产生固体碳，限制了冷却剂通过堆芯的流动，一些燃料过热而熔化。

SL－1：1960 年 12 月 21 日，美国爱达荷州[3] 的 SL－1 反应堆发生了一起事故。在准备重新启堆时，一个控制棒需手动抽出，由于控制棒抽出的速度和距离过大，反应堆达到临界状态，功率迅速增加，导致反应堆爆炸。

Windscale：1957 年 10 月 10 日，英国[4] 的 Windscale 反应堆发生了一起事故。Windscale 一个空气冷却、石墨慢化的反应堆，由于石墨中释放维格纳能，引起石墨着火。维格纳能是由于中子吸收引起原子结构错位而储存在材料中的能量。当原子从位错状态中自发释放时，这种储存的能量就以热的形式释放出来。维格纳能在石墨中引起火灾，燃烧了几天，摧毁了反应堆。

Fermi－I：1966 年 10 月 5 日，美国密歇根[5] 的 Fermi－I 反应堆发生事故。Fermi－I 是一个钠冷快堆，一块金属板从反应堆堆芯下面的位置脱落到堆芯底部，阻碍了几个燃料元件的流动。一些燃料因过热而熔化。

Lucens：1969 年 1 月 29 日，瑞士[6] 的 Lucens 反应堆发生了一起事故。Lucens 是一个二氧化碳冷却重水慢化反应堆。在停堆期间，湿气凝结在燃料元件上，导致其腐蚀，腐蚀产物积聚在流道中，限制冷却剂流动，燃料因过热而熔化。

11.3.2　评估

由上述事故可见，为了避免冷却剂失流的危险性，因而第二代和第三代反应堆都采用备用冷却系统，但即便如此，它们在随后的反应堆事故中也失效了。

上述一些事故造成了核电厂工人死亡，以及直接暴露于核电厂外的辐射或放射性污染（有可能导致受辐射的居民罹患癌症）。这是由于不充分的核安全文化、设计缺陷和不安全的操作造成的（通常是因为不了解如何处理反应堆异常）。这些事故都是灾难，同时也使人们更好地理解如何安全建造和运行反应堆。一个相似的事故发生在早期太空探索时代，如果早期反应堆的建设速度放慢，或许可以避免，但为了生产武器材料或用于核能发电，人们有强烈的意愿要加快步伐。

11.4　反应堆潜在事故分析

在获得建造和运行许可证之前,要进行分析以评估反应堆的安全性。这些分析包括确定性评估和概率评估,确定性评估包括模拟假设的反应堆事故,概率评估包括评估部件故障导致事故的可能性。

确定性评估使用了前面章节中描述的所有建模方法,但也模拟了在正常运行中不会发生的工况(如冷却剂失流或控制棒快速弹出)。反应堆安全仿真必须涵盖极端工况,如通常液态冷却剂沸腾、燃料熔化、主系统或安全壳失压、结构故障。许多政府和私人组织都在努力准备各种计算机代码来仿真反应堆事故的发生。例如,美国核管理委员会(NRC)的反应堆安全计算机代码包括以下方面[8]:

- 概率风险评估代码
- 燃料特性代码
- 反应堆动态学代码
- 热水力学代码
- 严重事故代码
- 防护代码
- 放射性核素运输代码
- 材料性能代码

安全分析包括设计基础事故(DBA)[9]分析。设计基础事故分析是对可能发生的最严重事故(典型的冷却剂损失)的模拟。假设反应堆可以容忍设计基础事故,那么它就可以容忍其他认为没有设计基础事故严重的事故。但经验告诉我们,比设计基础事故更严重的事故可能是由于未预料到的自然事件(如比预期更大的海啸)、设备故障(如阀门卡死)或操作失误而发生的,这些事件称为超越设计基础事故(BDBA)[10]。目前正在对超越设计基础事故进行积极的分析,美国核管理委员会(Nuclear Regulatory Commission,NRC)规定,这些分析必须适用于所有的核电厂,包括新建的反应堆、需要延长寿命的反应堆和正在运行的反应堆。

美国核管会审核申请者在安全分析报告(SAR)中提供的信息,安全分析报告必须满足联邦法规(CFR)[11]文件10CFR50中发布的美国核管会要求。美国核管会使用NUREG800(nureg 为 Nuclear Regulation 的缩写)中定义的程序来审查安全分析报告。最初,申请者须提交两份安全分析报告,一份是初步安全分析报告用于获得建造许可,一份是最终安全分析报告用于获得运作许可。随后,核管理委员会简化了申请程序,只要求一份安全分析报告即可。申请者的报告由核管会工作人员和一个独立的反应堆安全专家小组(反应堆保障措施咨询委员会,简称 ACRS)审查。该提案还将举行公开听证会,反对者有机会表达他们的担忧。

核管会可以在反应堆投入运行后,通过核管理指南来提出新的要求,这些是核管会进一步研究、新发展或总结经验的结果。例如,美国核管会认为有必要确认安全系统传感器的响应时间与在安全分析报告中假定的一样短。美国电力研究院(EPRI)赞助的一个研究项目,研究电阻温度计的现场响应时间[12]或电阻温度探测器(RTD),美国核管会批准了这个测试,它在压水堆中使用。

概率风险评估(probabilistic risk assessment,PRA)分析计算了事故发生的可能性[13]。结合与安全相关的部件发生故障的可能性,分析了整体故障和事故的可能性。概率风险评估结果以 Y 年内发生事故的可能性来表示。概率风险评估是非常仔细的,但是不准确的部件失效概率或未考虑重要部件的失效,将导致概率风险评估结果存在误差。同样,即使是低概率也不意味着某一事件不可能发生。一百万年发生一次故障的可能性意味着第一年发生故障的可能性很小,但也不是不可能。所以,问题是"多好才算足够好"。

11.5 第二代动力堆事故

11.5.1 三哩岛[14]

1979 年 3 月 28 日,宾夕法尼亚州哈里斯堡附近的三哩岛 2 号机组发生了一起事故。TMI-2 是 Babcock 和 Wilcox 提供的 800 MWe 压水堆。事故起因是在对二回路系统的除盐装置进行例行维护时出现了问题,导致向蒸汽发生器注水的给水泵失效。除盐装置是一种用于净化二回路水的过滤器,二回路水通过过滤器进行清洁后,会流入二回路其他系统。

如果没有给水,蒸汽发生器就失去了从主冷却剂中带走热量的能力。由此产生的一次侧温度和压力的升高会导致反应堆自动停堆。辅给水泵激活,但一个关闭的阀门阻塞了流量。这个阀门关闭严重违反了设定程序。

一回路压力升高导致稳压器顶部的先导式安全阀打开,使得流体流向稳压器减压箱,导致一回路压力降低,减压本应使安全阀关闭,但它卡在了开启状态,致使一回路冷却剂继续通过开启的阀门排出。操作人员没有看到表明安全阀卡死的明显迹象,唯一的迹象是发出了"关闭阀门"的信号,但没有仪器显示阀门的实际状态。

当冷却剂从稳压器继续流出时,操作人员根据指示采取行动,认为稳压器液位过高,对此的响应是减少一回路的冷却剂装量,而冷却剂正在排出,没有替代的冷却剂进入,其结果是燃料过热和熔化。

熔融的锆与水反应生成氢,因为氢气有爆炸的危险,所以将其移除是至关重要的,操作人员仔细地排气消除了氢气。最终,关闭了稳压器减压管道中的一个截止阀,并恢复了冷却剂的流动,事件终止。

综上所述,四个主要失误和设计缺陷导致了事故。维护人员执行了一个导致给水停止流动的操作,维修人员关闭了一个阀门(违反了核电厂规程),以阻止二回路给水从辅给水泵流出,一个机械缺陷导致稳压器安全阀卡开。安全阀位置上的仪表不够,导致操作人员无法了解阀门的实际状况。

11.5.2　切尔诺贝利[15]

1986 年 4 月 26 日,乌克兰普里皮亚季附近的切尔诺贝利沸水核电厂 4 号机组发生事故。该机组为苏联设计的 1000 MW 的 RBMK 反应堆,使用水作为冷却剂在嵌入石墨慢化剂的垂直压力管中流动,燃料是在锆合金包层中包裹的含有 2% 浓缩铀的 UO$_2$ 球。冷却剂沸腾后,通过汽水分离器,产生干燥的饱和蒸汽流入汽轮机。

中子石墨和堆芯内水慢化,反应堆是过慢化的,也就是说,去掉慢化剂会增加反应性。RBMK 的冷却剂沸腾会减少堆芯中的水量,从而降低了水对中子的吸收,而石墨中的吸收和慢化不受水密度变化的影响,所以水密度效应占主导地位,给 RBMK 一个正的空泡系数。

燃料中的多普勒系数总是负的,因此燃料温度是一种稳定作用。功率系数是负多普勒效应和正空泡反应性效应的净效应。由于在低功率时,燃料温度反馈比在高功率级时要小,因此正空泡效应占主导地位。在低功率时,RBMK 的正功率系数非常大。

RBMK 反应堆另一个与安全有关的重要特性是控制棒的设计,控制棒插入充满水的通道中,如果控制棒为全长全强中子吸收棒,水量减少引起的正反应性将湮没。但是控制棒的底部含有石墨,这是一种比水弱得多的中子吸收剂,因此控制棒在插入底部时引入正反应性。控制石墨上方的部分为强中子吸收棒,当这部分进入堆芯时,引入负反应性。

事故是由一个实验引发的,该实验旨在评估改善反应堆紧急冷却的可能性。在反应堆紧急停堆和同时失去电力的情况下,柴油发电机开始为冷却泵提供电力,但发电机的功率上升缓慢。所以,当汽轮机惰转时产生临时电力的可能性需要评估。

实验将在 700~1 000 MW 热功率水平的反应堆中进行,这将避免较低的功率水平下出现高的正功率系数。然而,将功率水平稳定在期望值的计划并没有发生。此外,计划延迟赶上了操作员换班,换班的操作员不太了解测试程序。

从满功率降至 50% 左右时,调度员因电网电力要求而禁止进一步降功率。延迟一段时间后,允许继续降功率。在试图将功率降低到实验所需的功率水平时,功率无意中降低到一个非常低的水平(大约 30 MW 热功率)。此时,操作员开始提升控制棒以增加功率。由于 ^{135}Xe 在 ^{135}I 衰减的低功率下积聚,一些控制棒抽出补偿 ^{135}Xe 造成的反应性损失。功率最终稳定在 200 MW 左右。决定继续进行测试,即使功率水平远低于测试规定。在这种情况下,反应堆有很强的空泡系数,这是一个致命的失误。

停止向汽轮机供汽以开始测试。随着减速的汽轮发电机产生的电力减少,冷却剂泵功率也随之降低。流入反应堆的冷却剂流量减少,冷却剂沸腾增加,反应性增加,裂变功率迅速增加。功率的增加引起进一步沸腾,反应性进一步增加。空泡反应性(以及 ^{135}Xe 耗尽引起的反应性增加)导致了强烈的反应性反馈和持续的不受控制的能量增加。由于关键参数破坏,记录丢失,因此有关于此时发生的事件无法获悉。通过插入控制棒来阻止功率上升的尝试可能会使问题变得更糟,因为插入的控制棒顶端引入了石墨,引入了反应性。无论如何,一种失控的瞬态能量产生,摧毁了反应堆,发生爆炸,损坏的反应堆暴露在大气中并释放出放射性核素。

放射性碎片散落在反应堆现场,并引发大火。英勇的工人冒着生命危险把火势控制住。32 人在事故发生后立即或不久死亡。周围地区的辐射污染也给居民带来了健康问题。

11.5.3 福岛第一核电厂[15]

2011 年 3 月 11 日,日本东岸仙台市附近的福岛第一核电厂发生重大事故。该核电厂有六个由通用电气建造的沸水堆。

与之前的三哩岛和切尔诺贝利事故不同,这次事故既不是操作失误造成的,也不是反应堆设计缺陷造成的,而是由地震引发的海啸,以及应急电力系统和热交换器的放置位置不安全而导致的。

地震发生时,1 号、2 号和 3 号机组正在运行,4 号、5 号和 6 号机组关闭。地震发生后,正在运行的反应堆立即紧急停堆。地震发生 50 min 后,一场 13 m(42.6 ft)高的海啸袭来。反应堆建筑在地震和海啸中幸存了下来,但场外电源中断,备用电源(柴油发电机和电池停用)和用于向海水传递热量的热交换器被毁坏。

将与安全相关的关键冗余系统不安全地安置在靠近海洋的地方,显然是一个错误决定。通过这次事件,人们已认识到这些系统放置位置的潜在问题,需将这些系统重新安置到更高的地方。

由于没有及时冷却,堆芯衰变热导致 1 号、2 号和 3 号机组的燃料熔化。此外,锆和水之间的化学反应产生氢气,最终在 1 号、2 号、3 号和 4 号机组爆炸(接收到从 3 号机组泄漏的氢气)。

1~4 号机组摧毁,放射性核素释放到空气和水中,给附近地区的居民带来了长期的健康问题。这对人类造成了巨大损失(近 19 000 人在海啸中立即死亡)。

在最初的混乱平息之后,开始了一个长期清理工作。如上所述,福岛事件是一个超设计基准事故。美国核管会成立的一个短期工作组发表了一份关于福岛第一核电厂事故[17]教训的报告。核管会的建议包括 12 个要点,包括监管框架、确认保护、加强缓解、加强应急准备以及提高核管会的效率等,这些规定适用于正在运行的反应堆和新反应堆。

11.6 后果和吸取的教训

上述三起事故对世界各地的核工业产生了巨大的影响,反应堆已经或即将关闭,建设停止,新核电厂的计划放弃。21 世纪初,核能的复兴似乎近在眼前,但福岛第一核电厂事故再次引发新的担忧,并取消或推迟了建造新反应堆的计划。但一些国家的新反应堆建设划并没有停止。新的核反应堆项目在许多国家继续进行,特别是中国、俄罗斯和印度。

事故的原因包括操作失误、设备故障、自然灾害、反应堆设计缺陷以及对反应堆在特定运行条件下危险动态的忽视。这些问题导致了操作员培训内容的增加、系统的修改和更强的监管。由于从事故中吸取了惨痛的教训,反应堆更加安全,但我们也不能自满。

参考文献[18]是一本关于轻水堆安全的好书。这本书描述了严重事故的热工水力学特性,并包含反应堆事故的案例研究。

习　　题

11.1　以流程图的方式表示三哩岛事故的事件顺序和决策。

11.2　以流程图的方式表示切尔诺贝利事故的事件顺序和决策。

11.3　以流程图的方式表示福岛第一核电厂事故的事件顺序和决策。

11.4　关于上面描述的反应堆事故有很多文献。在网上找到一篇这样的文献,写一篇评论,指出引用文章的准确性或不准确性,并对文章中的任意结论进行评论。

11.5　写一篇美国核管会关于福岛第一核电厂的教训的评论(参考文献[17]),并扩展报告中的重要建议。

11.6　找一个说核能不安全的网站,写一篇简短的评论(1 000 ~ 1 200 字)。评论要求客观,引用你认为正确的和错误的主张,为你的评估列举理由。包括你引用的文章的副本以及你的评论。

参 考 文 献

[1]　NRX Reactor Accident Description athttps://nuclear-energy. net/nuclear-accidents/chalk-river. html.

[2]　SRE Reactor Accident description atwww. etec. energy. gov/Library/Main/Pickard% 20SRE% 20presentation. pdf.

[3]　SL-1 Reactor Accident Description athttps://timeline. com/arco-first-nuclear-accidentf16ec1105b9c.

[4]　Windscale Reactor Accident Description atwww. nucleartourist. com/events/windscal. htm.

[5]　Fermi-1 Reactor Accident Description atmragheb. com/NPRE% 20457% 20CSE% 20462% 20Safety% 20Analysis% 20of% 20Nuclear% 20Reactor% 20Systems/Fermi% 20I% 20Fuel% 20Meltdown% 20Incident. pdf.

[6]　Lucens Reactor Accident Description athttps://www. revolvy. com/page/Lucens-reactor.

[7]　Russian Submarine Reactor Accident Description at NRX Reactor athttps://www. theguardian. com/world/2000/aug/15/kursk. russia1.

[8]　19CFR50 Description atwww. nrc. gov/reading-rm/doc-collections/cfr/part050.

[9]　DBA Description atwww. nrc. gov/. . . /basic-ref/glossary/design-basis-accident. html.

[10]　BDBA Description atwww. nrc. gov/. . . /glossary/beyond-design-basis-accidents. html.

[11]　NRC Codes Description atwww. nrc. gov/about-nrc/regulatory/research/safetycodes. html.

［12］ T. W. Kerlin, L. F. Miller, H. M. Hashemian, In-situ response time testing of platinum resistance thermometers, ISA Trans. 17 (4) (1978) 71-88.

［13］ EPRI, Basics of Nuclear Power Plant Probabilistic Risk Assessment, Electric Power Research Institute (EPRI) report, Available at www. mydocs. epri. com/docs/publicmeetingmaterials/ 1108/J7NBS83L7MY/E, 2011.

［14］ TMI reactor accident description at www. history. com/this-day-in-history/nuclear accident-at-three-mile-island.

［15］ Chernobyl Reactor Accident Description at www. history. com/this-day-in-history/nuclear-disaster-at-chernobyl.

［16］ Fukushima Reactor Accident Description at www. world-nuclear. org/information-library/ safety-and-security/safety-of-plants/fukushima-accident. aspx.

［17］ U. S. Nuclear Regulatory Commission, Recommendations for Enhancing Reactor Safety in the 21st Century, the NRC Near-Term Task Force Review of Insights from the Fukushima Dai-Ichi Accident, June 2011, 2011.

［18］ B. R. Segal (Ed.), Nuclear Safety in Light Water Reactors, Academic Press, 2012.

第12章 压 水 堆

12.1 引 言

本章讨论了第二代和第三代压水堆(PWR)。在美国,压水堆是最常见的堆型,在其他国家也被广泛使用。商业压水堆的发展是在海军压水堆的成功研发基础上进行的。压水堆发电厂及其控制系统的基本设计自20世纪中期开始实施以来几乎没有改变。

12.2 压水堆的特点

美国有三家压水堆制造商为第二代和第三代核电厂供应设备。西屋电气公司和燃烧工程公司为核电厂提供了U形管蒸汽发电机(UTSG),巴布科克和威尔科克斯公司为核电厂提供了直流蒸汽发电机(OTSG)。俄罗斯的VVER压水堆使用了卧式管壳式蒸汽发生器。

图12.1展示了一个典型的带有U形管蒸汽发生器压水堆核电厂的布局以及各个设备。

一回路系统由反应堆压力容器、热管段和冷管段、稳压器和反应堆冷却剂泵(RCP)组成。U形管蒸汽发生器(UTSG)连接了一回路系统和二回路系统或电厂配套系统(BOP)。电厂配套系统包括汽轮机、发电机、蒸汽再热器、汽水分离器、给水加热器以及冷凝器。反应堆压力容器和蒸汽发生器位于一个巨大的安全壳内。汽轮发电机系统和电厂配套系统位于一个独立的建筑中。一个典型的 1 150 MWe 四环路压水堆(西屋 PWR)的设计参数见附录 A。

一回路的水(约为 287.78 ℃)经由冷管段进入反应堆压力容器的顶部,通过压力容器内壁和堆芯屏蔽层之间的环形区域向下流动到压力容器的底部,再向上流过堆芯,带走燃料组件的热量。

在满功率工况下,UO_2 核燃料的中心温度为 2 282.22 ℃。压力容器中的水(约为 323.89 ℃)从容器上端经由热管段流入蒸汽发生器,通过蒸汽发生器的入口腔后流过传热管。在一个典型的 1 150 MWe 的核电厂中,通过堆芯的总流量约为 62 595.747 06 t/h,堆芯冷却剂的平均流速为 4.72 m/s。

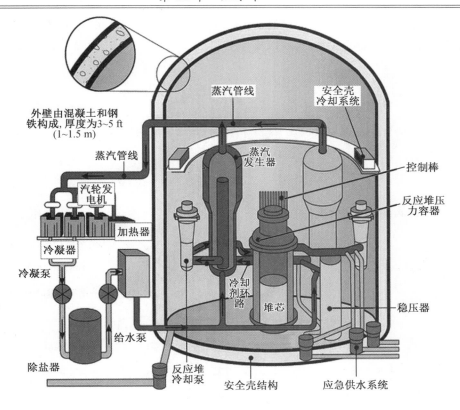

图 12.1 典型压水堆核电厂的布局

（源自：U. S. NRC，www. nrc. gov/reactors/pwrs. html. ）

1 150 MWe 的西屋压水堆有四个 U 形管蒸汽发生器（UTSGs）。10.6 节和 12.5.1 节提供了关于 UTSG 特性的详细信息。

一回路系统的压力维持在 15.3 MPa 左右，以保证一回路系统中的冷却剂不会发生沸腾。压力的维持是通过一个连接热管段的稳压器实现的。10.7 节和 12.4 节提供了稳压器的详细信息。

反应堆堆芯（热源）和蒸汽发生器系统的组合称为核蒸汽供应系统（NSSS）。

12.3 堆 芯

美国的三家压水堆制造商都采用了相似的堆芯设计，不同之处在于燃料棒束设计和控制棒设计。

在压水堆中，燃料组件由一个圆柱体容器包裹。图 12.2 所示描绘了一个典型的反应堆压力容器，图中展示了反应堆内部结构和控制棒驱动机构。燃料组件如图 12.3 所示。反应堆压力容器的直径约为 4.27 m，高度约为 13.41 m。反应堆压力容器的材料是碳钢（0.2 m

厚),内部为不锈钢包层(厚度 0.005 6 m)。二氧化铀燃料的质量约为 82 t。堆芯支撑筒连接在反应堆压力容器的法兰上,用以支撑堆芯。

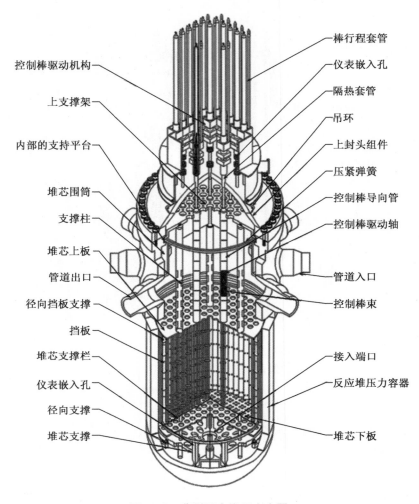

控制棒驱动机构
上支撑架
内部的支持平台
堆芯围筒
支撑柱
堆芯上板
管道出口
径向挡板支撑
挡板
堆芯支撑栏
仪表嵌入孔
径向支撑
堆芯支撑

棒行程套管
仪表嵌入孔
隔热套管
吊环
上封头组件
压紧弹簧
控制棒导向管
控制棒驱动轴
管道入口
控制棒束
接入端口
反应堆压力容器
堆芯下板

图 12.2　典型压水堆压力容器

(由西屋电气公司提供(Westinghouse Electric Company, The Westinghouse Pressurized Water Reactor Nuclear Power Plant, Westinghouse Electric Company, Water Reactor))

　　在一个典型的 1 150 MWe 的压水堆中,大约有 200 个燃料组件。一个燃料组件由一束燃料棒组成,通常为 17×17 或 19×19 排列。燃料棒形成了一个开式晶格结构。燃料棒(直径约为 0.01 m,长 0.015 m)含有的二氧化铀颗粒由锆合金包壳管包裹,并用氦气填充厚度约为 $5×10^{-5}$ m 的空隙。堆芯活性区的长度为 3.66 m,直径为 3.35 m。

　　水向上流过堆芯,进入容器上部的腔室,然后进入通向蒸汽发生器的热管段。

　　机械驱动的控制棒从压力容器顶端插入(图 12.4)。大约有 60 个控制棒组件会占据燃料组件的部分空间。

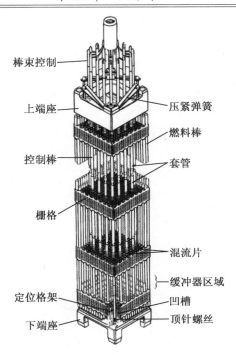

图 12.3　压水堆燃料棒束

（由西屋电气公司提供（Westinghouse Electric Company，The Westinghouse Pressurized Water Reactor Nuclear Power Plant，Westinghouse Electric Company，Water Reactor Division，Pittsburgh，1984））

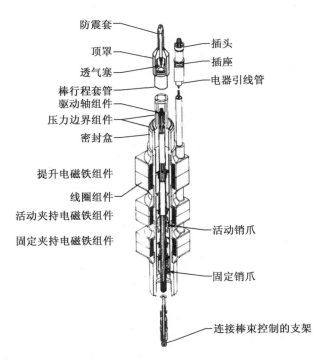

图 12.4　压水堆控制棒组件

（由西屋电气公司提供（Westinghouse Electric Company，The Westinghouse Pressurized Water Reactor Nuclear Power Plant，Westinghouse Electric Company，Water Reactor Division，Pittsburgh，1984）

12.4 稳 压 器

稳压器通过波动管连接到热管段,参见第 10.6 节。图 12.5 为一个典型的稳压器。稳压器的作用是将一回路的压力控制在冷却剂标准压力下,即 15.3 MPa。一回路压力是通过电加热器功率和冷管段喷淋来调节的,图 12.6 所示为稳压器压力控制。在一个四环路的核电厂中,稳压器的总体高度和直径分别为 16.1 m 和 2.3 m,总容积为 31 m³。稳压器有一个总功率为 1 800 kW 的浸入式电加热器。最大的喷淋流量为 57 L/s,连续喷淋流量为63 mL/s。稳压器有两个电动释放阀和三个自动安全阀。

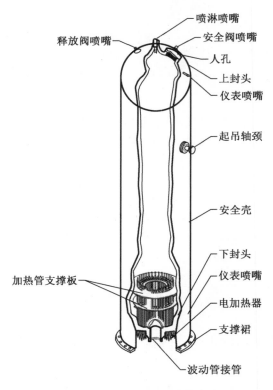

释放阀喷嘴
喷淋喷嘴
安全阀喷嘴
人孔
上封头
仪表喷嘴
起吊轴颈
安全壳
下封头
仪表喷嘴
电加热器
支撑裙
加热管支撑板
波动管接管

图 12.5 典型的稳压器

(由西屋电气公司提供(Westinghouse Electric Company, The Westinghouse Pressurized Water Reactor Nuclear Power Plant, Westinghouse Electric Company, Water Reactor Division, Pittsburgh,1984))

稳压器中的水是主冷却剂系统中唯一的自由液面。在满功率的情况下,稳压器容积的 60% 由水填充。稳压器的水位的变化,通常是由冷却剂平均温度变化,而引起的水密度变化的结果。化容控制系统(CVCS)或补水与净化系统控制了稳压器的水位。为简单起见,本书用术语 CVCS 指代这两种类型。为将稳压器的水位提升到设定值,水会注入主冷却剂系统,反之,由排水系统降低水位。

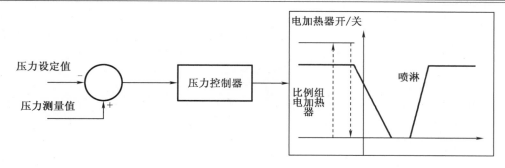

图 12.6 稳压器压力控制,显示了电加热器和喷淋动作

顾名思义,CVCS 不仅仅控制稳压器的水位,其另外两个功能是使用过滤器和除盐器净化水,以及通过添加或去除硼酸来控制可溶性毒物的浓度。

12.5 蒸汽发生器

12.5.1 U 形管蒸汽发生器(UTSG)

图 12.7 展示了一个 U 形管蒸汽发生器,第 10.8 节介绍了 U 形管蒸汽发生器建模。

热管段中的水进入 U 形管蒸汽发生器底部的腔室,然后向上流过传热管,在传热管顶端改变流向,向下流入出口腔室(即 U 形管)。一个典型的 UTSG 大约有 6 000 根传热管,外径为 22.1 mm,蒸汽发生器的高度约为 20.73 m,上下套管直径分别为 4.57 m 和 3.35 m。关于 UTSGs 的其他信息见附录 A 表 A.1。

传热管内的热水将热量传递给管外的水,即壳侧的水,称为二次侧水。二次侧的汽水混合物从加热段流出,向上进入汽水分离器和干燥器。汽水分离器中的叶片会引起旋流,离心力会使液态水向外旋出。然后部分干燥的蒸汽会进入蒸汽干燥器,流道将会导致 180°的流向变化。这将会进一步分离蒸汽和水,来自汽水分离器和干燥器的水向下流入蒸汽发生器内壁和围绕传热管的护罩之间的环形区域。这个环形区域称为下降环腔。给水通过管道上方的喷嘴进入蒸汽发生器,并流入下降环腔,在那里与再循环水混合。离开汽水分离器和干燥器的饱和蒸汽通过管道和喷嘴箱到达汽轮机。

U 形管蒸汽发生器也有稍微不同的版本。该系统称为整体节能蒸汽发生器,其特点是在蒸汽发生器出口处的管道周围有一个腔室,称为节能装置。部分给水进入该室,而不是流入下降环腔区域。进入节能装置的水比从蒸汽分离器和干燥器进入降液管的再循环水要冷。较冷的水增强了一次侧水的热传递。热水从节能装置流出,并与来自下降环腔的水混合。改进的热传递提高了蒸汽发生器的效率。

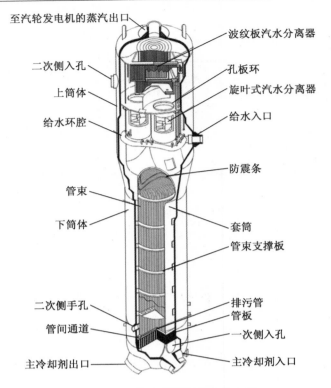

至汽轮发电机的蒸汽出口

二次侧入孔

上筒体

给水环腔

管束

下筒体

二次侧手孔

管间通道

主冷却剂出口

波纹板汽水分离器

孔板环

旋叶式汽水分离器

给水入口

防震条

套筒

管束支撑板

排污管

管板

一次侧入孔

主冷却剂入口

图 12.7　U 形管自然循环蒸汽发生器

（由西屋电力公司提供（Westinghouse Electric Company，The Westinghouse Pressurized Water Reactor Nuclear Power Plant，Westinghouse Electric Company，Water Reactor Division，Pittsburgh，1984）

12.5.2　直流蒸汽发生器（OTSG）

直流蒸汽发生器本质上是一个立式管壳式换热器。图 12.8 显示了一个直流蒸汽发生器的工作原理。

一个典型的 OTSG 高度大约 22.25 m，外壳直径为 3.96 m。它有 15 000 ~ 16 000 根外径为 15.9 mm 的竖直管。管材为 Inconel - 600，管厚为 0.864 mm[3]。更多关于直流蒸汽发生器的详细信息可以在参考文献[3]中找到。

热管段的水从顶部进入，通过管道向下流动，然后从底部排出。二次侧水在蒸汽发生器传热管外的壳侧中向上流动。管区域下部的热传递使二次侧水达到饱和状态，随后沸腾。当二次侧的蒸汽继续上升时，热传递将蒸汽温度提高到饱和温度以上，产生的过热蒸汽将通过管道进入汽轮机。

章节 10.8 介绍了直流蒸汽发生器的建模。

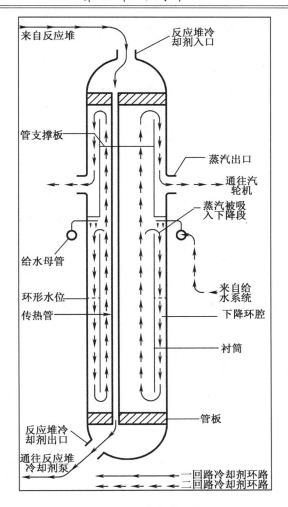

图 12.8　直流蒸汽发生器

(由 Babcock 和 Wilcox 公司提供(The Babcock & Wilcox Company, Steam: Its Generation and Use, The Babcock & Wilcox Company, 42nd ed. ,2015)

12.5.3　卧式蒸汽发生器

还有第三种压水堆蒸汽发生器,适用于俄罗斯的 VVER 反应堆。VVER 采用了卧式管壳式蒸汽发生器。

12.6　反应性反馈

在压水堆中,燃料温度变化和慢化剂/冷却剂温度变化会引起反应性反馈。

由于多普勒效应,燃料温度系数总是负的(见章节 7.2)。燃料温度反应性在压水堆的反馈中占主导地位,燃料温度变化和燃料反应性系数导致了反应性变化,由于功率变化后燃料温度的变化比冷却剂温度的变化快得多,因此燃料温度反应性在反应堆功率变化后的即时反应性反馈中占主导地位。

冷却剂密度的变化会影响堆芯中冷却剂的质量,从而影响冷却剂中的有害吸收和裂变中子的慢化。温度升高会降低有害吸收,增加反应性,该效应对冷却剂反应性温度系数的贡献为正。另一方面,温度升高会减少堆芯中每单位体积的慢化剂质量,降低中子的慢化,导致反应性下降,该效应对冷却剂反应性温度系数的贡献为负。而当可溶毒物的浓度低或为零时,慢化效应占主导地位。换句话说,反应堆的温度系数整体为负数。

可溶性毒物(硼酸)用于降低压水堆的剩余反应性。在堆芯寿命早期,剩余反应性较大。使用可溶性毒物有两个优点:一是降低了对控制棒补偿剩余反应性的依赖,二是其反应性控制不会引起局部功率峰或功率骤降。

然而,冷却剂和慢化剂中强吸收剂的存在会影响冷却剂的反应性温度系数。冷却剂温度升高会降低冷却剂密度,从而导致堆芯内单位体积水中含硼的核数相应的减少。因此,当硼酸浓度高时,冷却剂反应性温度系数为正。这种情况会发生在燃料燃烧的早期,此时需要较高的硼酸浓度来补偿较大的剩余反应性。这会影响反应堆的瞬态行为,燃料反应性温度系数始终为负值时,可确保令人满意的瞬态行为。

慢化剂温度升高会导致热中子能谱硬化。由于 ^{235}U 吸收的变化,这对反应性引起负的效应,而由于 ^{239}Pu 吸收的变化,会对反应性引起正的效应。此部分内容可参见章节 7.3。

如同所有的热中子反应堆一样, ^{135}Xe 的消耗和产生会引起反应性反馈效应。 ^{135}Xe 对功率变化的影响见章节 6.2。

压水堆的功率系数总是负的。当慢化剂和冷却剂反应性系数为正时,多普勒系数仍占主导地位。因此,当引入外部反应性时,反应堆的响应是向新的稳态功率水平的转变。

12.7　功率变化

功率会因操作人员的动作而改变,或者在有负载的发电厂根据电网需求按规定改变。设计功率变化能力的合理起点是考虑在没有控制动作的情况下,电厂响应电力需求变化的方式。例如,模拟开启或关闭主蒸汽阀,观察发生了什么。然后设计者可以利用固有响应的可取特性或克服不可取的特性设计控制策略。

首先,考虑压水堆的固有(无控制动作)响应。开启蒸汽阀门的场景如下:

- 蒸汽阀门开启　↑
- 通往汽轮机的蒸汽流量　↑
- 汽轮机功率　↑
- 蒸汽压力　↓
- 蒸汽发生器的蒸汽产量　↑
- 蒸汽发生器的二次侧温度　↓
- 一回路与二回路的传热效率　↑

- 一回路流体温度 ↓
- 反应堆入口慢化剂和冷却剂温度 ↓

具有负慢化剂/冷却剂反应性温度系数的反应堆	具有正慢化剂/冷却剂反应性温度系数的反应堆
反应性↑ 反应堆功率↑	反应性↓ 反应堆功率↓ 燃料温度↓ 反应性↑ 反应堆功率↑

　　具有负冷却剂和燃料温度系数的反应堆自动通过增加反应堆功率来响应这一场景。而具有正冷却剂温度系数,但燃料温度系数为负的反应堆,其中燃料温度的反馈更强,因此也会自动增加反应堆功率来响应这一场景。这两种情况的最终结果都是,随着蒸汽流量的增加,反应堆的功率增加。结果表明,反应堆的最终功率变化与汽轮机功率变化完全吻合。因此,控制工程师的工作是提高这种性能,以保证其他过程变量都能够达到预期值。

12.8　压水堆的稳态程序

　　理解了没有控制动作的反应堆响应过程后,下一步是开发一种控制策略,以确保所有过程变量达到预期值。这包括建立设定值和识别控制行动,确保能够及时且以安全的方式使所选的过程变量达到设定值。过程变量设定值随功率水平的变化称为稳态程序。

12.8.1　蒸汽发生器中的热传递

　　必须是存在于稳定状态的公式才可用于定义稳态程序。由于我们的目的是解释稳态程序的开发,简化和近似的公式就足够了。蒸汽发生器内的热传递公式如下:

$$P_{SG} = U_{SG} A_{SG} (\theta_{avg} - T_S) \tag{12.1}$$

式中　P_{SG}——从蒸汽发生器中获取的能量;

　　　θ_{avg}——冷却剂平均温度;

　　　T_S——蒸汽平均温度;

　　　U_{SG}——一次侧到二次侧的蒸汽发生器整体传热系数;

　　　A_{SG}——蒸汽发生器传热面积。

　　式(12.1)表明了当 U_{SG} 的值为常数时,冷却剂的平均温度和蒸汽温度不能同时为常数。采用 U 形管蒸汽发生器的反应堆会产生饱和蒸汽,几乎所有的传热面都会发生沸腾。蒸汽发生器的整体传热系数随功率水平的变化不大,因此选择是保持冷却剂平均温度或蒸汽温度不变,或使两者以规定的方式改变。

这里,我们假设在所有功率水平下,总传热系数是恒定的。这并不是严格意义上正确的,但它已经足够帮助我们理解稳态程序了。

在稳态条件下还需要其他公式,下文将阐释这些公式。

12.8.2 燃料到冷却剂的热传递

$$P_R = U_{FC} A_{FC} (T_F - \theta_{avg}) \tag{12.2}$$

式中　U_{FC}——燃料到冷却剂的平均传热系数;

　　　A_{FC}——燃料到冷却剂的热传递面积;

　　　T_F——燃料平均温度;

　　　P_R——反应堆功率(从燃料传递到冷却剂的热量)。

12.8.3 稳态工况下反应堆功率和输送给蒸汽发生器的功率之间的等效关系

在稳态运行时,反应堆的功率等于传递给蒸汽发生器的热量。

$$P_R = P_{SG} \tag{12.3}$$

式(12.1)式(12.2)中的平均温度定义为

$$\theta_{avg} = \frac{\theta_{HL} + \theta_{CL}}{2}$$

$$\theta_{HL} = 2\theta_{avg} - \theta_{CL} \tag{12.4}$$

式中　θ_{HL}——热管段平均温度;

　　　θ_{CL}——冷管段平均温度。

12.8.4 冷却剂中的能量变化

流动的冷却剂所携带的能量为

$$P = WC(\theta_{HL} - \theta_{CL}) \tag{12.5}$$

或

$$P = WC(2\theta_{avg} - 2\theta_{CL}) \tag{12.6}$$

求解冷管段的温度

$$\theta_{CL} = \theta_{avg} - \frac{P}{2WC} \tag{12.7}$$

式中　W——冷却剂的质量流量;

　　　C——冷却剂的比热容。

现在考虑功率水平为 P,且冷却剂平均温度已知的情况,θ_{CL} 由式(12.7)给出,则热管段温度为

$$\theta_{HL} = 2\theta_{avg} - \theta_{CL} \tag{12.8}$$

在冷却剂平均温度、蒸汽平均温度恒定的情况下,或冷却剂平均温度和蒸汽温度按规定变化时,允许控制棒作为一个反应堆稳态工况下函数运作。

12.8.5　稳态程序的开发

指定冷却剂平均温度的稳态程序开发,其过程如下:
- 指定在功率 P 下的所需冷却剂平均温度。
- 利用式(12.1)计算蒸汽平均温度。
- 利用式(12.7)计算冷管段温度。
- 利用式(12.8)计算热管段温度。

以上过程表明,已知反应堆功率和一个其他的变量(这个例子中是冷却剂平均温度),就可以计算稳态程序中的其他变量(T_S、θ_{HL} 和 θ_{CL})。

所需要的控制棒反应性通常不会在稳态程序中显示出来,不过很容易用反应性平衡公式计算得出:

$$\alpha_f(T_f - T_{f0}) + \alpha_c(\theta_{avg} - \theta_{avg0}) + \delta\rho_{cont} = 0 \tag{12.9}$$

式中　α_f——燃料的温度反应性系数;

α_c——冷却剂的温度反应性系数;

T_{f0}——零功率时的燃料温度;

θ_{avg0}——零功率时的冷却剂平均温度。

主回路的冷却剂平均温度不变的稳态程序是首选,因为它限制了稳压器的工作。蒸汽平均温度不变的稳态程序是首选的二次侧蒸汽回路,因为它允许优化汽轮机的性能。在实际中使用的控制策略是一种折中。冷却剂平均温度设定值随功率增加而增加;而蒸汽温度会自动下降,但幅度不大。带 U 形管蒸汽发生器的压水堆的稳态程序如图 12.9 所示。该图展示了一个典型的 1 100 MWe 的西屋压水堆,稳态温度从零功率(热功率)到 100% 功率水平的变化过程。

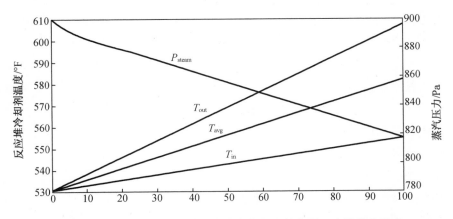

图 12.9　带 U 形管蒸汽发生器 1 100 MWe 的典型压水堆稳态程序

12.8.6 带直流蒸汽发生器的压水堆稳态程序

对于带直流蒸汽发生器的压水堆,情况是完全不同的。U 形管蒸汽发生器与直流蒸汽发生器的显著区别在于蒸汽发生器的传热系数不同。

我们已知 U 形管蒸汽发生器在不同功率水平下的传热系数几乎是恒定的。在直流蒸汽发生器中,部分区域的传热系数差别很大。总体传热系数由三部分组成:一次侧冷却剂到金属管的流动换热系数、金属管到二次侧冷却剂的流动换热系数二次侧膜态传热系数。当二次侧流体条件改变时,前两者的传热系数不发生变化,但第三个传热系数对二次侧流体条件的依赖性很强,给水在接近沸点时进入受热区域。因此,蒸汽发生器底部附近的传热是具有较大的膜态沸腾传热系数。所有的给水都在某个点沸腾,剩下的加热区域会导致给水过热。过热区二次侧的膜态传热系数远低于沸腾区。

使给水在高功率水平沸腾需要更多的传热,因此需要更多的传热面积用于给水沸腾。通过一个简单的近似假设,我们可以看到增加传热对蒸汽温度的影响。即假定传热系数随功率线性增大,如图 12.10 所示。

$$U_{SG}A_{SG} = U_{SG}A_{SG0}(1 + bP) \tag{12.10}$$

式中 b——$U_{SG}A_{SG}$ 相对于功率的斜率;

$U_{SG}A_{SG0}$——功率为零时的值。

将式(12.10)代入式(12.1)得到

$$T_S = \theta_{avg} - \frac{P}{U_{SG}A_{SG0}(1 + bP)} \tag{12.11}$$

由于右边第二项中的所有量都是正的,所以当 b 不为零时,蒸汽温度的变化比它为零时要小(就像 U 形管蒸汽发生器一样)。因此,稳态程序中的蒸汽温度(平均温度不变)相对于蒸汽发生器换热系数不变的系统中的蒸汽温度变化有所降低。在带有直流蒸汽发生器的反应堆中,可以在大部分功率水平范围内实施稳态程序,使冷却剂平均温度保持恒定。有效传热系数增加和蒸汽温度降低时,可实现式(12.1)。由于过热蒸汽的温度和压力之间没有固定的关系,可通过调整蒸汽流量(或给水流量)来单独控制压力。图 12.10 展示了一个带有直流蒸汽发生器的压水堆的稳态程序,类似于 B&W 反应堆使用的程序。

式(12.11)提供由此产生的蒸汽温度变化。反应性控制使用稳态程序中指定的冷却剂平均温度作为控制棒运动的设定值。控制动作导致一系列事件,事件发生的顺序如下:

- 冷却剂平均温度的变化或反应堆功率的变化↓
- 偏离稳态程序设定值导致控制棒运行↓
- 控制棒改变反应性↓
- 反应性改变导致功率改变↓
- 功率改变导致燃料温度改变↓
- 燃料温度改变导致冷却剂平均温度改变下↓

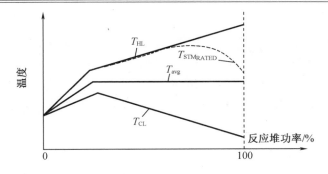

图 12.10　带有直流蒸汽发生器的压水堆稳态程序

12.9　控制棒操作带和控制棒操作

有两个要素决定控制棒的允许位置：

- 必须有足够的堆芯外和部分插入的棒，以使反应堆达到亚临界状态。
- 在反应堆中必须有足够多的控制棒，以能够在功率改变动作中引入所需的负反应性。

这些限制规定了一个控制棒位置的操作带。

控制棒接受温度误差信号后，会如图 12.11 所示进行响应。这类似于西屋压水堆的反应性控制。在负荷跟踪的过程中，总误差信号还可能包括由功率不匹配的变化率而转变来的等效温度值。因此，总误差是平均温度误差以及功率不匹配误差的和。

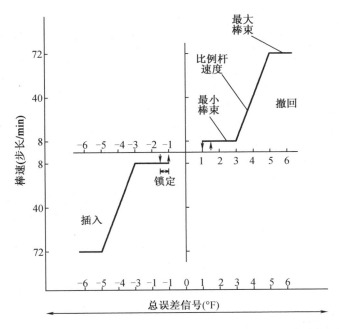

图 12.11　用于典型的西屋压水堆的反应性控制器和控制棒速度程序

全长控制棒束(RCC)组件由一个磁性千斤顶机构驱动。控制棒的运动有 ±0.83 ℃ 的死区。对于 ±0.56 ℃ 范围内的误差,控制棒不会进行响应,死区包括 0.28 ℃ 的锁定。这避免了由于在一个临近 0.83 ℃ 范围内的小误差导致的控制棒连续动作。图 12.4 为西屋压水堆所使用的磁千斤顶控制棒驱动机构(CRDM)。

控制棒最小速度为 8 步长/min,最大速度为 72 步长/min。每一步相当于大约 15.8 mm 的运动。

12.10　带 U 形管蒸汽发生器的压水堆给水控制[2,4-5]

U 形管蒸汽发生器产生饱和水和蒸汽的混合物。水和蒸汽在蒸汽发生器顶部的蒸汽分离器和干燥器中分离。分离出来的蒸汽会进入汽轮机,而分离出来的水将流入下降管,这是蒸汽发生器外壁内的一个环形区域。水位在下降管监测和控制。该水位在所有的功率水平下都保持不变。

U 形管蒸汽发生器中会出现一种叫作收缩与膨胀的现象,该现象决定了给水控制的类型。(这种现象也发生在热电厂的鼓式锅炉和沸水堆中,也需要一个类似的控制策略)。

当主蒸汽阀门开大时,蒸汽发生器的压力会下降,导致饱和水发生闪蒸以及两相体积膨胀。这将促使更多的汽水混合物进入蒸汽发生器和干燥器,因此,会有更多的液态水流入下降管。这将导致下降管水位暂时升高,因此需要减少给水流量。但由于蒸汽流量已经瞬态增大,减少给水流量是错误的流量控制方向。由此可知,单靠下降水位不足以确定给水流量的控制。在减少蒸汽流量导致蒸汽发生器收缩时,则会发生相反的情况。

使用三种监测数据来确定控制动作的控制器可以解决收缩和膨胀的问题。通过测量蒸汽流量和给水流量来调节下降管的液位。蒸汽流量和给水流量之间的差异,以及下降管水位误差,为如图 12.12 所示的控制器提供输入。

这样的控制器称为三冲量控制器,控制器中使用的误差信号为

$$\text{Flow error}, E_W = \text{Steam flow rate} - \text{Feedwater flow rate}$$

$$\text{Level error}, E_L = \text{Level set point} - \text{Measured level} \tag{12.12}$$

虽然两个误差项有不同的单位,但流量误差除以全功率蒸汽流量以及水位误差除以允许水位范围后都是无量纲的,因此误差项是无量纲的。值得注意的是,在压水堆的 U 形管蒸汽发生器控制中,没有直接的蒸汽压力控制。汽轮机控制器调整蒸汽阀,以使蒸汽能提供所需的汽轮机功率。反应性控制器对由蒸汽流量改变而引起的变化做出反应。然后,系统中的结果将确定稳态程序中指定的蒸汽压力。

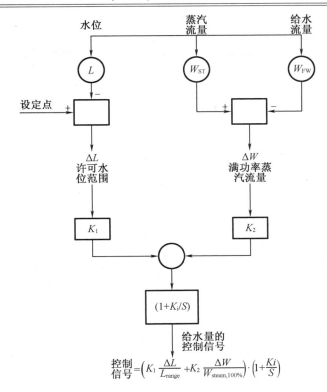

$$控制信号 = \left(K_1 \frac{\Delta L}{L_{range}} + K_2 \frac{\Delta W}{W_{steam,100\%}} \right) \cdot \left(1 + \frac{Ki}{S} \right)$$

图 12.12 U 形管蒸汽发生器三要素控制器

12.11 带直流蒸汽发生器的压水堆控制

带直流蒸汽发生器的压水堆采用蒸汽压力控制。压力控制器使用两个输入信号:蒸汽流量需求由汽轮机负荷和蒸汽压力与设定值的偏差所决定。因此,压力控制器称为双冲量控制器。需要注意的是,带有直流蒸汽发生器的压水堆是在机跟堆模式下运行的。

12.12 汽轮机控制

汽轮机控制系统调节蒸汽阀,以获得所需的蒸汽流量。对于带有 U 形管蒸汽发生器的压水堆,控制器调节阀门以允许蒸汽进入,直到汽轮机功率达到功率设定值。对于带有直流蒸汽发生器的压水堆,控制器调节阀门以保持恒定的蒸汽压力。

12.13　主要的压水堆控制器概述

压水堆中有许多辅助的控制系统,其中有五个主要的控制系统,这些系统及其功能总结如下。

反应性:控制器根据稳态程序中的设定值驱动控制棒。

一回路压力:控制器根据偏离压力设定值的情况启动稳压器的电加热器或喷淋。

稳压器液位:CVCS 根据液位设定点的偏离情况启动进出稳压器的流量,这保持了主系统冷却剂容积。

给水流量:一种是带 U 形管蒸汽发生器的压水堆采用三冲量控制器(下降管液位、蒸汽流量、给水流量);另一种是带直流蒸汽发生器的压水堆采用双冲量控制器(给水需求和蒸汽压力)。

汽轮机:在负荷跟踪的压水堆中,人为设定的需求驱动蒸汽阀门或由调速器测量的电器频率驱动蒸汽阀门。

其他控制器包括主冷凝器压力、给水温度、给水加热器水位等。

12.14　压水堆安全系统

为了避免事故的发生,压水堆都是按规程操作的,但仍有发生事故的可能性。因此压水堆采用了纵深防御的设计方法,并在电厂中建立了专设安全设施。

纵深防御是采用多重屏障以防止放射性核素释放到环境中的防御措施,共有四道屏障。

第一道屏障是二氧化铀燃料芯块。燃料芯块包含了大多数的放射性核素。随着燃料温度的升高,放射性核素向燃料包壳气隙中的迁移也增加。但是二氧化铀的高熔点(大约 2 760 ℃)降低了相对于融化时的总释放量。

第二道屏障是锆合金包壳,除非高温或高内部压力使包壳失效,包壳将会包容泄漏到包壳和燃料芯块之间的气隙中的放射性核素。必须指出的是,锆合金的融化(锆 - 4 的熔点为 1 849 ℃)会引起一个新问题:融化的锆合金会与水发生锆水反应并生成氢气,而氢气存在严重的爆炸风险。

第三道屏障是一回路系统的管道和压力容器。

第四道屏障是安全壳。

专设安全设施的作用是限制温度和压力的增加。

在冷却剂失效的情况下,压水堆采用安注系统继续冷却燃料。由不同的系统分别为小破口事故和大破口事故提供冷却水。

安全壳冷却系统用来控制安全壳内的压力,该系统使用喷淋系统或储存冰来降低安全壳内的压力。

在第二代和第三代反应堆发生事故时,需要电力来运行专设安全设施。在失去场外供电的情况下,备用系统(电池和柴油发电机)会提供电力。因此,事故中应急电力系统的故障对上述的安全系统来说是灾难性的。新一代设计通过采用重力驱动的紧急冷却或由加压罐内的冷却剂来提供紧急冷却,避免了应急冷却系统对电力的依赖。

12.15　压水堆仿真案例

附录 J 描述了压水堆电厂的两个集总参数模型[5]。它包括一个简单的、线性化的堆芯模型和一个完整的主要或次要设备的非线性模型。

本节为附录 J 中的线性化堆芯模型提供了一些仿真结果。该模型包括中子学和堆芯传热(不包括蒸汽发生器或电厂配套系统)。仿真中可用的干扰输入包括反应性和堆芯入口温度。这里提供了一些仿真结果来说明压水堆的动态特性。

图 12.13 显示了反应性扰动 $\Delta \rho = 0.001$ 时的响应。对于仿真中的反应堆来说,这个反应性相当于 14.5 ¢。

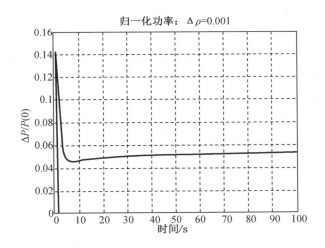

图 12.13　压水堆对 $\Delta \rho = 0.001$ 的反应性阶跃扰动的响应例子

这个例子的目的是说明反应堆对控制棒扰动的响应以及燃料温度和慢化剂温度反馈效应的影响。图 12.13 显示了归一化功率阶跃扰动。当燃料温度迅速升高时,多普勒效应提供了一个负反应性,并导致了功率的下降。当冷却剂温度因燃料升温而升高时,慢化剂温度的变化开始在反应性反馈中产生额外的变化。反应性反馈使功率达到一个稳态值。因此,在没有任何控制作用的情况下,压水堆是稳定的。

图 12.13 显示了对于反应性引入 14.5 ¢ 时稳态功率变化为 5.2%,可见改变 1% 的功率需要引入 2.8% 的反应性,即 $\Delta \rho / \Delta P = 2.8$ ¢/%FP。

图 12.14 显示了对 2.78 ℃ 的堆芯入口冷却剂温度扰动的响应。

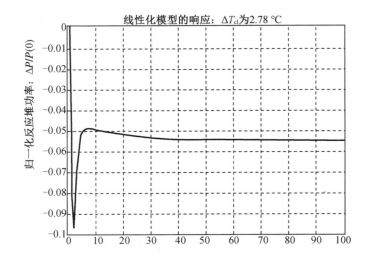

图 12.14　反应堆对堆芯入口 2.78 ℃ 的冷却剂入口温度扰动响应的例子

　　这个例子的目的是说明反应堆对堆芯冷却剂和慢化剂入口温度扰动的响应,以及燃料温度和慢化剂温度反馈效应的结果。图 12.13 显示了由于冷却剂温度的反应性反馈效应导致冷却剂温度迅速升高,使得归一化反应堆功率开始下降。功率的下降导致燃料温度下降,而由于多普勒效应的反馈,功率开始增加。慢化剂温度的升高与燃料温度的降低相结合,使反应堆功率达到一个稳态值。注意,最终的稳态功率水平比初始功率水平低了约 5.5% FP。在没有任何控制作用的情况下,压水堆在冷却剂入口温度扰动下仍然是稳定的。

　　这个例子说明了反应堆功率、燃料温度和冷却剂节点温度的动态特性以及温度反馈对稳定反应堆响应的影响。

　　对线性堆芯模型也计算了频率响应,详细信息见附录 J。图 12.15 和图 12.16(来自附录 J)显示了频率、反应性频率响应增益和相位。

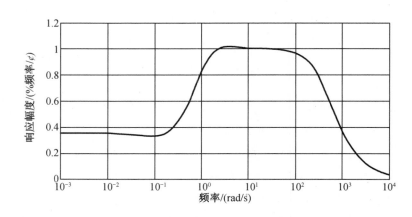

图 12.15　压水堆功率 – 反应性频率响应增益

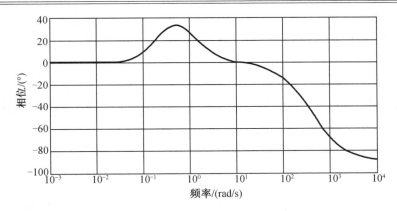

图 12.16　压水堆功率 – 反应性频率响应相位

时间响应和频率响应提供了表征系统动态学的另一种方法。基本上,它们用不同的方式描述同一个物理过程。本课程为读者提供练习,针对特定重要现象,识别和解释系统动态行为时域和频率表示的等价性。

习　　题

12.1　验证方程(12.5)、(12.7)和(12.8)。

12.2　考虑一个带有 U 形管蒸汽发生器的压水堆,具有以下特性:

$$\alpha_f = -1.3 \times 10^{-5}(\rho/\text{°F})$$

$$\alpha_c = -2.0 \times 10^{-4}(\rho/\text{°F})$$

$$A_f = 42\ 460(\text{ft}^2)$$

在三台蒸汽发生器中

$$A_{SG} = 133\ 290(\text{ft}^2)$$

$$U_f = 200(\text{BTU/hr ft}^2)$$

$$U_{SG} = 1\ 000(\text{BTU/hr} - \text{ft}^2 - \text{°F})$$

$$W = 28\ 200(\text{lbm/s})$$

$$C = 1.0\ \text{BTU/(lbm} - \text{°F})$$

(a)为上述反应性不变的反应堆设计一个稳态程序。

(b)为上述反应堆估算 $\delta T_S = 0$ 以及反应性改变 1 ¢ 时的 $\delta\theta_{avg}$。

(c)为上述反应堆估算 $\delta\theta_{avg} = 0$ 以及反应性改变 1 ¢ 时的 δT_S。

12.3　带 U 形管蒸汽发生器压水堆的稳态程序如图 12.9 所示。

(a)简述一个带 U 形管蒸汽发生器且蒸汽温度恒定的压水堆稳态程序。

(b)解释如图 12.9 所示蒸汽温度变化的原因。

(c)图 12.9 的稳态程序相对蒸汽恒温程序有哪些优点和缺点?

12.4　章节 12.6 包括一个用箭头表示初始扰动后一系列事件的图表。请为一个带 U

形管蒸汽发生器的压水堆创建一个类似的图表。包括控制动作和显示所有重要的系统变量。注意,有些动作影响多个下游动作,有些动作依赖于多个上游动作,请在你的图表中显示这些操作。

12.5　对于带直流蒸汽发生器的压水堆,重复练习12.3。

12.6　压水堆的频率响应如图12.15和图12.16所示。图中显示了三个不同的区域(0~0.1 rad/s,0.1~2 rad/s和2 rad/s以上)。解释为什么这些区域认为是不同的区域,并描述每个区域所表现出的行为的物理基础。

12.7　压水堆是一个闭环反馈系统。回想一下,反馈系统可以表示为

$$G_c = \frac{G_o}{1 + G_o H}$$

式中　G_c——闭环传递函数;

　　　G_o——开环传递函数;

　　　H——反馈传递函数。

(a)可以看出反应堆的低频响应为$1/H$,其物理依据是什么?

(b)可以看出反应堆的高频响应为G_o,其物理依据是什么?

参 考 文 献

[1]　U. S. Nuclear Regulatory Commission, www. nrc. gov/reading-rm/basic-ref/students/for-educators/04. pdf.

[2]　Westinghouse Electric Company, The Westinghouse Pressurized Water Reactor Nuclear Power Plant, Westinghouse Electric Company, Water Reactor Division, Pittsburgh, 1984.

[3]　The Babcock & Wilcox Company, Steam: Its Generation and Use, 42nd ed. , The Babcock & Wilcox Company, 2015.

[4]　T. W. Kerlin, Dynamics and control of pressurized water reactors, in: C. T. Leondes (Ed.), Control and Dynamic Systems, Academic Press, New York, 1978, pp. 103-212.

[5]　M. Naghedolfeizi, B. R. Upadhyaya, Dynamic modeling of a pressurized water reactor plant for diagnostics and control, in: Research Report, University of Tennessee, 1991. DOE/NE/88ER12824-02, June.

拓 展 阅 读

[6]　F. Bevilaqua, J. F. Gibbons, System-80 combustion engineering's standard 3800-MWt PWR, Combustion 45 (14) (1974).

[7]　M. R. Ali, Lumped Parameter State Variable Models for U-Tube Recirculation Type

Nuclear Steam Generators, PhD dissertation, Nuclear Engineering Department, The University of Tennessee, 1976. August.

[8] D. C. Arwood, T. W. Kerlin, A mathematical model for an integral economizer U-tube steam generator, Nucl. Technol. 35 (1977) 12-32.

第13章 沸 水 堆

13.1 引 言

许多沸水反应堆(BWRs)在美国和其他国家运行,美国约30%的商业核反应堆是沸水堆,已经建造或计划建造几代不同的沸水堆。本章讨论了沸水堆的重要共同特征及其对沸水堆动态特性的影响。

13.2 沸水堆设计的演进历史

与压水堆的发展不同,沸水堆经历了设计的演变和一系列重大变化。两个实验性沸水反应堆在阿贡国家实验室建立,以测试这种反应堆类型的可行性(1953年的Borax-1和1956年的实验性沸水反应堆(EBWR))。

通用电气(GE)在1957年投入沸水反应堆的研发,并建造了valecitos沸水反应堆原型。通用电气随后开始设计和建造商用沸水反应堆发电厂。截至本文撰写之时,通用电气已经完成了七项商业发电厂的设计,其中一些设计与之前的发电厂相比发生了重大变化。这些反应堆命名为BWR-1至BWR-6和ABWR(高级沸水反应堆),并设计了一种新型沸水堆(ESBWR或经济简化沸水堆)。各种设计的主要区别在于安全壳的特点、强制循环与自然循环、由外部泵驱动的压力容器内喷射泵与整体机械泵。通用电气的核电厂发展历程如下:

13.2.1 BWR-1

这些都是早期的低功率沸水反应堆(全部小于200 MWe)。共建造了三个机组并且有不同的设计特征,但是所有都指定为BWR-1型。BWR-1设计的不同之处包括直接循环(反应堆蒸汽直接进入汽轮机)或间接循环(反应堆蒸汽进入一个单独的蒸汽发生器),以及水流进入堆芯区域的自然循环或强制循环。

13.2.2　BWR - 2

BWR - 2 相比 BWR - 1 有更大的功率水平(大于 500 MWe)。它使用机械循环泵和 Mark I 安全壳(见下文)。BWR - 2 和随后的四个设计(BWR - 3 到 BWR - 6)都被视为第二代反应堆。

13.2.3　BWR - 3

BWR - 3 相比 BWR - 2 有更大的功率水平(800 MWe),且是第一个使用喷射泵进行再循环的反应堆。它使用了 Mark I 安全壳。

13.2.4　BWR - 4

BWR - 4 与 BWR - 3 类似,但其运行功率更高(1 100 MWe)。BWR - 4 反应堆使用 Mark I 或 Mark II 安全壳。

13.2.5　BWR - 5

BWR - 5 与 BWR - 4 类似。它的工作功率与 BWR - 4 功率(1 100 MWe)相同。BWR - 5 反应堆也使用 Mark I 或 Mark II 安全壳。

13.2.6　BWR - 6

BWR - 6 可在不同的配置具有 600 ~ 1 400 MWe 的功率水平。BWR - 6 使用 Mark III 安全壳。

13.2.7　ABWR

ABWR 是第三代反应堆,ABWR 采用内部机械循环泵。它使用 Mark III 安全壳,功率水平为 1 500 MWe。

13.3　沸水堆的特点

13.3.1　沸水堆的一般特征

由于有五种不同的第二代沸水反应堆,因此挑选一种来概述沸水反应堆的特性。我们选择了 BWR － 6 型,它的动态特性和控制策略是所有第二代沸水堆的典型。主要的区别在于相对于早期的设计,它运行在更高的功率水平。图 13.1 为典型的 BWR － 6 系统。

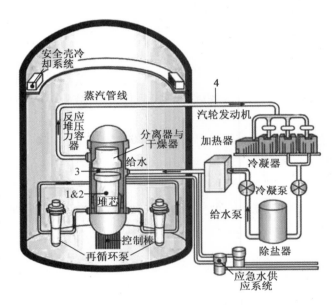

图 13.1　典型沸水堆系统的示意图

（美国核管会:www. nrc. gov/reactors/bwrs. html. ）

图 13.2 显示了 BWR －6 反应堆压力容器及其内部结构[1]。

过冷水进入堆芯的底部,流速和压力分布使得沸腾发生在入口附近。沸腾继续沿通道的其余部分通过堆芯。蒸汽和水的混合物从堆芯流出。这些汽水混合物随后通过位于堆芯上方的汽水分离器和干燥器。这些系统通过离心力和水流方向的突然改变来分离水。除去的水向下流动到容器和堆芯围筒之间的环形区域。这个环形区域称为下降管。

图 13.3 显示了 BWR －6 燃料棒束。

燃料是由锆合金管包容中的氧化铀,一个典型的 1 220 MWe 的 BWR －6 堆芯由大约 750 个燃料组件组成。每个组件将 8 ×8 或 10 ×10 排列的燃料棒封装在一个的燃料箱中。燃料棒与压水堆中的类似,有效长度为 3.66 m。燃料箱限制了组件中冷却剂的流动。上下连接板与几根连接杆为组件提供结构支撑。

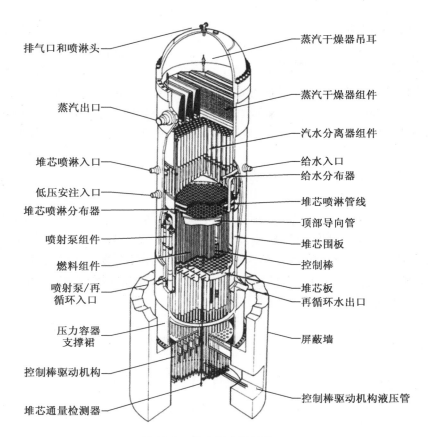

排气口和喷淋头

蒸汽出口

堆芯喷淋入口

低压安注入口

堆芯喷淋分布器

喷射泵组件

燃料组件

喷射泵/再
循环入口

压力容器
支撑裙

控制棒驱动机构

堆芯通量检测器

蒸汽干燥器吊耳

蒸汽干燥器组件

汽水分离器组件

给水入口
给水分布器

堆芯喷淋管线

顶部导向管

堆芯围板

控制棒

堆芯板

再循环水出口

屏蔽墙

控制棒驱动机构液压管

图 13.2　沸水堆本体结构

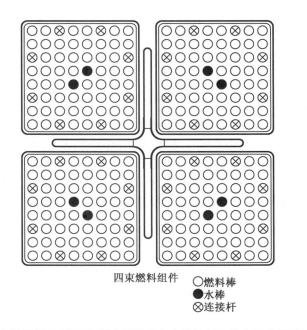

四束燃料组件　○燃料棒
　　　　　　　　●水棒
　　　　　　　　⊗连接杆

图 13.3　四个燃料组件(箱形通道)显示了十字形控制组件在四个燃料组件的中心

135

燃料组件中的一些空间被水棒占据,以提供额外的中子调节。典型的沸水堆包含 6 万 ~7 万根燃料棒共计 160 t 二氧化铀。附录 A 给出了典型 BWR – 6 的设计参数。

图 13.3 还显示了 BWR – 6 控制棒组件。它是一个十字形结构,从下面进入堆芯,插入四个燃料组件之间的空间。由于堆芯上方的区域需要布置汽水分离器和干燥器,因此控制组件只能布置在堆芯下方。控制棒组件的位置意味着依靠重力插入是不可能的。控制棒组件从下方插入,穿过控制棒价值最大的过冷区域,且便于从上方换料。控制组件包含碳化硼,用于反应性控制和功率展平。可燃毒物(氧化钆)与燃料混合用于控制堆芯功率的分布。

13.3.2 再循环流量与喷射泵

BWR – 6 反应堆的堆芯流量是由两个循环泵控制的,它们将水分配给堆芯周围的一组喷射泵。每个循环泵将水分配到两个歧管中的一个。每个歧管通过管道向喷射泵供水。一对喷射泵从一根管道接收水。反应堆内共有 20 台喷射泵,典型的喷射泵总长度为 5.79 m。机械泵(再循环泵)将水从下降管中抽出,并以较高的压力流入喷射泵。喷射泵没有运动部件,无须维护。图 13.4 说明了喷射泵的工作原理[2]。

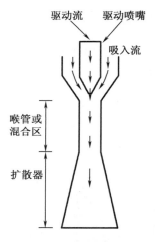

驱动流　驱动喷嘴

吸入流

喉管或混合区

扩散器

图 13.4　喷射泵的原理

(由 GE Hitachi Nuclear Energy Americas LLC 提供(GE Nuclear Energy,BWR – 6: General Description of a Boiling Water Reactor))

再循环流以较高的压力进入喷射泵喷嘴,在通过狭窄的喉道时增加到较高的速度,造成压降。下降段的吸力流以较低的压力进入进口喷嘴。当吸入流通过这个喷嘴的收敛部分时,压力减小。驱动流和吸入流在喉部区域(直径恒定的混合部分)中混合,该部分中流体速度的变化将导致流体压力增加。一个长扩散器连接在混合部分的末端,造成流体压力的增加,驱动冷却剂进入下部静压室,然后通过反应堆堆芯并上升。

13.3.3 沸水堆的其他特点

以下是 BWR – 6 的典型堆芯参数:

- 总冷却剂流量:47 670 t/h
- 总效率:34%
- 堆芯直径:4.9 m
- 控制棒数目:177
- 冷却剂压力:7.17 MPa
- 堆芯出口(蒸汽)温度:288.33 ℃
- 给水温度:215.56 ℃
- 平均冷却剂出口率:15%
- 压力容器直径:5.79 m
- 壁厚:14.5 mm/16.4 mm
- 压力容器高度:2.16 m
- 堆芯功率密度:54 kW/L

在堆芯中产生并与液态水分离后的蒸汽通过控制阀进入汽轮机。通过调节蒸汽阀,使蒸汽压力保持在恒定值。乏汽进入冷凝器,冷凝水在返回反应堆容器之前要通过一系列给水加热器。

需要注意的是,沸水堆系统与大多数压水堆中使用的 U 形管蒸汽发生器(加热立管、汽水分离器、干燥器和下降管)具有共同的特点。

沸水堆的安全壳由一个将反应堆包围起来的混凝土"干井"组成。如果蒸汽从反应堆容器或相关管道泄漏,就会流入干井。干井有管道将它连接到抑压水池中,抑压水池中的水使蒸汽凝结并降低干井中的压力。有三种不同类型的抑压水池应用,分别为 Mark Ⅰ,Ⅱ和Ⅲ[3],见图 13.5。

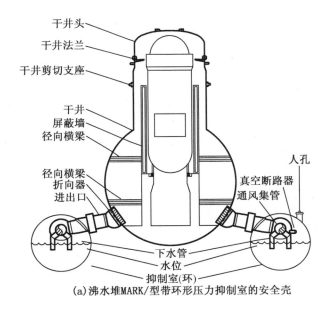

(a)沸水堆MARK/型带环形压力抑制室的安全壳

图 13.5　三种不同类型的抑压水池应用

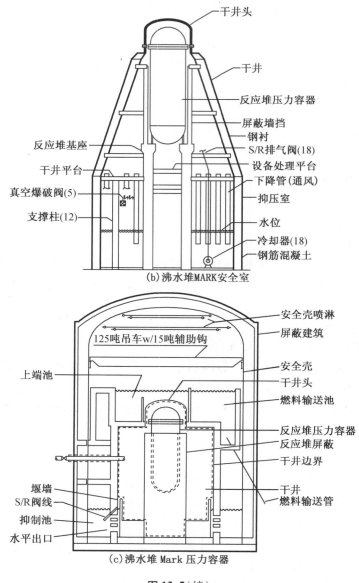

图 13.5(续)

13.4　沸水堆的反应性反馈

　　沸水堆的燃料温度反应性系数受多普勒效应(燃料温度反馈反应性)的影响,始终为负。一般来说,沸水堆的多普勒系数约为 $-2 \times 10^{-5} \Delta\rho/℃$,负多普勒系数的大小随着燃料温度的升高而增大。

　　沸水堆是慢化不足的,慢化剂和冷却剂温度的升高会使沸腾更剧烈且堆芯内液态水的密度降低。因此,慢化剂和冷却剂温度的升高降低了中子慢化(负反应性)和中子吸收(正反应性)。慢化效应较大,导致了负的慢化剂和冷却剂反应性温度系数。通常,慢化剂和冷却剂的温度系数在 $-3 \times 10^{-4} \Delta\rho/\text{℃}$ 左右。

空泡系数很大程度上取决于反应堆的状态,但通常也是负的。一般情况下,空泡系数约为 $-1.4 \times 10^{-3} \Delta\rho/\%$ 。

由于压力会影响沸腾,因此压力也会影响反应性。例如,压力的增加会导致堆芯空泡的减少。因为空泡系数是负的,压力的增加会引起反应性的增加。也就是说,反应性的压力系数为正。沸水堆的控制策略是通过调节蒸汽阀来保持压力恒定。

慢化剂温度还会影响热中子能谱。慢化剂温度升高会造成热中子能谱的硬化。这将导致 ^{235}U 和 ^{239}Pu 中子吸收率的变化,进一步分别引起反应性下降或上升。详见章节 7.3。

和所有的热中子反应堆一样,^{135}Xe 燃耗和生产会引起反应性反馈效应。详见章节 6.2。

沸水堆的功率系数为负,从而保证了随着外部反应性的变化,反应堆的功率能达到一个新的稳态水平。

13.5 反应性和再循环流量

沸水堆可以使用控制棒来改变反应性,另一种方法是改变再循环流量。增加再循环流量会增加堆芯中相对于蒸汽的液态水的数量,由于沸水堆是慢化不足的,这将增加反应性,从而增加了反应堆功率和蒸汽产量。因此,沸水堆有两种通过外部手段改变反应性的方法,而压水堆只有一种(控制棒运动)。

在强迫循环中,沸水堆的再循环泵用于从较低的下降区取水,并将水分配到位于泵吸入口位置上方的一组喷射泵上。因此,沸水堆是一个可变流量系统,流量调节有助于启堆和负荷跟踪操作,两个循环泵通过分布环将水分配到喷射泵。改变泵功率(即冷却剂流动速率)会改变堆芯空泡,进而引起反应性的改变。有关喷射泵运行的描述,请参见章节13.3.2。

13.6 总反应性的平衡

对于稳态,需要零反应性。总反应性平衡如下:

$$\rho = 控制棒反应性 + 再循环流反应性 + 反馈反应性 = 0$$

外部控制的反应性可以通过控制棒反应性和再循环流动反应性的组合来实现。因此,任何一种外部控制反应性的期望设置值都可以通过调节另一种外部控制反应性来实现。

13.7 沸水堆动态模型

详细的沸水堆动态学模型包括对系统动态学复杂的中子学和热工水力效应的处理。其中既有线性模型,也有非线性模型。详细的模型过于复杂,不能在这里讲解。感兴趣的读者可以在参考文献[4-5]中找到相关信息。

线性模型可用于分析小扰动时域响应和频率响应。一个近似的低阶模型提供了简单的仿真能力,可解释决定反应性反馈的中子学和热工水力过程。通过拟合低阶传递函数并匹配详细模型计算的闭环频率响应,建立低阶模型[4-5]。低阶模型的结果与详细模型的结果基本一致。值得注意的是,参考文献[4]的作者选择以 Hz 表示频率,而不是像本书其他地方使用的 rad/s。本章的图将使用 rad/s 作为频率单位。

参考文献[4]中使用的低阶闭环传递函数为

$$G_c(s) = \frac{K(s^2 + as + b)(s + c)}{(s^2 + ds + e)(s + f)(s + g)} \tag{13.1}$$

沸水堆模拟的低阶模型参数典型值如下[4]:

$K =$ 随功率水平变化的增益;

$a = 0.36$;

$b = 0.010\ 55$;

$c = 0.03$;

$d = 0.09$;

$e = 0.104\ 4$;

$f = 0.25$;

$g = 21.0$。

参考文献[4]中的低阶模型提供了进一步研究沸水堆动态学和导致潜在稳定性问题的能力。在本书中,参考文献[4]中的低阶模型改良为以%FP/¢ 为单位的幅度。

低阶模型得到的功率 – 反应性频率响应如图 13.6 所示,注意在 0.3 rad/s 左右的共振。如果条件的变化导致系统走向不稳定,共振就会增加。

回想一下,有反馈的系统的闭环传递函数为

$$G_c = \frac{G_o}{1 + G_o H} \tag{13.2}$$

式中 G_c——闭环传递函数(包括反馈效应);

$\quad\quad G_o$——开环传递函数(零功率传递函数);

$\quad\quad H$——反馈(¢/%FP)。

在低频区域,G_o 的量级很大。因此,在低频时 $G_c = 1/H$。反馈频率响应可以用下式计算

$$H = \frac{1}{G_c} - \frac{1}{G_o} \tag{13.3}$$

得到的反馈频率响应如图 13.7 所示。注意,当频率高于 0.1 rad/s 时,相位滞后超过 90°。如 3.8 节所示,如果反馈增益足够大,系统反馈中的相移会导致不稳定。

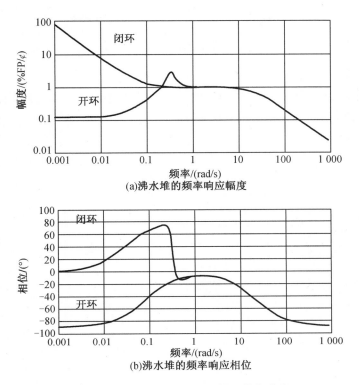

(a)沸水堆的频率响应幅度

(b)沸水堆的频率响应相位

图 13.6　低阶模型功率－反应性频率响应

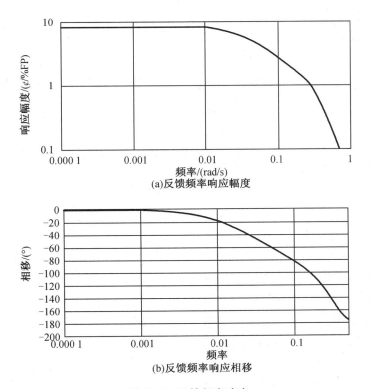

(a)反馈频率响应幅度

(b)反馈频率响应相移

图 13.7　反馈频率响应

各种反馈条件下的频率响应可以通过对反馈项应用一个乘数 K(式(13.2)中的 G_oH)推导出来。

$$G_c = \frac{G_o}{1 + KG_oH}$$ (13.4)

注意,对于原始低阶模型,$K=1$。图13.8显示了不同 K 值下的闭环增益,很明显,随着 K 的增加,在 0.3 rad/s 左右的共振会增加,并向更高的频率移动。参考文献[4]表明,$K \approx 2.25$ 时,系统会变得不稳定。

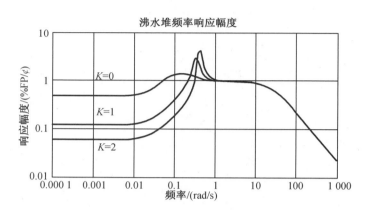

图 13.8 不同 K 值的闭环频率响应幅度

上述讨论表明,如果理解和应用反馈系统动态分析的基本原理,就可以推导出有用的见解。

13.8 沸水堆稳定性问题及对控制的影响

沸水堆在高功率和低循环流量条件下会表现出不稳定性。这种不稳定性是由中子学和热工水力学的复杂耦合引起的。沸水堆失稳的根本原因是流动滞后和反应性反馈。正反馈通常会导致稳定性问题,但如果负反馈的影响延迟(且反馈增益足够大),也会导致不稳定。详见章节3.8。

过冷水进入底部的沸水堆通道,向上流动时,发生沸腾,空泡率增加。而扰动(典型的是入口流量变化、入口过冷度变化或功率变化)会导致通道下部蒸汽空泡浓度的局部变化。气泡在通道上的传播称为密度波[2],在传播过程中会引起局部压降。

考虑到在通道下部产生的气泡将增加扰动,由此产生的密度波会向上传播,其传播速度比扰动前的流动快。因此,总的通道压降上升,但相对于输入干扰,它是滞后的。如果压降很大,它滞后于输入干扰180°,它会使通道变得不稳定。

密度波还通过空泡反馈效应对反应性的影响,来影响反应堆功率。局部反应性和反应堆功率随空泡密度的变化而变化,但由于燃料传热滞后,从燃料到流体的传热也存在滞后。

沸水堆的燃料传热时间常数一般为 $6 \sim 10$ s。所以,中子响应也是滞后的,因此引入了滞后响应的附加部分。

热工水力和中子的耦合响应会导致不稳定,特别是在低流量和高功率条件下。在低流量和高功率时,所产生的滞后的热工水力和中子反馈具有诱发不稳定的因素。

图 13.9 给出了决定稳定性的反馈路径。

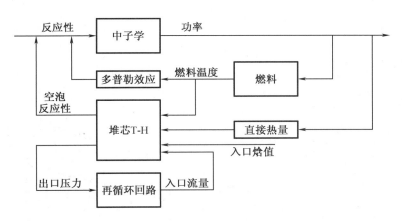

图 13.9　各种反馈路径的沸水堆动态框图

可能会出现有不同性质的不稳定性,包括单通道不稳定性、堆芯范围内的同相不稳定性(整个堆芯的反应是一致的)以及堆芯不同相不稳定性(不同区域的响应彼此不同相)。

热工水力和中子学耦合的过程非常复杂,不能简单分析。需要非常详细的计算机代码进行分析,已有数个分析代码开发出来。

许多出版物讨论了沸水堆稳定性问题及其分析和缓解。处理沸水反应堆的不稳定问题所付出的巨大努力说明了这个问题的重要性。具体细节可参考文献[2,4,6-10]。

不稳定的典型条件是 35% ~60% 的功率水平和 30% ~45% 的堆芯流量。避免不稳定的策略是避免反应堆功率水平和堆芯流量在不稳定范围内运行。具体来说,在低堆芯流量下,通过控制棒来调节功率,使反应堆功率保持在不稳定阈值以下。

13.9　功率流量图和启堆

一个负功率系数的反应堆(如沸水堆)在反应性变化后会达到一个新的稳态功率(见第 7 章)。由于沸水堆的反应性外部控制取决于控制棒的位置和再循环流量,因此有许多不同的途径来改变反应堆的功率。控制棒用于反应性调节,使功率在低流量时足够低,以避开不稳定范围。当流量超过额定流量的 30% 时,通过提升控制棒来增加功率。随后,再循环流量的变化用来引导反应性的变化,从而导致功率的变化。

为了方便地解释 30% 流量以上的功率流量图,首先要考虑到在 100% 流量下达到一定功率所需的控制棒反应性。例如,在100%流量下达到100%功率需要一定数量的控制棒控制反应性。当流量减少时,如果控制棒的反应性保持不变,那么功率就会沿着固定的轨迹下降到流量控制的最小值(约30%),这条轨迹称为100%线,同样的逻辑也适用于其他线。例如,在100%流量下达到50%功率需要特定的控制棒控制反应性。功率再次沿着一个固定的轨迹下降到流量控制的最小值,这个轨迹称为50%线。

图13.10显示了一个典型的先进沸水反应堆功率流量图,类似的图也适用于其他沸水堆的设计。

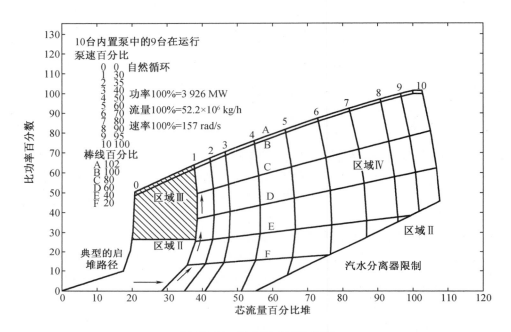

图13.10 沸水堆功率流量图

图13.10显示了使用控制棒和堆芯流量以达到特定的反应堆功率水平的策略。阴影区域是要避免的区域,因为如果堆芯流量和功率水平在这个范围内,会出现不稳定问题。

启堆轨迹为解释功率流量图提供了一种有用的方法。首先考虑一个假设的沸水堆启动,其功率流量图如图13.10所示。启堆包括提升控制棒来达到临界状态,并通过自然循环提供堆芯流量(略高于满流量的30%)。控制棒继续提升,堆芯流量增加到40%左右时,启用再循环泵,直到反应堆功率达到满功率的65%左右。随后,堆芯流量主导正反应性和功率增加。在这种情况下,使用控制棒达到100%线,然后切换到改变再循环流量,以增加功率。

现在考虑另一个场景。使用控制棒到达50%线。然后增加堆芯流量到某个小于等于50%的功率水平。然后提升控制棒,直到反应性增加对应于100%线。

沸水堆的功率流量图大致类似于压水堆的稳态程序。由于需要避免不稳定,沸水堆又有两种反应性控制措施因此沸水堆的情况更加复杂。沸水反应堆的功率流量图表明了一个可接受条件的范围,而压水堆的稳态程序表明了所需要的条件。

13.10　在线稳定性监测

通过分析测量信号中的自然波动,可以监测沸水堆运行中的稳定性,这个过程通常称为反应堆噪声分析,通常有两种分析方法:频谱分析和时间序列分析。频谱分析使用测量波动的傅里叶变换来提供功率谱(信号能量与频率之比)。时间序列分析涉及使用自回归(AR)模型对测量数据进行估计。

$$x(t) = \sum_{i=1}^{n} a_i x(t - i\Delta t) + v(t) \tag{13.5}$$

式中　$x(t)$——固定的随机信号(用中子探测器测量);

$v(t)$——模型预测误差;

$\{a_i, i = 1, 2, \cdots, n\}$——一组模型参数;

Δt——数据采样间隔(s);

n——模型阶数。

使用测量值估算模型参数 $\{a_i, i = 1, 2, \cdots, n\}$ 和自回归模型的阶数,以使模型预测误差最小。最小二乘方法采用给定的抽样测量值 $x(1), x(2), \cdots, x(N)$,其中 N 为总数据个数。自回归模型的更一般形式,称为自回归移动平均(ARMA)模型,在一些应用中使用。详见参考文献[11]。

举例说明一个时间序列模型的求解。考虑到二阶拟合式(13.5)的形式,分析从 $x(t)$ 的第三个测量值开始。

$$\begin{cases} x(3) = a_1 x(2) + a_2 x(1) + v(3) \\ x(4) = a_1 x(3) + a_2 x(2) + v(4) \\ x(5) = a_1 x(4) + a_2 x(3) + v(5) \\ \qquad\qquad\vdots \\ x(N) = a_1 x(N-1) + a_2 x(N-2) + v(N) \end{cases} \tag{13.6}$$

注意 a_1 和 a_2 为位置参数,其值是利用所有可用的测量值 $\{x(1), x(2), \cdots, x(N)\}$ 求得。估计参数的一种有效方法是将方程两边的误差最小化(也称为模型预测误差),即最小化的关于 (a_1, a_2) 的平方误差函数

$$\text{Min } J = \sum_{k=3}^{N} (x(k) - a_1 x(k-1) - a_2 x(k-2))^2 (a_1, a_2) \tag{13.7}$$

将以下两个方程代入公式(13.7),可对这两个参数进行估计

$$\frac{\partial J}{\partial a_1} = 0 \text{ and } \frac{\partial J}{\partial a_2} = 0 \tag{13.8}$$

通过将 a_1 和 a_2 相乘,并求解二维向量 (a_1, a_2) 来简化这两个方程,得到如下解:

$$\begin{bmatrix} a_1 \\ a_2 \end{bmatrix} = \begin{bmatrix} \sum_{k=3}^{N} x(k-1)^2 & \sum_{k=3}^{N} x(k-1)x(k-2) \\ \sum_{k=3}^{N} x(k-1)x(k-2) & \sum_{k=3}^{N} x(k-2)^2 \end{bmatrix}^{-1} \begin{bmatrix} \sum_{k=3}^{N} x(k)x(k-1) \\ \sum_{k=3}^{N} x(k)x(k-2) \end{bmatrix} \tag{13.9}$$

　　随着数据点数 N 的增加,估计值(a_1,a_2)收敛到误差最小的实际值。一旦确定了 AR 系数,所得到的模型就可以用来计算系统的脉冲响应。上述讨论阐明了从观测数据进行时间序列建模的基本思路。递归参数估计技术可用于从 n 阶模型计算 $(n+1)$ 阶模型;该思路不需要大型矩阵的求逆,相比于直接矩阵求逆[12],这种方法计算速度快且精度高。

　　利用两个运行中的沸水堆的平均功率范围检测器(APRM)信号对中子功率波动进行自回归分析,得到了功率－反应性脉冲响应。所开发的模型可直接用于以时间递归方式计算脉冲响应。然后,脉冲响应可以用来估计中子功率响应对反应性变化的衰减率。

　　衰减率定义为由脉冲响应函数计算出的连续正峰或连续负峰之间的比率。为使反应堆稳定运行,衰变率必须小于 1,且必须小于管理机构设定的值。功率流量比的增加表明系统具有较小的稳定裕度。一个案例研究[10]提供了测量中子信号的随机时间序列模型。开发的模型随后用于对反应性的脉冲变化产生响应并作为其输入。

　　图 13.11 展示了案例研究的脉冲响应结果。使用自回归模型处理了两个不同功率流量比的沸水堆的数据。图 13.11 的上图显示了在 100% 功率和 100% 再循环流量下 BWR－4 装置的功率－反应性脉冲响应,计算得到的衰变率 $DR = 0.024$。图 13.11 的下图显示了 BWR－4 装置在 100% 功率和 65% 再循环流量下的脉冲响应(这是一个测试案例),计算得到的衰减率为 $DR = 0.37$。

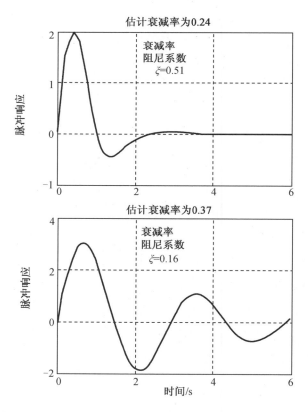

图 13.11　两个 BWR－4 系统在不同功率流量的情况下对反应性扰动的脉冲响应

两个反应堆的脉冲响应函数的衰减率均小于 1,因此两个系统都是稳定的。随着功率流量比增加,稳定裕度降低,反应堆的运行特性发生了变化。两种工况的功率流量比分别为 100% 和 65%。两个沸水反应堆的额定功率都在 1 100 MWe 左右。美国核员会推荐将这种稳定性监测方法作为反应堆运行监测的标准[13]。

13.11　功　率　操　纵

在不对沸水堆进行控制的情况下,开启主汽阀的场景如下:
- 主蒸汽阀开度 ↑
- 通往汽轮机的蒸汽流量 ↑
- 汽轮机功率 ↓
- 蒸汽压力 ↓
- 慢化剂/冷却剂的沸腾 ↑
- 堆芯内的空泡 ↑
- 反应性 ↓
- 反应堆功率 ↑

这一场景表明,沸水堆的固有初始响应随着蒸汽流量的增加,其反应堆功率降低。控制工程师的工作是通过适当的控制动作来克服这种行为。

13.12　反应堆控制策略

我们已经看到,当蒸汽流量的增加时,没有控制作用的沸水堆的最初响应方向是错误的。所以,沸水堆控制的基本思想是,随着功率需求的增加,在释放更多的蒸汽到汽轮机之前,增加反应堆的功率。以这种方式运行的反应堆称为“机跟堆”。也就是说,在功率需求改变之后,首先调整反应堆的功率。等到反应堆改变功率水平后,汽轮机再经历蒸汽流量的变化。

沸水堆的主要控制系统是反应堆功率控制器、给水控制器和压力控制器。

反应堆功率控制器通过控制棒运动和堆芯流量调节来控制反应性。如图 13.11 所示,控制动作(控制棒或堆芯流量)的选择取决于反应堆的条件,功率流量图提供了所有功率水平下所允许得流量信息。

给水控制器是所谓的三冲量控制器。测量得到下降管水位、给水流量和蒸汽流量。通过调整给水流量来消除与设定水位的偏差,并消除给水流量和蒸汽流量之间的不匹配。这种类型的控制是必要的,因为收缩和膨胀也会发生在沸水堆中(就像在 U 形管蒸汽发生器)。

压力控制器调节蒸汽阀以保持恒定的蒸汽压力,该控制器为电动液压控制器。

请思考对电力需求增加的响应。第一个动作是增加堆芯流量,这将增加反应性、功率水平和蒸汽产量。由此产生的压力增加,导致压力控制器打开蒸汽阀,从而提供所需的蒸汽流量,以满足电力需求的增加。调节给水流量以维持下降管水位在设定值。这个场景说明了沸水堆中使用了机跟堆的控制策略。

13.13　沸水堆安全

和压水堆一样,第二代沸水堆核电厂也需要应急电源供应,以在发生事故时驱动主冷却剂泵。如章节 11.5.3 所示,日本福岛第一核电厂因海啸失去了应急电源,导致了灾难性的事故,但这是将应急电源放置在脆弱位置的结果,而不是沸水反应堆安全理念的问题,第二代沸水堆提高了应急电源的安全性。新的沸水堆设计通过重力和加压罐提供冷却剂流量,消除了对电动应急冷却剂泵的需求。

13.14　优点与缺点

沸水堆有时被认为比压水堆更简单(组件更少,没有蒸汽发生器和稳压器),可在更低的压力下运行,并且非常适合进行功率控制。其主要的缺点是需要以一种避免不稳定的方式运作,虽然已经设置处理这个问题的程序,但这显然背离了简洁性。此外,由于进入汽轮机的蒸汽携带了堆芯产生的放射性同位素(主要是 N－16),因此汽轮机也会沾染放射性,这将影响二回路的保养和维修。但反应堆停堆后,辐射水平会迅速下降。由于 N－16 的半衰期为 7.1 s,它的衰变速度很快,因此可以安全地进入汽轮机进行保养。

习　　题

13.1　请解释为什么反馈相移图 13.7 表明较大的反馈增益会导致不稳定。

13.2　比较压水堆和沸水堆的频率响应图,并讨论产生主要差异的原因。

参 考 文 献

[1]　GE Nuclear Energy, BWR-6: General Description of a Boiling Water Reactor.

[2]　R. T. Lahey Jr., F. J. Moody, The Thermal-Hydraulics of a Boiling Water Nuclear Reactor, American Nuclear Society, LaGrange Park, 1977.

[3]　NRC, General electric advanced technology manual, Chapter 4.3, Power Oscillations, U.

S. NRC, n. d. https：//www. nrc. gov/docs/ML1414/ML14140A074. pdf.

［4］ J. A. March-Leuba, Dynamic Behavior of Boiling Water Reactors, Doctoral Dissertation, The University of Tennessee, Knoxville, 1984. available at：http：//trace. tennessee. edu/utk_graddiss/1655.

［5］ P. J. Otaduy, Modeling of the Dynamic Behavior of Large Boiling Water Reactor Cores, PhD Dissertation, University of Florida, 1979.

［6］ J. A. March-Leuba, Density-wave instabilities in boiling water reactors, Published as Oak Ridge National Laboratory Report ORNL/TM-12130 and as U. S. Nuclear Regulatory Commission report NUREG/CR-6003, October, 1992.

［7］ C. Kao, A Boiling Water Reactor Simulator for Stability Analysis, PhD dissertation, The Massachusetts Institute of Technology, 1996. February.

［8］ R. Hu, Stability Analysis of the Boiling Water Reactor：Methods and Advanced Designs, Doctoral dissertation. MIT, 2010. June.

［9］ J. March-Leuba, A reduced-order model of boiling water reactor linear dynamics, Nucl. Technol. 75 （1986） 15-22.

［10］ B. R. Upadhyaya, M. Kitamura, Stability monitoring of boiling water reactors by time series analysis of neutron noise, Nucl. Sci. Eng. 77 （1981） 480-492.

［11］ B. R. Upadhyaya, T. W. Kerlin, Estimation of response time characteristics of platinum resistance thermometers by the noise analysis technique, ISA Trans. 17 （1978） 21-38.

［12］ G. E. P. Box, G. M. Jenkins, Time Series Analysis：Forecasting and Control, Holden-Day, San Francisco, 1970.

［13］ U. S. Nuclear Regulatory Commission Standard Review Plan, Boiling Water Reactor Stability, NUREG-0800, March, 2007.

拓 展 阅 读

［14］ International Atomic Energy Agency, Boiling Water Reactor Simulator Training Course Series No. 23, available at,www. pub. iaea. org/MTCD/publications/PDF/TCS-23_web. pdf.

［15］ General electric advanced technology manual, Chapter 6. 2, BWR Primary Containments, U. S. Nuclear Regulatory Commission, https：//www. nrc. gov/docs/ML1414/ML14140A181. pdf.

［16］ ABWR Design Control Document, prepared by GE Nuclear Energy for the U. S. Nuclear Regulatory Commission, 1997.

第14章 加压重水反应堆

14.1 引　言

本章简要介绍了加压重水反应堆(PHWP)的特点及其动态学和控制[1-2]。但是加压重水反应堆与前面描述的压水堆有很大的不同。

由于加拿大和其他国家有许多反应堆在运行,因此值得在这里讨论加压重水反应堆。加压重水反应堆的动态特性和控制系统设计与较普通的轻水堆有很大的不同。

加压重水反应堆是在加拿大开发的,其设计称为 CANDU 堆(加拿大氘铀反应堆)。在决定发展核能后,加拿大本可以像许多其他国家一样,依靠美国销售的反应堆,但是加拿大决定发展自己的反应堆。加拿大以创新的方式开发了一种设计,可以通过自己的资源和制造基础设施来实现。加拿大可能无法在全球范围内的反应堆销售竞争中完全取胜,但是其成就值得赞赏。CANDU 堆在加拿大建造,并出口到其他几个国家。参考文献[3-4]提供了有关反应堆物理特性和 CANDU-6 设计特征的更多详细信息。

14.2　加压重水反应堆特性

图 14.1 显示了典型的加压重水反应堆核蒸汽供应系统[1]。反应堆装在一个水平放置的大型圆柱形容器中,称为排管式堆容器。排管式堆容器直径为 7.6 m,容器壁由不锈钢(3 cm厚)制成。该容器中的重水慢化剂保持在低压和低温下。排管式堆容器是由包含大约 380 根水平管(锆合金)组成的阵列,这些水平管包含由重水冷却剂包围的 UO_2 燃料棒束。压力管是管内高温高压重水和管外低温低压重水的分界点。因此,加压重水反应堆有单独的慢化剂和冷却剂,两者都产生反应性反馈。

重水冷却剂加压(在束出口处约为 10 MPa)以保证高温下不会沸腾,冷却剂入口温度通常约为 266 ℃,出口温度约为 312 ℃。一半通道中的冷却剂流从左到右流动,另一半通道从右到左流动。

加压重水反应堆燃料是天然铀。典型的 600 MWe CANDU 堆由约 4 500 个燃料束组成,重约 90 t。CANDU 堆换料采用一个在线装载系统,可远程控制。燃料包裹在锆合金覆层中并成束排列的氧化铀颗粒,如图 14.2 所示。一个典型的捆绑包有 37 个燃料销。

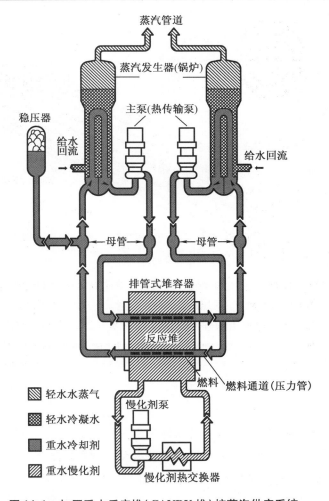

图 14.1　加压重水反应堆(CANDU 堆)核蒸汽供应系统

(由加拿大安大略省 UNENE 提供,(W. J. Garland(Editor-in-Chief),The Essential CANDU:A textbook on the CANDU Nuclear Power Plant Technology,University Network of Excellence in Nuclear Engineering (UNENE),McMaster University,Hamilton,Canada,2019,Retrieved from https://www.unene.ca/education/candutextbook,Chapter 8))

　　燃料束很短(约 0.495 m),这些燃料束首尾连续形成通道。换料需使用特殊的换料机器,可打开通道,取出旧的燃料束并插入新的燃料束。这是一台自动化的在线换料机器,每天大约更换 15 个燃料束。在核电厂运行时进行换料,燃料在反应堆中的停留时间通常为一年。

　　燃料管上的隔热层减少了管内冷却剂和排管式堆容器内周围重水慢化剂之间的热传递。此外,冷却系统将排管式堆容器的重水保持在低温(60～65 ℃)和略高于大气压的压力。

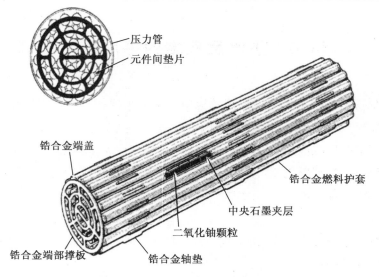

压力管

元件间垫片

锆合金端盖

锆合金燃料护套

中央石墨夹层

二氧化铀颗粒

锆合金端部撑板

锆合金轴垫

图 14.2　燃料元件的加压重水反应堆燃料束。燃料束位于压力管中,由排管式堆容器管包围。排管式堆容器包含重水慢化剂

(由 UNEE 提供,加拿大安大略省(W. J. Garland (Editor-in-Chief). The Essential CANDU:A testbook on the CANDU Nuclear Power Plant Techaology, University Network of Excelleace in Nuelear Engineering (UNENE), McMaster University, Hamilton, Canada, 2019, Retrieved from https://www.unene.ca/education/candutextbook, Chapter 8))

几个因素影响了加压重水反应堆的设计决策:

首先是选择管道来容纳高压冷却剂。与轻水反应堆所用的大型容器相比,高压管道所需的制造设施不那么先进,没有大型容器制造能力的国家可以生产压力管。

其次是使用天然铀燃料。这一决定消除了对铀浓缩的需求和对大型、复杂和昂贵的设施的需求,同时也导致了重水作为慢化剂和冷却剂的需求,重水能满足天然铀在反应堆中的链式反应需求。虽然生产重水涉及来自普通水的 D_2O 同位素分离,但这比分离铀同位素更容易。

这些设计决策有助于在发展中国家以及加拿大实施核能发电。

14.3　中　子　特　性

加压重水反应堆的反应性容易受到空间不稳定性的影响,控制系统进行功率分布和相关全局变量控制。加压重水反应堆过度慢化,减少慢化剂或冷却剂将导致反应性增加。详见章节 7.3。

14.4　重水反应堆的温度反馈

　　加压重水反应堆的反应性温度反馈效应由三部分组成:燃料、重水慢化剂和重水冷却剂。加压重水反应堆具有很强的负燃料温度系数(多普勒效应)、正慢化剂和冷却剂反应性温度系数以及正空隙反应性系数。

　　加压重水反应堆过度慢化,随着慢化剂减少,反应性增加,慢化剂和冷却剂的反应性温度系数为正。排管式堆容器中大量的重水慢化剂隔离并独立冷却,因此在功率瞬变过程中其温度变化不大。

　　加压重水反应堆中的多普勒系数始终为负,是反应性的主要温度效应。

　　加压重水反应堆的典型反馈系数如下[3]:

燃料: $-8 \times 10^{-6} \, \Delta \rho / ℃$

冷却剂: $+40 \times 10^{-6} \, \Delta \rho / ℃$

慢化剂: $+80 \times 10^{-6} \, \Delta \rho / ℃$

　　在美国,习惯将功率系数定义为功率变化百分比的反应性变化,功率缺陷定义为从零功率到满功率时的总反应性变化。在加拿大,对功率系数的定义与美国对功率缺陷的定义相同。这容易产生混淆,本书使用美国对电源缺陷的定义。

　　在加压重水反应堆中,功率缺陷约为 $\Delta \rho = -0.003$,负燃料效应比正冷却剂和慢化剂效应占优势,因为当功率改变时,燃料温度的变化比冷却剂或慢化剂温度的变化大得多。

14.5　空　泡　系　数

　　像 RBMK 反应堆一样,加压重水反应堆具有正的反应性空泡系数。在过慢化反应堆中,降低堆芯慢化剂密度会导致反应性增加,如通过慢化剂沸腾来降低慢化剂密度。除了排管式堆容器中的重水慢化剂之外,加压重水反应堆中的冷却剂还有助于热中子化。由于与燃料通道隔离、独立冷却和大体积,慢化剂正常情况下不会沸腾。但冷却剂更可能沸腾,冷却剂通道完全排空将导致反应性大幅增加($\Delta \rho$ 在 $0.007 \sim 0.013$ 范围内)。冷却剂通道完全排空引入的正反应性超过瞬发临界值,是不可接受的。幸运的是,冷却剂完全排空是不太可能的,如果发生异常事件,它的进展足够慢,可以采取对策(反应堆紧急停堆)以防止事故发生。

14.6 反应性控制机制

重水反应堆有四种反应性控制机制。

排管式堆容器包含可以添加或移除轻水的腔室。由于轻水是比重水强得多的中子吸收剂,引入轻水会降低反应性。轻水室构成了主要的反应性控制系统。轻水室还用于控制反应堆堆芯中的通量形状。调节单个腔室内的水位,以影响腔室周围区域的中子通量。

"调节棒"是一种吸收杆,用于使通量分布展平,通常完全插入。当向堆芯内轻水室添加轻水不足时,调节棒也可以提供正反应性,还可以控制氙超量。

"控制吸收棒"通常位于堆芯外部,并垂直插入堆芯。当轻水室轻水不足时,可插棒引入负反应性。

溶解的毒物,通常是钆或硼,可以从排管式堆容器中的慢化剂中添加或移除,以降低或增加反应性。

14.7 控 制 系 统

加压重水反应堆的控制系统比轻水堆控制系统更复杂,但在提供反应性控制的多种选择方面也非常灵活。加压重水反应堆采用计算机控制,所有核电厂控制和监控功能都由冗余数字计算机系统执行[4]。数字控制系统执行以下功能[4]:

- 正常和异常设备条件下的操纵。
- 启动期间和任何功率水平下反应堆正常运行的自动控制。
- 如果遇到反应堆安全问题,自动关闭反应堆。
- 仪表故障容错和持续安全运行。

有五个主要控制系统,如下所述。

14.7.1 机组功率调节器

机组功率调节器调节汽轮机进汽流量,以使电功率等于功率设定值。

14.7.2 反应堆调节系统

计算机通过一系列中子和热工水力参数测量值来确定反应堆功率,测量功率和功率设定值之间的差异导致计算机通过反应性控制装置引入反应性变化。注意,压水堆中没有直接控制冷却剂温度的方法。

14.7.3　压力和装量控制

加压重水反应堆进行一回路压力和 D_2O 冷却剂装量控制,通过调节电加热器来升压,通过释放蒸汽到冷凝器降压。

稳压器中的 D_2O 水位受到监控,测量液位和液位设定值之间的差异会导致补水和排水系统增加或减少 D_2O。

14.7.4　蒸汽发生器液位控制

压水堆核电厂使用 U 形管蒸汽发生器将管内一次侧重水冷却剂的热量传递给管外二次侧轻水。蒸汽发生器内的一体化预热器使给水达到饱和,然后随着给水继续向上流动,发生沸腾。受热部分称为上升段,大约 10% 的蒸汽和 90% 的液态水的混合物从加热的部分出现,汽水分离器把蒸汽和水分开,含有不到 0.1% 水的蒸汽流向汽轮机。分离出的液态水进入下降段区域,在此与给水混合,然后进入上升段。

加压重水反应堆在电力运行期间采用三冲量给水控制,包括蒸汽发生器液位、蒸汽流量和给水流量的测量。液位设定点不匹配偏差和流量不匹配偏差在控制器中用于调节给水流量,以最小化组合偏差。和美国的反应堆一样,这种方法克服了收缩和膨胀的问题(见第 10 章)。

14.7.5　蒸汽发生器压力控制

在功率运行期间,蒸汽压力保持恒定。蒸汽发生器压力控制有两种模式。

在堆跟机模式下,通过改变反应堆功率来控制压力。

在机跟堆模式下,通过改变流向汽轮机的蒸汽流量来控制压力。

14.8　机　动　性

加压重水反应堆计算机控制系统使工况转换策略更加灵活。操作员可以选择在堆跟机模式或机跟堆模式下运行。

在堆跟机模式下,流向汽轮机的蒸汽在功率需求发生变化后首先做出反应,引起蒸汽压力的变化,从而导致反应堆功率设定值的变化。然后,反应堆调节系统通过反应性控制改变反应性,直到输送的反应堆功率等于功率设定值。

在机跟堆模式下,反应堆功率首先改变,新的需求功率作为反应堆调节系统中反应堆功率设定值。反应性控制反应性变化,直到反应堆功率等于设定点。反应堆功率的变化会导致蒸汽发生器的传热发生变化,从而导致蒸汽压力的变化。然后,汽轮机控制器将调节蒸汽流量,直到蒸汽压力回到其设定值。图 14.3 是 CANDU 堆调节系统(RRS)[5] 的框图。

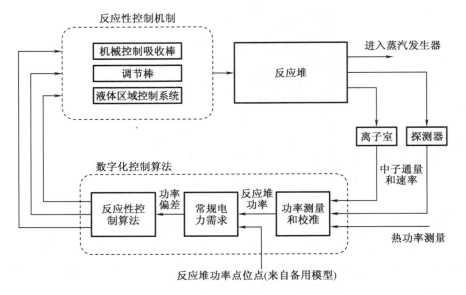

图 14.3　CANDU 堆控制系统框图

（经 Francis & Taylor 核技术部许可（H. Javidnia，J. Jiang，M. Borairi，Modeling and simulation of a CANDU reactor for control system design and analysis，Nucl. Techmol.165(2)（2009）174 –189））

14.9　反应堆动态

本节给出了一个 CANDU 堆建模和动态仿真的例子。有关建模的详细信息，请参见参考文献[5 –6]。

14.9.1　建模策略

参考文献[5]介绍了集总参数 CANDU 堆芯动态学模型的发展。根据燃料在排管式堆容器中的布置，包含冷却剂和慢化剂，以及大的反应堆堆芯尺寸，反应堆堆芯分成 14 个区域。通过扩展点堆动态学方程，建立了一套耦合的非线性中子动态学方程。节点之间的耦合是通过描述节点中子对相邻节点裂变反应的影响来实现的。作者还利用氙和碘的产生和衰变方程，来描述裂变产物中毒。

通过非线性常微分方程描述多区中子学行为和 CANDU 堆各种反应性控制特性，参见章节 14.6。堆芯反应性控制是通过液体区域控制器、机械控制吸收器和调节棒实现的。机械控制棒位于堆芯外部，也用于通过重力插入进行反应堆紧急停堆。14 个区域的定义参见参考文献[5]包括每个区域的燃料通道数量和体积。图 14.4 显示了 CANDU 堆堆芯划分为 14 个区域的情况，每个分区具有相同的物理尺寸和物理属性。

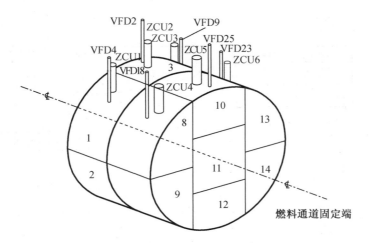

图 14.4 CANDU 堆堆芯划分为 14 个区域

(经 Francis & Taylor 核技术部许可(H. Javidnia, J. Jiang, M. Borairi, Modeling and simulation of a CANDU reactor for control system design and analysis, Nucl. Technol. 165(2) (2009) 174 – 189))

14.9.2 反应堆功率对反应性引入的响应

参考文献[5]中描述了反应堆功率对一个区域反应性斜坡引入的响应及其对其他区域的影响。在 1 000 s 的时间内,斜坡反应性从 0 线性变化到 0.000 15。斜坡以 1.5×10^{-7}/s 的较慢的速率引入。图 14.5 显示了 1 区的归一化功率变化。功率以分数功率单位(FPU)表示。图 14.6 显示了 2~7 区的反应堆功率瞬态。8~14 区的功率瞬变如图 14.7 所示。

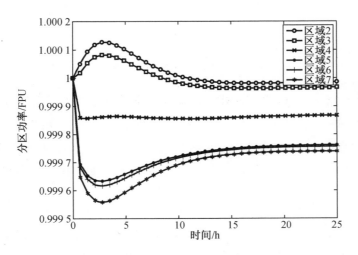

图 14.5 2-7 区的功率变化

(经 Francis & Taylor 核技术部许可(H. Javidnia, J. Jiang, M. Borairi, Modeling and simulation of a CANDU reactor for control system design and analysis. Nucl. Teclmol. 165(2) (2009)174 – 189))

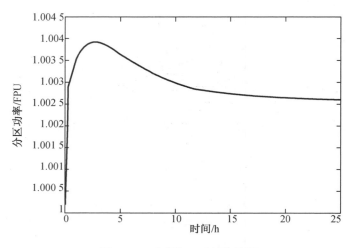

图 14.6　功率在 1 区的变化图

（经 Francis & Taylor 核技术部许可（H. Javidnia, J. Jiang, M. Borairi, Modeling and simulation of a CANDU reactor for control system design and analysis. Nucl. Teclmol. 165(2) (2009)174 – 189)）

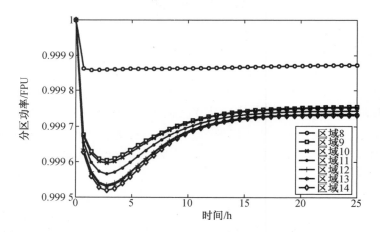

图 14.7　8 – 14 区的功率变化

（经 Francis & Taylor 核技术部许可（H. Javidnia, J. Jiang, M. Borairi, Modeling and simulation of a CANDU reactor for control system design and analysis. Nucl. Teclmol. 165(2) (2009)174 – 189)）

　　不同区域的功率水平通过控制动作进行调整，以最大限度减少堆芯中的功率倾斜，并保持总功率等于 1（100％），详见参考文献[5]。仿真结果表明，CANDU 堆具有独特的数字控制功能，可以满足设定值调节和维持堆芯的合理功率分配。

习　题

14.1　写一份销售报告,用来说服潜在的反应堆买家选择加压重水反应堆而不是压水堆。

14.2　写一份销售报告,用来说服潜在的反应堆买家选择压水堆而不是加压重水反应堆。

14.3　中国和墨西哥的销售策略有何不同?

14.4　加压重水反应堆在发展中国家推销使用。为什么负荷跟踪是这些国家的一个主要问题?

14.5　参考文献[5]的作者使用 14 个区域作为加压重水反应堆堆芯动态模型,而压水堆堆芯模型通常使用一个区域。解释一下。

参 考 文 献

[1]　W. J. Garland, Editor-in-Chief. The Essential CANDU: A textbook on the CANDU Nuclear Power Plant Technology, University Network of Excellence in Nuclear Engineering (UNENE), McMaster University, Hamilton, Canada, 2019. Retrieved from https://www.unene.ca/education/candu-textbook.

[2]　G. T. Bereznai, G. Harvel, Introduction to PHWR Systems and Operation, Available at https://www.iaea.org/.../2011-Oct-Simulators-WS/Harvel-PHWR.pdf.

[3]　Reactor Physics, Available at https://canteach.PHWR.org/Content Library/20030101.pdf.

[4]　CANDU 6 Technical Summary, AECL, Canada, 2005.

[5]　H. Javidnia, J. Jiang, M. Borairi, Modeling and simulation of a CANDU reactor for control system design and analysis, Nucl. Technol. 165 (2) (2009) 174-189.

[6]　A. P. Tiwari, Modeling and Control of a Large Pressurized Heavy Water Reactor, PhD Dissertation Indian Institute of Technology, Bombay, 1999.

第15章　核电厂仿真机

15.1　引　　言

许多基于计算机的仿真机可用于培训或教育，为学生或受训者提供经验，帮助他们理解反应堆在正常运行和假设的事故条件下的行为。学生或受训者进行控制，以达到期望的反应堆条件，包括停止事故或最小化事故不良后果的行动。

15.2　仿真机的类型及用途

15.2.1　仿真机游戏

最简单的模拟器是个人电脑上的游戏模拟器。互联网上有许多免费下载的游戏模拟器。它们为用户提供了驱动模拟响应所需的客观条件。游戏模拟器能够描述反应堆行为方式的结果，但不能针对特定反应堆设计提供高精度仿真，着重对反应堆如何工作的定性说明，供学生和感兴趣的市民使用。参考文献[1-7]展示一些可在互联网上获得的模拟游戏(2019 年)。

15.2.2　桌面仿真机

桌面仿真机包括那些运行在加载到个人计算机上的软件上的仿真机，以及那些运行在通过互联网连接到个人计算机上的仿真机。

用于培训和教育的桌面仿真机提供特定类型反应堆的高精度仿真。参考文献[8-14]展示一些可在互联网上获得的教育和培训仿真机(2019 年)，包括局部仿真机和全范围仿真机。这些仿真机市场上可买到，也可为特定反应堆定制。

国际原子能机构(IAEA)提供全范围和局部桌面仿真机(局部仿真机仅模拟反应堆子系统)，运行在加载到个人计算机上的软件上。原子能机构仿真机广泛使用，在章节 15.3.1中有描述。

IAEA 向原子能机构成员国的授权用户提供免费仿真软件[8]。

通过互联网访问软件的桌面仿真机也是可用的，并在章节 15.3.2 中进行了说明。

15.2.3　控制室仿真机

控制室仿真机是带有模拟反应堆控制室全范围仿真机,受训者看到电厂状态指示,并采取与实际反应堆控制室完全相同的操作。章节 15.4 涉及控制室仿真机。

15.3　桌面仿真机

15.3.1　简介

桌面仿真机是那些运行在加载到个人电脑上的软件上的仿真机。基于互联网的桌面仿真机是指用户的个人计算机通过互联网连接到仿真机软件的仿真机。

15.3.1.1　个人电脑模拟

台式电脑的全范围仿真机有多种来源。来自国际原子能机构的个人计算机仿真机通常用于培训和教育,如下所述。

国际原子能机构压水堆仿真机

- 双环压水堆
- 先进的双回路大型压水堆
- 俄罗斯型压水堆(VVER)
- 先进无源压水堆
- 一体化压水堆

国际原子能机构沸水反应堆仿真机

- 带有主动安全系统的常规沸水反应堆
- 带有动安全系统的先进沸水堆

加压重水反应堆(PHWR 或 CANDU)

- 常规压水堆(例如加拿大堆)
- 先进加压重水反应堆

原子能机构还提供了一种称为微物理核反应堆仿真机的局部仿真机。

高温气冷堆(HTGR)仿真机也是可用的。

15.3.1.2　使用 IAEA 仿真机

图 15.1 和图 15.2 显示了 IAEA 压水堆仿真机和沸水堆仿真机的典型屏幕显示。这些基于 PC 的仿真机是通过 Micro-Simulation Technology 公司开发的。

示意图显示了瞬态过程中重要的电厂参数,可根据需要显示选定过程变量和反应器功率的数值和图表,信息可存储在数据文件中进行正常运行和事故场景的模拟。仿真平台

PCTRAN 是由微仿真技术[15-16]开发的,可从国际原子能机构成员国获得。

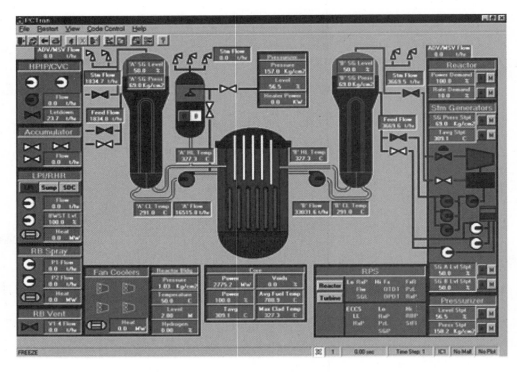

图 15.1　使用基于 PC 仿真机的压水堆核电厂运行示意图

（由 Micro – Simulation Technology 提供）

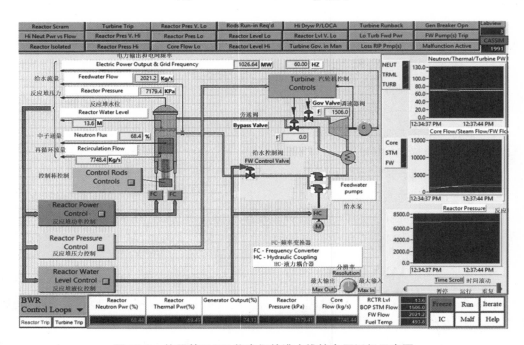

图 15.2　使用基于 PC 仿真机的沸水堆核电厂运行示意图

（由 Micro – Simulation Technology 提供）

15.3.2　压水堆和沸水堆核电厂瞬态仿真

15.3.2.1　压水堆仿真

原子能机构用于培训目的的计算机平台能够模拟压水堆的各种动态特性。可以更改的变量分为以下几类:基本数据、热工水力数据和辐射数据。这些变量影响初始条件,并在运行期间使用瞬态图进行监控。这些图实时显示,随着仿真的进行显示不同的变量。绘图选项包括轴缩放、标记、变量选择和保存选项。

图 15.3 显示了一个典型压水堆的瞬态降负荷例子。仿真表明,反应堆功率随汽轮机需求而变化。当需求功率变化时,温度反馈的影响在瞬态中可见。

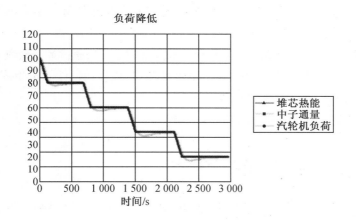

图 15.3　四回路压水堆减载瞬态的模拟

（由 Micro – Simulation Technology 提供[16]）

用这个基于 PC 的软件可以模拟各种事故场景,可以使用与所选场景相关的过程变量来显示所选故障的影响。当故障出现时,新的趋势图将显示过程变量的状态。可以采取措施防止故障的继续,从而避免严重的事故情况。

通过选择适当的操作按钮,可以在手动或自动模式下执行仿真。如果以手动模式运行,有必要向程序提供必要的信息。在瞬态过程中,可以随时恢复到自动模式。在电厂瞬态期间,设备通过图解这种视觉辅助来显示某些参数的变化,如水位、阀门驱动、控制棒运动等。

所有的趋势图和原始数据都可以保存以备将来使用。

15.3.2.2　沸水堆仿真

沸水堆仿真比压水堆仿真更复杂。其中一个关键参数是反应堆的初始功率水平,因为这个值决定了进一步功率变化的方法,无论是增加还是减少。

"功率/流量图和控制"选项包含一个图表,显示再循环流量(%)与反应堆功率(%)。程序允许选择设定点、所需功率水平、反应性引入和流速变化。在仿真过程中,可以使用多个屏幕来获取信息。可选择的显示选项类似于压水堆仿真的显示选项。

沸水堆仿真有许多场景和不同的设置可以调整,以便为现实生活中的情况创建不同的模型。

15.3.3　如何获得 IAEA 仿真机?

国际原子能机构(IAEA)赞助开发和分发用于培训和教育的核电厂仿真机,仿真平台是由商业组织为原子能机构开发的。原子能机构成员国的大学教授和工程师可以使用这些仿真机来教授核电厂的安全方面和操作。

原子能机构免费向成员国的请求方分发软件和相关文件,并通过原子能机构核心网站上的一个共享点提供。申请人/组织必须在以下网站注册,以获得一个核心登录标识:

https://nucleus.iaea.org/Pages/default.aspx

将填好的申请表发送至:Simulators.Contact – Point@iaea.org

15.3.4　基于互联网的桌面仿真机

有几个基于互联网的核反应堆仿真机可供使用。一个例子可以在 www.nuclearpowersimulator.com 找到。该在线仿真机执行正常运行和反应堆异常瞬态。

Micro – Simulation Technology 公司为各种压水堆和沸水堆开发了一种更先进的仿真机,称为 PCTRAN[16]。PCTRAN 是一个交互式仿真平台。图形图标和下拉菜单便于核电厂模拟,包括正常运行和事故瞬态。手动泵跳闸、阀门操作、设定值改变、动力操作和其他操作都可以轻松完成。手动复位故障工况是可行的,并且对于模拟核电厂事故是有用的,例如在三哩岛 – 单元2(TMI – 2)的事件。

15.4　控制室仿真机

控制室仿真机模拟真实的反应堆控制室。它们包括与反应堆控制室相同的显示器,并且布局相同。执行器和显示器与运行反应堆软件的计算机相连,教练员有能力在仿真中介绍正常事件和事故事件,培训操作员执行安全终止事件的行动,他们的操作水平由教练员来评判。受训者必须操作熟练才能认证为反应堆操作员。

图 15.4 显示了 Western Services Corporation 公司的典型控制室仿真机[17]。

图 15.4　工业控制室仿真机示例(由 Western Services Corporation 公司提供[17])

参 考 文 献

[1]　www. ae4rv. com/store/nuke_pc. htm(game).

[2]　download. cnet. com(game).

[3]　nuclearconnect. org > In the Classroom > For Students(ANS... game)

[4]　https://steamcommunity. com/sharedfiles/filedetails/? id = 725812726(game).

[5]　https://play. google. com/store/apps/details? id = ru. DmitryLomakin(game).

[6]　nuclearpowersimulator. com(game).

[7]　https://www. techspot. com/···. /3969-nuclear-power-plant-simulator. htm(game).

[8]　https://www. iaea. org/topics/nuclear-power-reactors/nuclear-reactor.

[9]　Micro-System Technology:http://microsimtech. com

[10]　furryelephant. com/···/radioactivity/nuclear-reactor-power-simulation.

[11]　nuclear. playgen. com(University of Manchester simulator).

[12]　https://www. nuclearinst. com/Nuclear-Reactor-Simulator(The Nuclear Institute).

[13]　https://www. gses. com/simulation-technology(commercial systems for sale).

[14]　getintopc. com/softwares/simulators/boiling-water-reactor-nuclear.

[15]　L. C. Po, PC-based simulator for education in advanced nuclear power plant construction,in:
International Symposium on the Peaceful Applications of Nuclear Technology in the GCC
Countries, Jeddah, 2008http://www. microsimtech. com.

[16]　PCTRAN, Manual for a 4-loop Pressurized Water Reactor, Micro-Simulation Technology,
http://www. microsimtech. com/pctran/2016.

[17]　Westem Services Corporation:n. d. https://www. ws-corp. com

第16章 核电厂仪器仪表

16.1 引 言

核电厂在运行操作期间需要数千个测点,这些仪表系统为安全系统(保护系统)、控制系统和核电厂监测系统提供所需的信息。

反应堆仪器仪表包括以下设备:

1. 堆外中子探测器,伽马射线探测器,电阻温度检测器(RTD)和用于测量一回路和二回路流体温度的热电偶,用于测量一回路和二回路压力的压力传感器,用于一回路和二回路流量测量的流量计,以及液位探测器。

2. 一些压水堆具有堆芯中子探测器,所有沸水堆都有堆芯中子探测器。

3. 重要的安全和控制系统仪表具有冗余传感器,以保证测量的可靠性,并最大限度地减少由一些仪表故障引起的意外停堆。

基于多个冗余传感器的测量使用一种"投票"系统:考虑使用三个冗余传感器的测量,如果所有三个传感器提供相同的输出(在公差范围内),则判断传感器正常运行并接受测量结果;如果一个传感器与另外两个传感器的输出不同,则判断其有故障,输出不同的传感器被忽略,并且采用两个输出相同传感器的测量结果;如果少于两个传感器输出相同,则判断测量是不可靠的,并采取适当的措施,包括停堆。

4. 大型核电厂在控制、安全和监测的仪器系统中使用多达 10 000 个传感器和探测器。

参考文献[1-2]是核电厂仪器仪表的综合描述,这些手册虽然是多年前写的,但大多数信息仍然是和现在的仪器仪表相关的。参考文献[3-4]提供有关最先进核工厂仪器仪表的信息。

16.2 传感器特性

16.2.1 中子和伽马射线探测器

由于中子没有电荷,因此无法被直接探测到。相反,含有能与中子反应的材料的探测器,可以释放出可检测的带电反应产物或光。

在一些传感器中,带电粒子在探测器中产生可测量的电流,以保持导体之间的电压差,传感器校准时将测量的电流转换为中子通量。

在一些传感器中,带电粒子从源头迁移到金属护套,产生可测量的电压。传感器校准时将测量的电压转换为中子通量。

反应堆功率还有另一种测量方式,由于中子吸收使堆芯中产生放射性核素,来监测放射性核素来间接测量中子通量。

反应堆功率也可以通过在封装探针内部感测温度变化来测量(伽马射线的加热)。

单个探测器无法满足测量反应堆功率的所有需求。三种不同的探测器用于覆盖反应堆运行的全过程:启堆,中等功率运行和满功率运行。堆芯外传感器测量总功率,堆芯内探测器测量局部功率。

各种探测器类型的简要说明如下:

16.2.1.1　离子化腔室

电离室是中心位置带有电线的圆柱形管(图 16.1)。

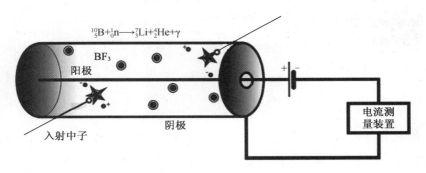

图 16.1　电离室

在管金属和电线之间施加电压。该管填充有中子吸收气体,通常为 BF_3,或在圆柱体的内壁上添加硼涂层。硼中子吸收中子产生的带电粒子在电压差下发生迁移,从而产生可测量的电流。当中子通量较小时,电离室可以监测个别事件(脉冲模式)。当中子通量较大时,电离室可以提供连续电流。

16.2.1.2　裂变探测器

裂变探测器是在金属护套的内壁涂层上添加裂变材料的电离室(图 16.2)。

中子射入导致裂变以及带电粒子的释放,由于电离室施加的电压,带电粒子产生迁移并产生可测量的电流。

16.2.1.3　自供电的中子探测器

自供电的中子探测器的绝缘金属护套内含有中子吸收剂(通常是铑、钒或铂)

（图16.3）。

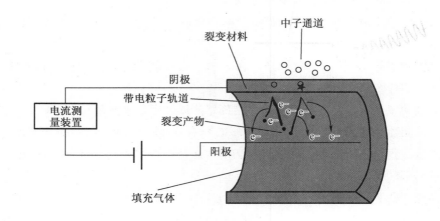

图 16.2　裂变室

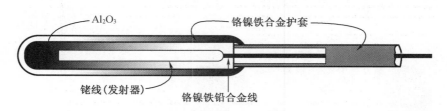

图 16.3　自供电中子探测器

通过 β 衰变，中子吸收产生同位素。β 粒子（电子）迁移到金属护套，在护套和小电流之间产生电位差。通过传感器测量该电流（μA）可以得到中子通量。

自供电检测器很小，不需要外部电源，其主要用于堆芯的局部中子通量测量。

由于在自供电探测器中 β 粒子出现在发射器的放射性衰减之后，因此测量不是瞬时的，并且测量时间滞后取决于 β 粒子发射器的半衰期。而且，随着中子吸收剂吸收中子而产生消耗，传感器校准需要变化。

16.2.1.4　闪烁探测器

闪烁探测器内含有吸收中子并发射光的材料（图 16.4）。传感器监测光强度并将该信号转换为中子通量。

16.2.1.5　伽马温度计

图 16.5 展示了伽马温度计的布局。

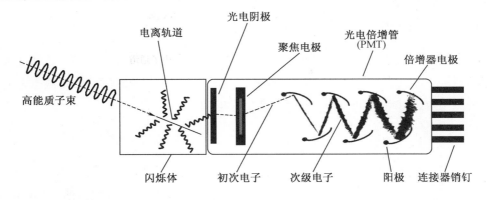

图 16.4　闪烁探测器

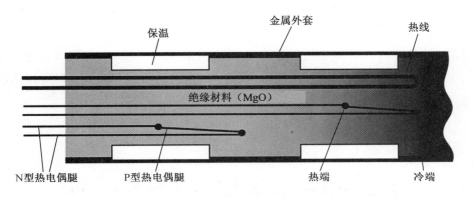

图 16.5　伽马温度计

传感器包含差分热电偶,用来测量传感器内两个位置之间的温差。其中一个位置是绝缘的,另一个位置是非绝缘的。传感器内部热量的沉积(主要由伽马射线引起)导致两个位置的温度因热阻不同而不同。以下公式描述了伽马温度计的原理。

$$P = \frac{1}{R_h}(T_h - \theta) \text{,用于绝缘区域} \tag{16.1}$$

$$P = \frac{1}{R_c}(T_c - \theta) \text{,用于非绝缘区域} \tag{16.2}$$

式中　P——功率沉积(在两个地区相等);

　　　T_h——绝缘区温度;

　　　T_c——冷却器非绝缘区温度;

　　　R_h——绝缘区热阻;

　　　R_c——非绝缘区热阻;

　　　θ——传感器周围流体温度。

结合式(16.1)和式(16.2)可以得到

$$(T_h - T_c) = (R_h - R_c)P \tag{16.3}$$

也就是说,温度差与功率成比例。

16.2.1.6　N－16测量

轻水反应堆冷却剂中的氧通过吸收中子产生^{16}N，^{16}N随冷却剂流入热管段，在这里通过测量伽马射线可测量^{16}N的衰减。由于^{16}N的产生与反应堆功率成比例，因此监测来自堆芯外^{16}N的伽马射线可得到^{16}N浓度，从而判断反应堆功率。

16.2.2　温度传感器

现役运行的反应堆中，温度传感器包括有不锈钢护套的电阻温度探测器（RTD）和热电偶。

16.2.2.1　电阻温度计

电阻温度探测器具有金属制成的探测元件，通常是由铂制造。一些反应堆电阻温度探测器中的铂金属以丝网形式缠绕在不锈钢管内的金属轴（通常为 MgO）上，氧化镁绝缘体在心轴和护套的内壁之间，如图 16.6 所示。

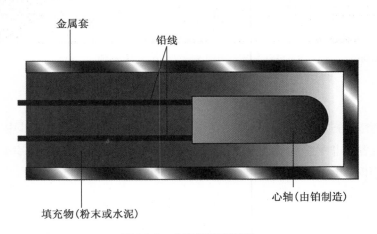

图 16.6　电阻温度探测器

另一种电阻温度探测器使用铂线圈粘贴到金属管的中空部分的内壁。该方法可以很快响应温度测量，因为线圈和护套之间的热阻很小，如图 16.7 所示。

铂具有很好的耐高温性能，仪表测量电阻并使用温度与电阻数据校准，从而将电阻测量转换为温度测量。电阻随温度的增加，其关系几乎是线性的，但读数具有小的非线性。

16.2.2.2　热电偶

热电偶由两个不同的电线连接形成热电偶结，反应堆热电偶包裹在不锈钢护套内。在热电偶和护套内壁之间的空间填充着绝缘体（MgO），如图 16.8 所示。

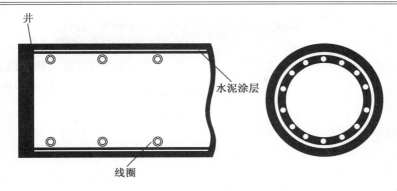

图 16.7　快速响应电阻温度探测器

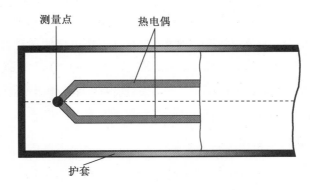

图 16.8　护套式热电偶

热电偶产生的电压取决于热电偶结和开口端之间的温差。因此,热电偶产生的电压是开口端和热电偶结之间温差的函数。热电偶结的温度可通过下列方法获得:

- 仪表测量热电偶电压。
- 仪表使用不同类型的传感器测量开口端温度(通常是在环境温度下的热敏电阻或集成电路传感器)。
- 仪表根据环境温度下的热电偶结和 0 ℃下的开口端产生的压差来计算电压。
- 仪表将测量热电偶结到开口端电压和环境温度到 0 ℃电压相匹配。
- 仪表使用总电压和标准校准数据,通过在 0 ℃的开口端的热电偶数据来计算接线温度。

热电偶可用于堆芯冷却剂温度测量,K 型热电偶(Chromel – Alumel)或 N 型热电偶(Nicrosil – Nisil)是最常用的。由于 K 型热电偶的标定降级倾向,因此,N 型热电偶通常优先用于高温测量。有的热电偶具有与护套绝缘的热电偶结或者具有连接到护套的热电偶导线(接地结接收热电偶),接地结热电偶比绝缘结热电偶具有更快的时间响应。

16.2.2.3　热电偶套管和旁路安装

如果发生故障、标定降级或出现不符合要求的时间响应,就需要更换温度传感器。因此,冷却剂温度传感器需放置在热电偶套管(图 16.9)或旁通管线中,这样可以从主系统中旋出。

图 16.9　热电偶套管

有时改变热电偶套管和护套传感器可以降低传热阻力并提高响应速度。其中一种方法是将传感器的端部变为圆锥,并在接近端部的地方用一个相匹配锥度的温度计套管,这使包含感测元件的区域更加契合。但需要注意,如果异物在热电偶套筒的尖端或者传感器未完全插入,就会使传感器和热电偶套管之间出现气隙,因此导致响应的速度降低。另一种方法是在传感元件所在的位置使用银衬护套,银质的螺纹可以在传感器和热电偶管之间提供接触点;又因为银具有良好的可塑性,可以贴合热电偶套管。但是这里需要注意,如果取出传感器后又重新插入,部分银衬套将被擦掉,并且与热电偶的接触将减少。

在冷却剂温度变化之后,使用热管或旁路线路安装将导致冷却液温度变化后的时间响应较慢,需要验证合适的传感器时间响应。其中一种方法为采用电阻温度探测器的原位响应时间测量方法[5]。

16.2.2.4　先进温度传感器

高温测定法可用于高温条件下的温度测量。高温计测量目标物体的热辐射,可用来测量管壁温度或流体温度。

一种新的温度测量系统是基于监测传感元件中的约翰逊(Johnson)噪声进行温度测量的,约翰逊噪音大小与材料温度相关。约翰逊噪声温度测量系统不需要校准,其适用于高温测量。

16.2.3　压力传感器

反应堆压力传感器具有弹性元件(隔膜、波纹管或波登(Bourdon)管),当其经历压力差时在该元件上时膨胀或收缩,如图 16.10 所示。

通过测量弹性元件的位移或通过测量将元件推回其静止位置的力(称为力平衡传感器)来确定压力。

16.2.4　流量传感器

流量测量在核反应堆和其他行业中非常重要。因此,大力发展流动传感器的趋势下,多种测量方法、多种应用环境的流量传感器诞生了,一些老方法广泛使用,最近出现了一些新方法。下面描述的是几种在当前或未来反应堆中具有很好适用性的方法。

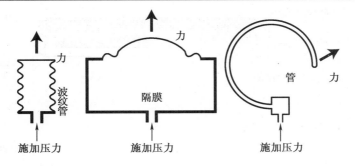

图 16.10　压力传感器的弹性部件

16.2.4.1　流量与压降

通常反应堆流体流量测量方法是通过测量流动路径的收缩产生的压降得到,这种方法在工业领域多年广泛使用。流动路径的收缩可以采用孔或文丘里管(图 16.11),甚至管段中的一个弯管也可以。

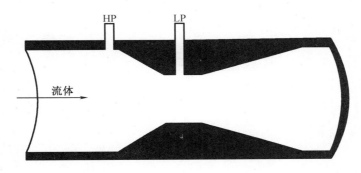

图 16.11　用于流量测量的文丘里装置

16.2.4.2　先进流量计

先进流量测量技术也十分有效,有些可以在先进的反应堆中使用。其中包括超声波传感器,用于液态金属流量测量的磁流量计,以及用于液态金属流量测量的涡流传感器。这些传感器有多种配置,以下简单介绍。

一种超声波流量计采用两个安装在管道的声音换能器,并彼此相对安装:一个换能器瞄准流动方向,一个与管道中的流动方向相反。当上游换能器发射超声波脉冲时,通过与脉冲方向相同的流体向前流动,信号传达到下游的换能器;当下游换能器发射超声波脉冲时,在通过沿脉冲相反方向流动的流体后,信号传达到上游换能器,脉冲的传递时间取决于它通过的流体的速度。测量两个脉冲信号的传递时间,它们的差与流体流速成比例。

在磁流量计中,含有流动液态金属的管道放置在磁体两极之间,导在磁场中运动产生电压。注意,发电机也采用相同的原理(导体在磁场中运动产生电压)。

涡流流量计在流动方向上定位三个线圈装置,中间线圈以恒定的交流电激发,该电流在其他两个线圈中产生感应电压,当浸入流动的液态金属时,上游线圈的电压小于下游线圈的电压,且该电压差与流体流速成比例。

科里奥利(Coriolis)流量计测量质量流量,管内流动的流体惯性会引起柔性管振荡扭曲,扭曲程度与流体的质量流量成比例。

16.2.5 液位传感器

16.2.5.1 差压

液位测量(如 U 形管蒸汽发生器、沸水堆、稳压器的水位)使用水柱上方和下方的差压测量液位,如图 16.12 所示。

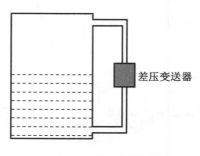

图 16.12 差压液位测量

液柱底部的压力由以下公式得出:

$$P = \rho g h \tag{16.4}$$

式中　P——压力;

　　　ρ——流体的密度;

　　　g——重力加速度;

　　　h——液柱高度。

因此,压差与液柱高度成比例,如果已知流体密度,就可以得出液柱高度。

16.2.5.2 鼓泡器

鼓泡器系统可以提供液位测量,如图 16.13 所示,该图显示了开放罐式鼓泡器系统。调节器保持恒定的气流,气体流动在罐的底部引起气泡释放,随着流体液位的增加,流量调节器增加压力以保持流动。为了保持气泡流,气泡出口处的压力必须等于出口位置处流体的压力。因此,气体管线压力等于鼓泡器出口位置处的流体压力,气体管线上的压力等于气体出口位置处的液体压力。

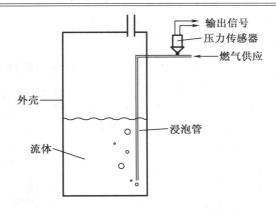

图 16.13　鼓泡器流体液位测量系统

闭合罐式鼓泡器流体液位测量需要压力调节器在流体上方的空间中保持恒定压力。

鼓泡器流体液位测量在有限空间情况下是有效的(只有气管必须占用罐内和附近的空间),并且其适用于热或其他恶劣的环境。为了便于维护,气体位于与压力传感器相邻的传感线中。

16.2.6　执行器状态传感器

正如三哩岛事故中所展示出的,只依靠执行器发送的信号是不够的,阀门的制动器不能响应来自控制系统或操作员的信号就无法操作,需要独立测量执行器状态以确认操作。

16.3　压水堆(PWR)仪器仪表

图 16.14 展示了典型的压水堆的主要传感器及其布置情况,包括一回路和二回路的仪表。

具体的仪器仪表如下:

1. 堆芯和堆外中子探测器。堆芯传感器位于驱动系统上,该驱动系统将传感器移动到所需的堆芯位置以测量中子通量分布。在围绕反应堆容器周围的生物屏蔽的仪器孔中放置堆外中子探测器,通常存在 8 个探测器组件(长电离室)。这些探测器可监测反应堆功率范围从源区到中间区,最大为满功率的 120%[6]。

2. N-16 探测器位于热管段上,用于测量反应堆功率和一回路冷却剂流量(后者的测量精度为 ±1.5%)。

3. 堆芯出口热电偶位于堆芯上方,具有大约 45 个测点。

4. 数字化棒位的传感器。

5. 控制和安全系统所需的热管段和冷管段电阻温度探测器。

6. 稳压计压力和液位。

7. 一回路冷却剂流量。

8. 蒸汽发生器给水流量、蒸汽流量、液位。

所有这些测量都存在冗余。

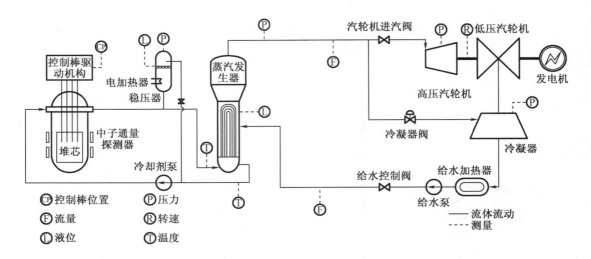

图 16.14　重要的压水堆设备仪器示意图

图 16.15 展示了典型压水堆[6]的堆芯仪器仪表。

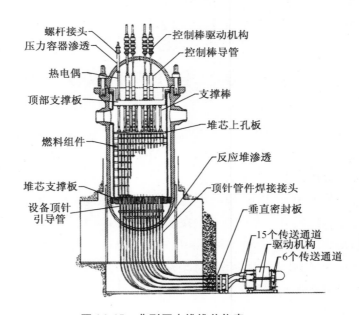

图 16.15　典型压水堆堆芯仪表

图 16.15 所示展示了从容器底部插入的通量探测器顶针引导管（用于通量测量）和堆外热电偶从容器的顶部引入。

仪表的布置需要权衡不同汽轮机级的蒸汽流量和温度、冷凝器压力、给水温度和给水泵状态。

16.4　沸水堆仪器仪表

典型沸水堆主要设备仪器仪表示意图如图 16.16 所示。

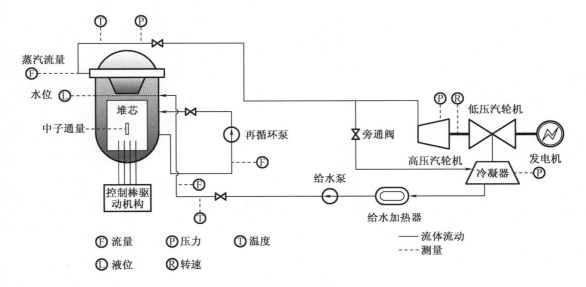

图 16.16　典型沸水堆主要设备仪器仪表示意图

以下是典型沸水堆系统中的主要仪表：

1. 局部功率监测器（LPRM）信号（每个 LPRM 有 4 个裂变室）。

2. 平均功率监测器（APRM）信号，通过计算 20 个 LPRM 探测器信号的平均值得到 APRM 信号。

3. 反应堆冷却剂流量。通过在再循环泵出口位置文丘里米流量计测量。

4. 下降管液位。

5. 蒸汽流量。

6. 反应堆压力（蒸汽压力）。

7. 给水流量。

8. 给水温度。

典型的沸水堆具有大约 45 个堆芯探测器（裂变室），图 16.17 展示出了沸水堆堆芯探测器的位置。堆芯仪表管道在四个燃料通道中放置，中间的空间可用于布置校准 LPRM 探测器的可移动堆芯内探测器。

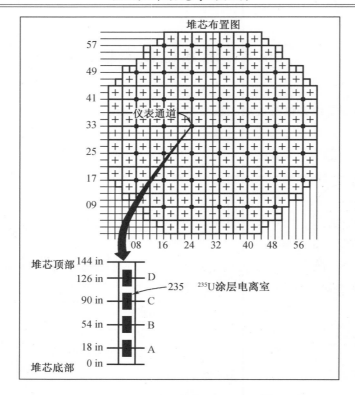

图 16.17　沸水堆堆芯检测器位置[7]

16.5　CANDU 堆(加压重水反应堆)仪器仪表

典型的 CANDU 堆中的大部分仪器仪表类似于轻水压水反应堆。两种堆的核电厂配套设施都是相同的,仪器仪表基本相同。核蒸汽供应系统中有许多相似的核测量仪表。蒸汽发生器是 U 形管式,也是大多数压水堆中所使用的类型,所需要测量的是压力、温度、液位和流量。用电阻温度探测器测量一回路冷却剂温度,用堆外检测器和堆芯探测器测量中子通量。

堆芯中子探测器位于堆芯不同区域中,约 102 个自供电钒探测器垂直插入,用于通量测量,这些探测器响应时间较慢,在稳态条件下具有很好的通量测量性能,不用于反应堆控制。28 个(14 个区域中每个区域 2 个)铂包覆的铬镍铁合金探测器从反应堆支撑板垂直插入并用于反应堆调节系统(RRS)[8]。另外,垂直插入 34 个铂金属探测器,水平插入 24 个铂金属探测器,作为反应堆停堆系统(SDS)的一部分。一组堆芯 BF₃ 电离室用于启堆期间的中子通量测量;一组堆外 BF₃ 探测器用于功率测量。在初始启堆阶段之后撤回堆芯 BF₃ 探测器。

反应堆堆芯的操作在加压重水反应堆中比压水堆中更复杂,需要比压水堆布置更多的测点。CANDU 堆堆芯大(堆内、堆外)且运行过程燃料棒的提升和下降经常发生,中子通量的局部变化发生在换料位置。因此,需要更多的堆芯探测器来监测中子通量变化。CANDU 堆还需要测量通道中的流量、入口温度和出口温度,因此需要更多的压力传感器和电阻温度探测器。

CANDU 堆还需要氚跟踪,因为中子与氘反应产生氚。

16.6　高温堆仪器仪表

有三种高温堆,分别是液态金属快中子增殖反应堆(LMFBR)、高温气冷堆(HTGR)和熔盐堆(MSR)。与压水堆相比,冷却剂温度高,在气冷堆中冷却剂温度高达 1 000 ℃。在使用轻水或重水作为冷却剂的反应堆中使用的许多传感器在先进堆中的高温条件下不起作用,必须采用或开发新型传感器,或重新设计系统以去除不必要的测点。

用于测量冷却剂温度的传感器需要在高于电阻温度探测器的上限温度(661 ℃)下运行。N 型热电偶可以在 1 200 ℃ 的高温反应堆最高可容许温度下运行。但是,已知热电偶在高温下会产生飘移。(N 型热电偶为 K 型热电偶更稳定的替代品)。其他先进的温度测量系统,如 Johnson 噪声温度计或高温仪,可能会增加热电偶的测点。

不仅仅是温度高,高温堆的特性对传感器也存在要求。堆芯和主要环路传感器必须由与冷却剂(特别是 LMFBRS 中的液态金属和 MSRS 中的熔盐)化学相容的材料制成。反应堆中存在的化学物质决定了监测化学过程的需要,并且传感器必须能够在化学环境中稳定运行。

反应堆状态改变的速度决定了传感器的响应所需的速度。

16.6.1　液态金属快中子增殖反应堆(LMFBR)仪器仪表

液态金属快中子增殖反应堆所需的仪器仪表与反应堆特性有关(非常高的温度、化学活性冷却剂、快中子能谱和瞬态中的快速响应)。以下是典型的钠冷快堆(SFR)中使用的仪表清单[9-11]。

- 中子源(堆芯和堆外中子探测器)
- 主泵(钠)流量和泵差压(ΔP)
- 冷池钠温度
- 热池钠温度
- IHX 泵(钠)流量和泵差压(ΔP)
- 泵电机电力特性
- 堆芯入口钠温度
- 堆芯出口钠温度
- 控制棒位置/反应性
- IHX 钠出口温度

- IHX 钠入口温度
- 蒸汽发生器入口钠温度
- 蒸汽发生器蒸汽温度
- 过热蒸汽压力
- 汽轮机蒸汽流量
- 蒸汽发生器给水流量
- 给水温度
- 冷凝器压力,冷凝器冷却水入口和出口温度
- 给水加热器液位和入口/出口温度
- 高压和低压提取蒸汽流量

这些测量值包括以下系统:堆芯、一回路、中间热传输系统(IHTS)、蒸汽发生器系统(SGS)和电厂配套系统(BOP)。根据系统设计,还需要其他测量和相应的仪器仪表。

参考文献[9-11]介绍了液体流动系统的更多细节和钠冷快堆中的仪器仪表。500 MW原型快速增殖反应堆(PFBR)的一些特定传感器如下[9]:

- 堆芯入口温度(包括六个热电偶测点,每个冷却剂出口温度有两个热电偶测点)
- 高温堆芯裂变室用于中子通量测量
- 钠流量通过主泵出口处的涡流流量计测量
- 通过连续液位探针测量反应池中的钠液位
- 此外,蒸汽发生器中存在泄漏探测仪器

其他仪器包括用于气体中氢气含量测量的仪表、电化学氢气测量、电化学碳计、钠电离探测器等传感器。

16.6.2 高温气冷堆(HTGR)仪器仪表

高温气冷堆所需的仪器仪表受反应堆特性的影响(非常高的温度、惰性气体冷却剂和大热容量导致的瞬态慢响应)。

以下是用于测量的各种传感器的汇总,没有参考特定的商业高温气冷堆核电厂。以下是高温气冷堆[12]的典型测量值。

- 使用 N 型热电偶测量冷却剂入口和出口温度以及堆芯内部冷却剂温度
- 使用钨铼热电偶测量石墨块温度
- 一回路冷却剂的质量流量由氦气鼓风机压力、冷却剂温度、冷却剂压力和压缩机转速来计算。
- 将来可以使用高温 Coriolis 气体流量计进行冷却剂流量测量。
- 使用两种类型的中子探测器:用于宽量程监测系统(WRM)的裂变计数器和用于功率区监测系统(PRMS)的电离室,其可以探测反应堆压力容器外部的低中子通量水平。宽量程监测系统安装在压力容器的内表面上。
- 通过安全级压力变送器监测一回路冷却剂压力。

- 通过差压变送器测量堆芯的冷却剂流量,该差压变送器监测堆芯入口的压差。该测量也用于安全(保护)系统。

- 其他测量包括气体特性、水分渗入(通过蒸汽发生器的循环)、气体泄漏检测和内部容器以及容器外表面上的应变计。

与水冷堆相比,高温气冷堆的某些传感器是独一无二的。

16.6.3　熔盐堆仪器仪表

熔盐堆是一种新型反应堆,在编写本书时,熔盐堆仍然在设计和开发阶段。图 16.18 展示了示范熔盐堆(MSDR)中主要仪器仪表的概念布局[13]。

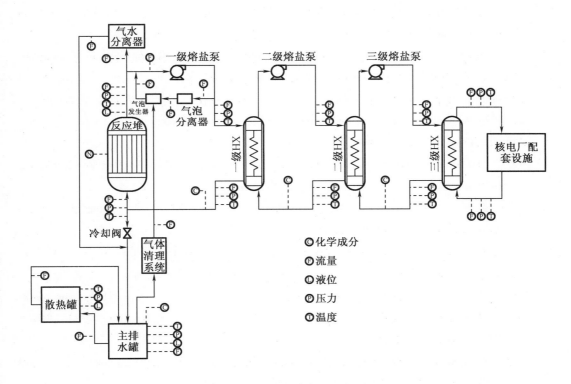

图 16.18　熔盐堆装置的仪表布局

图 16.18 展示出了在一级、二级和三级环路中传感器和中子探测器的布置,大多数所需的测点与早期的反应堆中的相同,但熔盐堆的特性(高温、熔盐和钍的使用)导致了一些不同传感器技术的使用。目前正在考虑将铀、钍和镁分离和处理的各种化学方法。在熔盐堆设计中选择的化学过程需要适当的仪器仪表。

温度测量将依赖于热电偶(N 型),因为温度高于电阻温度探测器使用的限制。压力和流量的测量使用标准仪器。现代磁流量计精度足以用于熔盐系统。

其他核电厂中使用的堆外中子探测器将适用于熔盐堆中类似的配置。大多数堆外中子探测器横跨活性燃料长度,并放置在反应堆容器的上半部和下半部分。一般来说,有一组 4 个探测器放置在上半部分和另一组 4 个探测器放置在下半部分,对称地放置在反应堆容器周围,因此可以从径向和轴向监测反应堆功率。

在所有类型的反应堆中都需要化学过程的监测,但在熔盐堆中更重要。熔盐堆作为化学反应堆,其中核裂变发生并产生热量。图 16.18 展示了各种盐环中化学成分测点的位置。

参考文献[14]介绍了对先进反应堆仪器的综述。

参 考 文 献

[1] J. M. Harrer, J. G. Beckerley, Nuclear Power Reactor Instrumentation Systems Handbook, vol. 1, TID-25952-P1, National Technical Information Service, U. S. Department of Commerce, Springfield, VA, 1973.

[2] J. M. Harrer, J. G. Beckerley, Nuclear Power Reactor Instrumentation Systems Handbook, vol. 2, TID-25952-P2, National Technical Information Service, U. S. Department of Commerce, Springfield, VA, 1974.

[3] H. M. Hashemian, Maintenance of Process Instrumentation in Nuclear Power Plants, Springer-Verlag, Berlin, Germany, 2006.

[4] H. M. Hashemian, Monitoring and Measuring I&C Performance in Nuclear Power Plants, International Society of Automation, Research Triangle Park, NC, 2014.

[5] T. W. Kerlin, L. F. Miller, H. M. Hashemian, In-situ response time testing of platinum resistance thermometers, ISA Trans. 17 (4) (1978) 71-88.

[6] Westinghouse Electric Company, The Westinghouse Pressurized Water Reactor Nuclear Power Plant, Westinghouse Electric Company, Pittsburgh, 1984.

[7] D. N. Fry, J. March-Leuba, F. J. Sweeney, Use of Neutron Noise for Diagnosis of In-Vessel Anomalies in Light Water Reactors, Oak Ridge National Laboratory, 1984, ORNL/TM-8774 (NUREG/CR-3303, January).

[8] W. J. Garland, The Essential CANDU: A Textbook on the CANDU Nuclear Power Plant Technology, UNENE, McMaster University, Canada, 2019.

[9] P. Swaminathan, Modeling of Instrumentation and Control System of Prototype Fast Breeder Reactor, Doctoral Dissertation, Sathyabama University, Chennai, India, 2008.

[10] G. Vaidyanathan, et al., Sensors in sodium cooled fast breeder reactors, Natl. J. Electron. Sci. Syst. (India) 3 (2) (2012) 78-87.

[11] K. Velusamy, et al., Overview of pool hydraulic design of Indian prototype fast breeder reactor, Sadhana 35 (2) (2010) 97-128.

[12] HTGR Technology Course for the Nuclear Regulatory Commission, Module 12, Instrumentation and Controls (I&C) and Control Room Design, INL and General Atomics, May 24-27, 2010.

［13］　E. S. Bettis, L. G. Alexander, H. L. Watts, Design Studies of a Molten-Salt Reactor Dem-onstration Plant, Oak Ridge National Laboratory, ORNL-TM-3832, 1972.

［14］　K. Korsah, et al., Assessment of Sensor Technologies for Advanced Reactors, ORNL/TM-2016/337, August, 2016.

拓 展 阅 读

［15］　S. J. Ball, D. E. Holcomb, S. M. Cetiner, HTGR Measurements and Instrumentation, Oak Ridge National Laboratory, ORNL/TM-2012/107, 2012.

［16］　T. W. Kerlin, R. L. Shepard, Industrial Temperature Measurement, Instrument Society of America, Research Triangle Park, NC, 1982.

［17］　T. W. Kerlin, M. Johnson, Practical Thermocouple Thermometry, second ed., International Society of Automation, Research Triangle Park, NC, 2012.

附录 A　第二代反应堆参数

本附录包含典型压水堆、沸水堆和 CANDU 堆的重要参数表,这些表格列出了代表性反应堆的系统参数。

A.1　压水堆(PWR)

表 A.1 和表 A.2 总结了典型四回路压水堆的重要参数[1-2]。

表 A.1　典型四回路压水堆核蒸汽供应系统(NSSS)

反应堆热功率	3 411 MW
近似发电功率	1 150 MWe
U 形管蒸汽发生器数量	4
蒸汽发生器管材料	热涂层铬镍铁合金 -600
蒸汽压力	6.9 MPa
每个蒸汽发生器的蒸汽流量	480 kg/s
蒸汽发生器总高度	20.6 m
蒸汽发生器上壳体外径	4.5 m
蒸汽发生器下壳体外径	3.4 m
蒸汽发生器外壳材料	锰钼钢
反应堆冷却剂泵的电机功率	7 000 马力(5 148 kW)
热段内径	73.7 cm
冷段内径	69.9 cm
总冷却剂流量	17 438 kg/s
一次侧冷却剂压力	15.5 MPa

注:改编自 The Westinghouse Pressurized Water Reactor Nuclear Power Plant, Westinghouse Electric Company, Nuclear Operations Division, Pittsburgh, 1984; M. Naghedolfeizi, B. R. Upadhyaya, Dynamic Modeling of a Pressurized Water Reactor Plant for Diagnostics and Control, Research Report, University of Tennessee, DOE/NE/88ER12824 -02, June 1991.

表 A.2　典型压水堆压力容器和堆芯参数

组装压力容器总长	13.6 cm
压力容器内径	4.4 m
压力容器平均厚度	20.3 cm
标准压力容器包层厚度	0.56 cm
压力容器材料	低合金钢
护套材料	不锈钢
容器内的冷却剂体积	138 m^3
容器材料监测点数	6
燃料组件数	193
燃料长度	365.8 cm
燃料组件数	17 × 17
堆芯燃料质量(铀)	81 639 kg
平均燃耗	32 000 MWd/Te 重金属
等效芯径	338 cm
额定堆芯冷却剂进口温度	291.9 ℃
堆芯冷却剂出口温度	325.8 ℃
管道内冷却剂平均温升	33.9 ℃
燃料中产生的热量	97.4%
堆芯中燃料棒的总数	50 952
燃料包壳材料	锆合金 −4
控制棒组的棒数	25
停堆组件中的棒的数量	28

注:改编自 The Westinghouse Pressurized Water Reactor Nuclear Power Plant, Westinghouse Electric Company, Nuclear Operations Division, Pittsburgh, 1984; M. Naghedolfeizi, B. R. Upadhyaya, Dynamic Modeling of a Pressurized Water Reactor Plant for Diagnostics and Control, Research Report, University of Tennessee, DOE/NE/88ER12824 −02, June 1991.

A.2　沸水堆(BWR)

典型沸水堆的重要参数列于表 A.3 和表 A.4[3-6]。

表 A.3　典型沸水堆核蒸汽供应系统(NSSS)

反应堆热功率	3 579 MW
电功率	1 220 MWe
冷却剂压力(两相)	7.17 MPa
给水流量	1 820 kg/s
总的堆芯冷却剂流量	13 131 kg/s
蒸汽(冷却剂)温度	288 ℃
给水温度	216 ℃
蒸汽流量	1 820 kg/s

注:General Electric Company, BWR/6:General Description of a Boiling Water Reactor, San Jose, 1980; U.S. NRC Technical Training Center, Boiling Water Reactor (BWR) Systems, Chapter 3, Revisions 0200, 0400.

改编自 Nero, Jr., A Guidebook to Nuclear Reactors, University of California Press, Berkeley, 1979; J. Buongiorno, BWR Description, MIT OpenCourseWear, 22.06:Engineering of Nuclear Systems, Massachusetts Institute of Technology, Cambridge, MA, 2010.

表 A.4　典型沸水堆压力容器和堆芯参数

压力容器总高	21.7 m
容器内径	6.05 m
容器平均厚度	15.4 cm
标准容器包层厚度	0.32 cm
容器材料	锰钼镍钢
容器护套材料	奥氏体不锈钢
容器中的冷却剂体积	128 m³
燃料组件数	748
堆芯(燃料棒)有效长度	381 cm
堆芯组件组数	8×8(封闭式燃料阵列)
堆芯燃料质量(铀)	155 000 kg
平均燃耗	28 400 MWd/Te 重金属
等效堆芯直径	490 cm
燃料产热	97.4%
堆芯燃料棒总数	46 376
燃料包壳材料	锆合金 -4
棒数(驱动器数)	185(193 in BWR -6)

注:General Electric Company, BWR/6:General Description of a Boiling Water Reactor, San Jose, 1980; U.S. NRC Technical Training Center, Boiling Water Reactor (BWR) Systems, Chapter 3, Revisions 0200, 0400.

改编自 Nero, Jr., A Guidebook to Nuclear Reactors, University of California Press, Berkeley, 1979; J. Buongiorno, BWR Description, MIT OpenCourseWear, 22.06:Engineering of Nuclear Systems, Massachusetts Institute of Technology, Cambridge, MA, 2010.

A.3 加压重水反应堆(PHWR):CANDU 堆

表 A.5 和表 A.6 总结了典型 CANDU 堆的重要参数[3,7]。

表 A.5 典型的 CANDU - 600 反应堆核蒸汽供应系统(NSSS)

反应堆热功率	2 060 MW
近似发电功率	600 MWe
U 形管蒸汽发生器数量	4
蒸汽压力	4.69 MPa
蒸汽出口温度	260 ℃
蒸汽流量	1 047 kg/s
给水入口温度	187 ℃
蒸汽发生器壳材料	锰钼钢
蒸汽发生器管材料	铬镍铁合金 - 800
反应堆冷却剂泵电机马力	7 040
总冷却剂流量	7 600 kg/s
每个通道的平均冷却剂流量	20 kg/s
冷却剂压力(入口通道)	11.04 MPa
冷却剂压力(出口温度)	10.29 MPa

注:W. J. Garland (Editor-in-Chief), The Essential CANDU:A textbook on the CANDU Nuclear Power Plant Technology, University Network of Excellence in Nuclear Engineering (UNENE), McMaster University, Retrieved from https://www.unene.ca/education/candu-textbook, 2019.

改编自 A. V. Nero, Jr., A Guidebook to Nuclear Reactors, University of California Press, Berkeley, 1979.

表 A.6 CANDU 堆压力容器和堆芯参数

容器排管总长	7.6 m
排管外径	7.6 m
排管壁厚	3 cm,5 cm
标准容器包层厚度	0.56 cm
排管材料	不锈钢
包层材料	不锈钢
容器中的冷却剂体积	138 m³
堆芯燃料通道数(排管)	380(锆铌合金)

表 A.6（续）

每个通道的燃料束数量	12
燃料束直径	10 cm
燃料束长度	49.5 cm
每束燃料元件（棒）数量	37
每根燃料棒的燃料芯块数量	30
有效燃料长度	6.3 cm
燃料组件阵列（圆形）	锆合金轴瓦杆
堆芯燃料质量（铀）	95 000 kg
平均燃耗	7 000 MWd/Te 铀
等效芯径	6.3 m
标准堆芯冷却剂进口温度	267 ℃
堆芯冷却剂出口温度	312 ℃
堆芯冷却剂平均温升	45 ℃
慢化剂	重水（99.75% D_2O）
重水总量	463 000 kg
慢化剂入口温度	43 ℃
慢化剂出口温度	71 ℃
慢化剂压力	接近大气压，0.1 MPa
堆芯燃料棒总数	168 720
燃料棒包壳材料	锆合金 - 4
控制棒或隔室数量	4～21

注：W. J. Garland（Editor-in-Chief），The Essential CANDU：A textbook on the CANDU Nuclear Power Plant Technology，University Network of Excellence in Nuclear Engineering（UNENE），McMaster University，Retrieved from https://www.unene.ca/education/candu-textbook，2019.

改编自 A. V. Nero, Jr. , A Guidebook to Nuclear Reactors, University of California Press, Berkeley, 1979.

参 考 文 献

[1]　The Westinghouse Pressurized Water Reactor Nuclear Power Plant, Westinghouse Electric Company, Nuclear Operations Division, Pittsburgh, 1984.

[2]　M. Naghedolfeizi and B. R. Upadhyaya, Dynamic Modeling of a Pressurized Water Reactor Plant for Diagnostics and Control, Research Report, University of Tennessee, DOE/NE/88ER12824-02, June 1991.

[3]　A. V. Nero Jr. , A Guidebook to Nuclear Reactors, University of California Press, Berkeley, 1979.

［4］ General Electric Company, BWR/6：General Description of a Boiling Water Reactor, San Jose, 1980.

［5］ U. S. NRC Technical Training Center, Boiling Water Reactor（BWR）Systems, Chapter 3, Revisions 0200, 0400, 2018.

［6］ J. Buongiorno, BWR Description, MIT OpenCourseWear, 22.06：Engineering of Nuclear Systems, Massachusetts Institute of Technology, Cambridge, MA, 2010.

［7］ W. J. Garland, Editor-in-Chief, The Essential CANDU：A Textbook on the CANDU Nuclear Power Plant Technology, University Network of Excellence in Nuclear Engineering（UNENE）, McMaster University, 2019. Retrieved from, https://www. unene. ca/education/candu-textbook.

附录 B 先进反应堆

B.1 引言

先进的反应堆设计(标记为第三代、第三代 + 和第四代反应堆)已经完成,在编写本书时(2019 年),一些先进的反应堆正在运行。参考文献[1]总结了先进反应堆的特点,引用如下:

每种类型的设计更加标准化,以加快申请许可、降低投资成本和缩短建设时间。

更简单、更固有安全性的设计,使它们更易于操作,更不易受到操作故障的影响。

更高的可用性和更长的运行寿命,通常为 60 年。

进一步降低了堆芯熔化事故的可能性。

在停堆后的 72 h 内,电厂不需要主动干预。

相比早期设计,具有更强的抵御飞行物撞击能力,以防止放射性释放。

更高的燃耗,以更充分和有效地使用燃料,并减少废料的数量。

更多使用可燃吸收剂("毒物")以延长燃料寿命。

先进的反应堆设计采用非能动安全系统。这些系统在事故发生时无须操作员操作,无须专设安全系统根据测量信号进行操作,也无需电力。非能动系统依赖于自然过程,如重力、自然循环、安全阀操作和冷冻阀融化。

先进反应堆的部件由车间统一制造,无须现场制造,从而降低成本,加快建造速度,称为模块化设计。许多反应堆采用"一体化"设计。也就是说,他们将其他部件,如蒸汽发生器和稳压器,以及反应堆堆芯放置在同一个容器内。这提高了安全性,但增加了容器所需的尺寸。

本附录强调了动态学、控制和安全相关的先进反应堆特性。

B.2 设计的可能性

动力堆的组成成分以及不同的运行要求和能力有多种可能性,主要包括:

- 燃料:^{235}U、^{233}U、^{239}Pu
- 燃料形式:金属、金属氧化物、金属碳化物、流体
- 增殖材料:^{238}U、^{232}Th
- 慢化剂:水,重水,石墨,无(在快堆中)
- 反应堆冷却剂:液态水、沸水、液态重水、氦、二氧化碳、熔盐、熔钠、熔铅、熔铅铋

- 二次冷却剂:无(沸水反应堆)、饱和蒸汽、过热蒸汽、氦气、二氧化碳
- 发电:朗肯循环(蒸汽轮机)和布雷顿循环(燃气轮机)

设计者已经为潜在的先进反应堆选择了这些成分和操作特征的各种组合。在美国、加拿大、法国、日本、中国、韩国、印度和俄罗斯等多个国家已经完成设计,供国内使用和出口。虽然这些设计差别不大,但细节上的不同点过多,无法在本书中一一描述。

B.3　关于使用钍反应堆的说明

一些新的反应堆设计使用^{232}Th作为增殖的材料。它们通过以下反应生成^{233}U:

$$^{232}\text{Th} + n \longrightarrow ^{233}\text{Th} \longrightarrow ^{233}\text{Pa} + \beta \longrightarrow ^{233}\text{U} + \beta \tag{B.1}$$

^{233}Th的半衰期为22 min,俘获截面非常大(约为^{233}U裂变截面的2.7倍)。如果^{233}Th的半衰期更长,造成的中子损失会更大,半衰期相对较短,导致^{233}Th的停留时间较短,影响较小。

^{233}Pa的半衰期为27天,对中子的需求量很大(热中子的吸收截面约为^{233}U截面的7.5%)。因此,如果^{233}Pa留在反应堆中,^{232}Th/^{233}U反应堆会在增殖^{233}U过程中造成显著的中子损失。要解决这个问题,需要在低中子通量区移除和隔离^{233}Pa,或在^{233}Pa截面较大的中子能谱区域减少中子数量。这对于实现增殖(生产与消耗一样多或产生更多的裂变材料)至关重要。

从^{238}U生产^{239}Pu的反应堆也有可以吸收中子的中间同位素,反应如下:

$$^{238}\text{U} + n \longrightarrow ^{239}\text{U} \longrightarrow ^{239}\text{Np} + \beta \longrightarrow ^{239}\text{Pu} + \beta \tag{B.2}$$

^{239}Np是值得关注的同位素,它的半衰期相当短(至少与^{232}Th/^{233}U案例中的^{233}Pa相比),与裂变同位素相比,其吸收截面很小。因此,不会在^{238}U/^{239}Pu反应堆中分离和隔离^{239}Np。还应注意的是,分离和隔离^{233}Pa会产生纯^{233}U,存在扩散风险。

B.4　先进反应堆市场

下表显示了2018年先进反应堆的建设和运行状况,包括在建反应堆和正在设计的反应堆(见参考文献[1-2]):

- 压水堆:至少12个(占主导地位)
- 沸水堆:至少3个
- 加压重水反应堆:至少2个
- 液态金属快堆:至少4个
- 高温气冷堆:至少1个(见参考文献[3-4]),在小型高温气冷堆上也做了大量工作
- 熔盐堆:至少2个(见参考文献[5])。
- 先进重水反应堆:至少1个。

上述信息只是2018年的状态。感兴趣的读者可以在文献中找到关于核电厂供应商及

其设计的大量最新信息(包括互联网上的信息),世界核协会是一个极好的信息来源。

发展的方式将决定建造哪些反应堆,在哪里建造反应堆,谁来建造反应堆,谁来运营反应堆。所有这些发展都将对具有动态分析和控制系统设计能力的工程师产生越来越大的需求。

B.5　更新换代的大型反应堆

大型反应堆具有较强的发电能力,发电量高达 1 500 MW,具有 B.1 节中描述的全部或部分特性。

反应堆供应商提供了许多大型先进动力反应堆,在编写本书(2019 年初)时,已经建造并运行了一些反应堆。但也出现了成本超支和施工延误的问题,给一些供应商和这些先进系统的业主带来了问题。例如,西屋电气公司和通用电气公司进行了重大重组。

尽管如此,在美国和其他核工业大国,先进的大型反应堆的实施热情仍在继续,俄罗斯、中国和印度的项目规模远大于美国。这些国家为国内和出口市场提供第三代、第三代 + 甚至第四代反应堆。

B.5.1　压水堆

第三代和第三代 + 压水堆由几个国家的公司提供,包括美国、法国、日本、中国和俄罗斯。这些压水堆有许多共同的特点,都努力提供 B.1 节中描述的特点。描述这些反应堆的独特特点超出了本书的范围和目的。这里选择了一个系统——西屋 AP 1000 进行简要描述。

AP1000(采用高级非能动反应堆)是第三代 + 反应堆,热功率为 3 400 MW,电功率为 1 117 MW[6-7]。两台 AP1000 机组在中国运行(截至 2019 年 6 月)。两个 AP1000 反应堆正在美国建造中。

AP1000 反应堆堆芯类似于之前的西屋压水堆。特色之处在于余热排出系统采用更少的部件,尤其是安全系统,安全系统完全依靠自然现象:重力、自然循环和压缩气体来引导冷却剂从水箱中流出,没有与安全相关的泵、风扇、冷却器或其他旋转机械,安全系统自动运行,不需要操作员操作和电力。安全系统的设计是为了在没有人为干预和不需要电力的情况下,防止燃料无限期过热。乏燃料池为乏燃料提供无限期冷却。

安全注射系统如下:

- 堆芯补水罐(CMT)。事故发生后,当压力仍然很高时,为反应堆冷却剂系统提供流量,罐内含有正常反应堆冷却剂系统压力下的含硼水,当隔离阀自动打开时,来自堆芯补水罐的水通过重力流入反应堆冷却剂系统。

- 蓄压器。用氮气加压至 4.83 MPa,当压力降至中等水平时,蓄压器向反应堆冷却剂系统提供流量。

- 堆芯换料水箱(IRWST)。堆芯换料水箱是一个大型水箱,装有含硼水(2 233 m³),并向安全壳厂房内部开放。系统降压后,水通过重力从堆芯换料水箱流入反应堆冷却剂系统。自动减压系统通过向堆芯换料水箱或直接向安全壳厂房释放蒸汽来降低系统压力。钢制安全壳外部的喷淋水在安全壳蒸汽中冷凝,冷凝水返回堆芯换料水箱。堆芯换料水箱还可作为长期冷却的换热器,位于堆芯换料水箱中的热交换器接收来自反应堆冷却剂系统的热流体,并通过自然循环返回冷却水。如果堆芯换料水箱水沸腾,蒸汽由安全壳冷却系统冷凝,冷凝水返回堆芯换料水箱。

B.5.2　沸水反应堆

这里,我们介绍第三代 + 设计的经济安全沸水堆(ESBWR)[8-9]。ESBWR 在反应堆冷却系统和安全系统中采用非能动传热。

反应堆冷却剂通过自然循环流过堆芯,从而消除了先进沸水堆(ABWR)和大多数早期沸水堆中使用的冷却剂泵,这两项设计改进增强了自然循环能力。燃料区比早期的沸水堆短,从而降低了堆芯压降。堆芯上方的通道进一步增强了自然循环。ESBWR 的设计取消了冷却剂泵和相关管道,从而简化了结构,降低了成本,提高了安全性。

安全系统有四个主要部件:隔离冷凝器系统(ICS)、重力驱动冷却系统(GDCS)、非能动安全壳冷却系统(PCCS)和备用液体控制系统(SLCS)。每一个都有一个蓄水器,不需要电力或操作员操作。

当反应堆冷却剂系统保持完整且压力升高时,隔离冷凝器系统运行。隔离冷凝器系统连接到位于反应堆上方的蓄水池中的热交换器。热交换器中的热传递使反应堆冷却系统释放的蒸汽冷凝,由此产生的液态水通过自然循环返回反应堆冷却剂系统。

重力驱动冷却系统通过自动减压系统减压后,通过重力将水从反应堆上方的一个大水池中转移出来,该系统自动将蒸汽释放到反应堆下方的抑压水池中。

非能动安全壳冷却系统使用热交换器将热量从安全壳传递到反应堆上方水池中的水。

备用液体控制系统将含硼水注入反应堆。

B.5.3　加压重水反应堆

加拿大提供了两种先进的加压重水反应堆设计。反应堆的设计和用途各不相同。简要说明如下:

* 先进 CANDU 堆(ACR):ACR 是第三代 + 反应堆,旨在与其他第三代 + 反应堆竞争,作为大型电站(参考文献[10])。与早期 CANDU 堆的主要区别在于 ACR 使用轻水而不是重水冷却剂,排管式堆容器中为重水慢化剂,ACR 采用 B.1 节所述的原则,然而与其他第三代 + 设计相比,ACR 没有竞争力,开发工作已经停止。

* 先进燃料 CANDU 堆(AFCR):第三代 AFCR 似乎为 CANDU 堆提供了新生命,AFCR 的设计与 CANDU6 基本相同,但采用了新的燃料设计[11-13],使用轻水反应堆回收乏燃料或低浓缩铀/钍(LEU//Th)燃料。

轻水堆的乏燃料含有的裂变材料太少,无法继续用于轻水堆。但是,轻水堆乏燃料含有足够的裂变材料用于 CANDU 堆,因为 CANDU 的中子经济性更好(因为重水的中子吸收概率很小)。

AFCR 燃料棒束是圆柱形的,有 43 根同心燃料棒。回收乏燃料的方案使用 42 根含有回收乏燃料的棒和一根(位于中心)含有回收乏燃料和氧化镝混合物的棒。低浓铀/钍方案使用 8 个含氧化钍的内棒和 35 个含低浓缩铀的外棒。

B.6   开发阶段的大型反应堆

处于开发阶段的几个大型反应堆很可能在未来广泛建造。每种设计都借鉴了早期原型系统的经验。简要描述如下:

B.6.1   气冷反应堆

Magnox, CO_2 冷却动力堆已经在英国运行多年,但因没有建造先进的气冷反应堆,而是一直在进行技术开发和原型反应堆的实施。而被其他国家开发的轻水堆所掩盖。

先进气冷堆具有棱形和球形设计(参考文献[14-17]),棱柱形设计将燃料颗粒嵌入石墨块中,球形设计将燃料颗粒嵌入石墨球中。

两种反应堆设计都使用 TRISO(三结构各向同性)小燃料颗粒(0.5 mm),能够承受高温并含有裂变产物。TRISO 涂层燃料颗粒由外部热解碳层(外径 0.92 mm)、中间层的碳化硅和内部热解碳层以及内部多孔碳缓冲层组成。燃料核在粒子的中心,碳化硅的高熔化温度(1 600 ℃)可防止颗粒失效。

无论具体的反应堆设计如何,所有先进气冷堆都具有以下特点:

- 化学惰性氦冷却剂;
- 单相氦冷却剂(无沸腾问题);
- 氦冷却剂中可忽略的中子吸收(零冷却剂温度反应性系数);
- 石墨的高导热性(避免热点);
- 由于热容量大,对扰动响应慢;
- 多普勒效应引起的明显的负反应性燃料温度系数;
- 功率在扰动后稳定,无须控制动作。

所有这些特征结合在一起提高了气冷堆的安全性。大型和小型气冷堆都是实施的候选对象。

B.6.2   液态金属快中子增殖反应堆

从核电初期开始,人们就认识到了在快堆中繁殖的潜力,并且已经运行了许多原型反应堆(参考文献[18-20])。两个大型快堆(BN 600 和 BN 800)正在俄罗斯运行,本书撰写(2018 年)时中国[21]和印度[22]正在建造快堆。

钠冷快堆(SFR)是一种先进的反应堆设计,它利用钠来去除堆芯中的热量,并传递到热交换器和蒸汽发生器。钠冷快堆通常分为两类:池式和环路式。池式钠冷快堆具有一次冷却剂系统部件,如位于反应堆容器内的泵和中间热交换器。在环路式反应堆中,这些部件位于反应堆容器外部。池式结构降低了轻水堆中许多事故情况出现的可能性。

由于钠(^{23}Na)原子比氢原子和氧原子重,中子在与钠原子的碰撞中损失的能量比轻水堆中的氢原子和氧原子少,因此能够进行快速裂变反应。钠在液相中有很大的温度范围(371 ~ 1 156 K),能够以液相状态吸收大量热量。一个大的钠水池提供了良好的热惯性并防止过热。由于钠的沸点较高(与工作温度相比),因此无需对一回路加压,与轻水堆相比,先进钠冷快堆可使用厚度较小的反应堆容器,但必须避免钠与水的任何化学作用,这是热交换器设计中要考虑的安全问题。

B.6.3　熔盐堆

在熔盐堆(MSR)中,使用熔盐将热量从反应堆一次侧传递到中间热交换器,然后传递到电厂配套系统,用于发电和/或工业热应用[23-24]。在采用固体燃料和液态熔盐作为冷却剂的熔盐堆中,堆芯是固定的。在以熔盐为燃料的反应堆中,燃料溶解在液态熔盐中,液态燃料在一回路和中间回路中循环。能源部在 2010 年采用了术语"氟化物盐冷却高温反应堆"(FHR),以区分氟化物盐冷却堆和熔盐燃料堆。

液态熔盐燃料反应堆称为熔盐堆。未来潜在的熔盐堆包括热反应堆和快堆。热反应堆使用石墨作为慢化剂。在这两种情况下,燃料都溶解在熔盐中。熔盐堆在低压下运行,具有在线换料的能力,因此避免为定期换料而停堆。在熔盐增殖堆(MSBR)的设计中,^{232}Th 的转化首先导致 ^{233}U 的产生,因此,如 B1.1 节所述,因 ^{233}Pa 中子俘获,^{233}U 的生产受到损失。熔盐增殖堆通过移除和隔离含有 ^{233}Pa 的熔盐流来解决这个问题。熔盐增殖堆通过捕获 ^{233}Pa 来解决 ^{233}U 的损失问题。

B.6.4　重水反应堆

先进重水堆是印度的一种新重水设计[25-27]。它使用轻水冷却剂,在位于重水慢化剂箱中的垂直通道中沸腾,冷却剂通过自然循环流动。

先进重水堆的设计是使用钍发电。圆柱形燃料束包含 54 根燃料棒,内圈包含 30 根含有 ThO_2 的燃料棒,外圈包含 24 根含有 ThO_2 和 PuO_2 的燃料棒。

由于其他具有类似特征的反应堆存在稳定性问题,因此,已经对先进重水堆进行了详细的稳定性研究。像俄罗斯的 RBMK(切尔诺贝利)反应堆一样,它是一种从沸腾的冷却剂中分离出来的静止慢化剂。与沸水堆一样,先进重水堆具有沸腾冷却剂,这两个反应堆都有稳定性问题,先进重水堆的稳定性研究表明有足够的稳定裕度。

B.7　小型反应堆

B.7.1　简介

小型反应堆是那些功率水平为 300 MW 以下的反应堆。B.3 节中讨论的所有反应堆也都有小型反应堆版本。虽然设计通常较小,但具有与大型反应堆设计相似的部件,因此此处不介绍设计特点。小型模块化反应堆的设计本质上是一体化,反应堆堆芯、热交换器/蒸汽发生器、冷却剂泵和控制棒驱动机构包含在一个大型容器中。参考文献[28]对小型反应堆的仪表和控制系统进行了概述。

B.7.2　优势

小型反应堆的优势是建设速度快,买方的增量成本低,从而根据需要增加产能,并逐步增加债务。与大型先进反应堆相比,更小的组件允许更多工厂能够制造,也允许在安全壳内放置更多的组件,从而提高安全性。在电力需求较低的地区,可以将小型反应堆安置在单个反应堆设施中,或者在多个反应堆的地点,随着需求的增加,反应堆也会增加。

B.7.3　小型反应堆清单

许多小型反应堆的设计正在开发中(这里的描述太多)。表 B.1 显示了根据参考文献改编的小型反应堆的部分列表[29-30]。

表 B.1　小型反应堆概要:水冷、气冷、液态金属冷却快堆和熔盐反应堆

反应堆型号设计	国家	技术开发机构	类型	模块输出 /MWe
水冷堆				
CAREM – 25	阿根廷	CNEA	一体化压水堆,自然循环	27
ACP – 100	中国	CNNC	一体化压水堆	100
Flexblue	法国	DCNS	环路式(船用)	160
PHWR – 220	印度	NPCIL	重水冷却 重水慢化 设计	235
AHWR300 – LEU	印度	BARC	轻水冷却,重水慢化(压力管式)	304
SMART	韩国	KAERI	一体化压水堆	100
KLT – 40S	俄罗斯	OKBM	紧凑环路(船用)	35
RITM – 200	俄罗斯	OKBM	一体化	50
NuScale	美国	NuScale	一体化压水堆,自然循环	45
SMR – 160	美国	Holtec	紧凑环路	160
mPower	美国	Generation mPower	一体化压水堆(直流蒸汽发生器)	180
W – SMR	美国	Westinghouse Electric Co.	一体化压水堆(汽水分离器在压力容器外)	225
气冷反应堆				
HTR – PM	中国	INET, Tsinghua University	高温气冷堆,球床,2 个模块	105
PBMR	南非	Eskom PBMR	高温气冷堆,球床	100
GT – MHR	美国	General Atomics	高温气冷堆,校形	150
EM²	美国	General Atomics	高温气冷堆,校形	240

表 B.1(续)

反应堆型号设计	国家	技术开发机构	类型	模块输出/MWe
液态金属冷却快堆和熔盐反应堆				
CEFR	中国	CIAE	池式,液态金属快堆	20
4S(Super Safe Small & Simple)	日本	Toshiba	钠冷快堆	10 或 50
SVBR－100	俄罗斯	AKME	铅铋合金	101
PRISM	美国	GE Nuclear	钠冷快堆	311

改编自 M. D. Carelli, D. T. Ingersoll (Eds.), Handbook of Small Modular Nuclear Reactors, Elsevier Woodhead Publishing, 2015; S. M. Goldberg, R. Rosner, Nuclear Reactors: Generation to Generation, American Academy of Arts and Sciences, 2011.

B.8　先进反应堆动态学

取决于燃料温度、冷却剂温度、慢化剂温度(在热反应堆中)、压力(主要在冷却剂沸腾的反应堆中)和结构部件的温度(由于尺寸变化的反馈,主要在快堆中)。

所有先进反应堆都具有负的燃料温度系数,也就是说,燃料温度升高会导致裂变率降低。在各种先进的反应堆中,大多数(但不是全部)其他反馈的特征也是反应性系数为负。例如,在冷却剂沸腾的反应堆中,压力系数为正,而在冷却剂中含有大量中子毒物的反应堆中,冷却剂的温度系数为正。

条件(温度、沸腾等)的变化率决定了相关反应性反馈的速度。这些变化率取决于传热系数和部件的热容量,并以时间常数为特征。长时间常数意味着相关的响应滞后于瞬变的开始。在先进反应堆中,反应性反馈的时间常数变化很大。反应堆部件的时间响应对系统动态学有两个影响:反应性反馈延迟,如果时间常数大,反应堆部件温度变化更慢。例如,石墨慢化的气冷堆具有很大的热容量,它们对扰动的反应很慢。应该注意的是,如果负反馈滞后于瞬态启动程序,可能会导致不稳定。

参 考 文 献

[1]　Large Advanced Nuclear Power Reactors, World Nuclear Association, October. Available atwww. world-nuclear. org/.../advanced-nuclear-power-reactors. aspx, 2018.

[2]　Nuclear Power Reactors, World Nuclear Association, October. available atwww. world nuclear. org/small-nuclear-power-reactors. aspx, 2018.

[3]　Medium Size HTGR:www. us. areva. com/home/liblocal/docs/Nuclear/HTGR/HTGR InfoKit-

2014-03. pdf.

[4] CNNC's New Reactor Set to Go into Global Market, www. ecns. cn/business/2017-07-19/ detail-ifytetzm3037842. shtml.

[5] D. E. Holcomb, History, Background, and Current MSR Developments, www. gain. inl. gov/SiteAssets/MoltenSaltReactor/Module1-History.

[6] W. E. Cummins, M. M. Corletti, T. L. Schultz, Westinghouse AP-1000 advanced passive plant, in: Proceedings of ICAPP, Cordoba, Spain, May 4-7, 2003. Available at www. nuclearinfo. net/.../WebHomeCostOfNuclearPower/AP1000Reactor. pdf.

[7] AP1000 Passive Safety Systems, Available at: www. nrc. gov/docs/ML1523/ ML15230A043. pdfW. E.

[8] GE Hitachi's ABWR and ESBWR, Safer, Simpler, Smarter, Available atwww. oecd-nea. org/ndd/workshops/innovtech/presentations/.

[9] The Functions of the ESBWR Emergency Core Cooling System, Available atwww. auto mationenergy. com/2017/07/16/the-functions-of-the-esbwr(n. d.).

[10] Advanced CANDU reactor, Available atwww. revolvy. com/topic/AdvancedCANDU reactor.

[11] Advanced Fuel CANDU Reactor, SNC-Lavalin, Available atwww. snclavalin. com/en/ files/documents/publications/afcr-technical.

[12] AFCR, Transcending natural uranium fuel cycles-Nuclear, Available atwww. neimagazine. com/features/. . . natural-uranium-fuel-cycles-4432140.

[13] The AFCR and China's fuel cycle, World Nuclear News, Available atwww. world nuclear-news. org/E-The-AFCR-and-Chinas-fuel-cycle.

[14] Gas-Cooled Reactor, Advanced Heavy Water Reactor, Available atwww. nptel. ac. in/ courses/103106101/Module-3/Lecture-4. pdf.

[15] Gas-Cooled Reactors—IAEA Scientific and Technical, Available atwww. pub. iaea. org/ MTCD/publications/PDF/CSPS-14-P/CSP − 14_part2. pdf.

[16] Very-High Temperature Reactor (VHTR), Available athttps://www. gen- 4. org/gif/ jcms/c_42153/very-high-temperature-reactor-vhtr.

[17] The High Temperature Gas-Cooled Reactor (HTGR)—Safe, Clean and Sustainable Energy for the Future, Available atwww. ngnpalliance. org/index. php/htgr.

[18] Sodium-Cooled Fast Reactor (SFR), Available athttps://www. gen- 4. org/gif/jcms/c_ 9361/sfr.

[19] Liquid Metal Fast Breeder Reactors (LMFBR), Available atwww. ati. ac. at/fileadmin/ files/research_areas/ssnm/nmkt/11_LMFBR. pdf.

[20] Fast Neutron Reactors—World Nuclear Association, Available atwww. world-nuclear. org/. . . /fast-neutron-reactors. aspx.

[21] China Building a 600 MWe Fast Neutron Reactor which Will Become Workhorse in the 2040s, Available atwww. nextbigfuture. com.

[22] India Nearing Completion of 500 MW Commercial Fast Breeder Reactor, Available at www. nextbigfuture. com(n. d.).

[23] Molten Salt Reactors—World Nuclear Association, Available atwww. world-nuclear. org/.../molten-salt-reactors. aspx(n. d.).

[24] Overview of MSR Technology and Concepts, Available athttps://gain. inl. gov/ SiteAssets/MoltenSaltReactor/Module2-Overview(n. d.).

[25] Advanced Heavy Water Reactor, Bhabha Atomic Research Centre (BARC), India. Available at:www. barc. gov. in/publications/eb/golden/reactor/toc/chapter1/1. pdf.

[26] Analytical Studies and Experimental Validation of AHWR, BARC, India. Available at: www. barc. gov. in/publications/eb/golden/reactor/toc/chapter1/1_9. pdf.

[27] M. Todosow, A. Aronson, L. -Y. Cheng, R. Wigeland, C. Bathke, C. Murphy, B. Boyer, B. Fane, B. Ebbinghaus, The Indian Advanced Heavy Water Reactor and Non Proliferation Attributes, Brookhaven National Laboratory, BNL-98372-2012, August,2012.

[28] IAEA, Instrumentation and Control Systems for Advanced Small Reactors, IAEA Nuclear Energy Series No. NP-T-3. 19, IAEA, Vienna, 2017.

[29] M. D. Carelli, D. T. Ingersoll, Handbook of Small Modular Nuclear Reactors, Elsevier Woodhead Publishing, 2015.

[30] S. M. Goldberg, R. Rosner, Nuclear Reactors: Generation to Generation, American Academy of Arts and Sciences, 2011.

附录 C　基础反应堆物理

C.1　引言

假设大多数读者都熟悉反应堆的基本理论,但是对于那些不熟悉或需要复习的人,本附录提供了与反应堆动态学研究相关的基本概念的简要概述。更多细节可以在参考文献[1-4]中找到。

C.2　中子相互作用

中子与物质的相互作用会导致各种结果,这取决于中子能量和目标原子核的性质,反应堆运行中重要的相互作用如下:

弹性碰撞:当中子与目标原子核碰撞而不激发原子核时,就会发生这种情况。在靶核和中子的碰撞中,靶核反冲,中子以较低的能量继续运动。这类似于"撞球",总动能(KE)守恒,这是与慢化剂的轻核相互作用,将中子减速为热能的主要模式。

非弹性碰撞:在非弹性碰撞中,目标原子核激发,发出伽马射线,并发出能量低于入射中子的中子。

辐射俘获:在辐射俘获中,中子被目标原子核吸收,产生一个激发态原子核,通过发射伽马射线变得稳定。

嬗变:在嬗变反应中,吸收中子产生新的同位素。例如

$$^{10}B + {}^{1}n \longrightarrow {}^{7}Li + {}^{4}He(\alpha) \tag{C.1}$$

裂变:核反应堆中发生的基本反应是裂变反应,这种反应发生在某些重核中。$^{235}_{92}U$ 是唯一能与慢中子反应的天然铀同位素。其他通过慢(或热)中子发生裂变的主要同位素是 $^{233}_{92}U$、$^{239}_{94}Pu$ 和 $^{241}_{94}Pu$。

铀同位素的天然丰度(在自然界中发现的)如下:

$$^{234}U = 0.006\%$$
$$^{235}U = 0.714\%$$
$$^{238}U = 99.28\%$$

C.3　反应速率和核能发电

在这一节中,回顾了中子和原子核之间的一些相互作用。由于中子没有电荷,即使速

度很低,也能参与核反应。本节简要回顾了中子截面、中子通量、反应速率和发电。

在核反应堆中,裂变中子引起新的裂变、非裂变中子俘获和中子泄漏。裂变中子的平均能量在 2 MeV 左右,这些快中子通过吸收和散射反应与堆芯材料(结构、燃料、慢化剂等)相互作用,减慢中子的速度。

中子截面是用于确定核反应速率的基本数据,微观截面由符号 σ 表示。微观截面基本上是入射中子的靶区,截面单位为 cm^2,截面的典型值是 $10^{-26} \sim 10^{-22}$ cm^2。为了简化截面单位的说明,使用了一个新的单位,称为靶(barn)。1 靶定义为 10^{-24} cm^2。

核反应堆中重要的反应有裂变、俘获、吸收(裂变 + 俘获)、弹性散射和非弹性散射。截面取决于中子能量大小,裂变和俘获截面随着中子能量的增加而减小。对于许多同位素来说,截面随着低能时中子速度的倒数($1/v$ 或中子能量平方根的倒数)而变化,遵循 $1/v$ 定律的同位素称为 $1/v$ 吸收体。

中子和靶核之间相互作用的总微观截面 σ_T 为

$$\sigma_T = \sigma_a + \sigma_s \qquad (C.2)$$

式中　σ_a——微观吸收截面;

σ_s——微观散射截面。

这些可以进一步分类为

$$\sigma_a = \sigma_f + \sigma_c \, (裂变 + 俘获)$$

$$\sigma_s = \sigma_{se} + \sigma_{si} \, (弹性 + 非弹性)$$

对于给定浓度的靶核,在给定的时间间隔内碰撞的次数与中子在单位体积内行进的距离成正比。以下是一些重要的关系:

- 中子通量:$\varphi = nv$[中子数/$(cm^2 \cdot s)$]
- N = 靶核密度(核数/cm^3)
- 宏观横截面:$\Sigma = \sigma N$ (cm^2/cm^3 或 cm^{-1})
- 反应速度:$R = \Sigma \varphi$ [反应次数/$(cm^3 \cdot s)$]
- 裂变反应速率:$R_f = \Sigma_f \varphi$
- $R_f = \Sigma_f \varphi$
- R_f 裂变反应的数量/$(cm^3 \cdot s)$
- σ_f 微观裂变截面

$1/v$ 吸收的反应速率由下式给出:

$$R = N\sigma\varphi$$

或者

$$R = N(c/v)nv$$

式中,c 是常数。

请注意,速度项相互抵消。因此,$1/v$ 吸收的反应速率与中子能量无关。

示例 C.1

实验反应堆的中子能量大约等于 0.025 3 eV。这相当于中子的速度约为 2 200 m/s。作为练习,令通量 $\varphi = 2 \times 10^{12}/(cm^2 \cdot s)$,计算中子密度。

$$n = \varphi/v = \frac{2 \times 10^{12} \ cm^{-2} s^{-1}}{2\ 200 \times 100 \ m \cdot s^{-1}} = 9 \times 10^6/cm^3$$

在上述示例中,使用微观吸收截面 $\sigma_a = 694$ b 表示 ^{235}U。靶核密度为 $N = 0.05 \times 10^{24}/cm^3$。那么

$$\Sigma_a = N\sigma_a = 34 \ cm^{-1}$$

反应速率如下所示:

$$R = \varphi\Sigma_a = 6.8 \times 10^{13}/(cm^3 \cdot s)$$

R 也是 ^{235}U 原子核消耗的速率。

注意,^{235}U 在 $E = 0.025$ eV 的微观裂变截面为 $\sigma_f = 582b$,俘获截面为 $\sigma_c = 112b$,吸收截面为 $\sigma_a = \sigma_f + \sigma_c = 694b$。$\sigma_f/\sigma_a$ 之比为 $582/694 = 0.84$,也就是说,^{235}U 中 84% 的热中子吸收导致裂变反应。

如果吸收体截面随着中子能量(和中子速度)的增加而减小的速度比 $1/v$ 慢,那么相对于 $1/v$ 吸收体的吸收率随着中子能量的增加而增加。对于截面减小速度超过 $1/v$ 的吸收体来说,情况正好相反。低能吸收的能量依赖性在确定动力反应堆的动态学中起着重要作用。

反应堆产生的功率由以下公式给出:

$$P = (NV)\sigma_f nv \ F \tag{C.3}$$

式中　V——堆芯总体积;

F——每次裂变产生的能量(3.225×10^{-11} W·s/次)。

如果我们假设方程右边的所有项(C.3)是常数,除了中子密度 n,反应堆功率与中子密度或中子通量成正比:

$$P \propto n \propto \varphi \tag{C.4}$$

这种关系很重要,因为在中子学方程中,我们可以用倍增因子的实际反应堆功率来代替中子密度。

C.4　核裂变

低能中子可引起 ^{235}U、^{233}U、^{239}Pu 和 ^{241}Pu 裂变,这些材料称为裂变材料。^{238}U 和 ^{232}Th 等同位素能与快中子发生裂变,称为可裂变材料(与裂变相对)。注意,^{238}U 和 ^{232}Th 可通过吸收中子和最终衰变产生各自的裂变同位素,分别转化为 ^{239}Pu 和 ^{233}U。反应如下:

$$^{238}_{92}U + ^{1}_{0}n \longrightarrow ^{239}_{92}U \longrightarrow ^{239}_{93}Np + ^{0}_{-1}\beta$$
$$\downarrow$$
$$^{239}_{93}Pu + ^{0}_{-1}\beta \tag{C.5}$$

^{239}U 的半衰期为 23 min，Np - 238 的半衰期为 2.3 天

$$\begin{array}{l} ^{232}_{90}\text{Th} + ^{1}_{0}\text{n} \longrightarrow ^{233}_{90}\text{Th} \longrightarrow ^{233}_{91}\text{Pa} + ^{0}_{-1}\beta \\ \qquad\qquad\qquad\qquad\qquad\qquad\downarrow \\ \qquad\qquad\qquad\qquad\quad ^{233}_{92}\text{U} + ^{0}_{-1}\beta \end{array} \tag{C.6}$$

^{233}Th 的半衰期为 22 min，衰变为镤（^{233}Pa）。^{233}Pa 的半衰期为 27 天，中子吸收截面相当大（约为^{233}U 裂变截面的 7.5%）。因此，^{233}Pa 是一种重要的中子吸收剂，它的存在降低了^{233}U 的潜在产量。^{233}Pa 在运行堆芯中的滞留导致^{233}U 生产的重大损失。

许多裂变碎片在裂变反应中释放出来，它们是根据裂变产额的百分比来分类的，裂变产额是给定同位素原子占所有裂变碎片总数的百分比，反应如下：

$$^{235}_{92}\text{U} + ^{1}_{0}\text{n} \longrightarrow ^{236}_{92}\text{U}^{*} \longrightarrow ^{A1}_{z1}\text{F} + ^{A2}_{z2}\text{F} + v^{1}_{0}\text{n} + 能量$$

式中 v——裂变反应中产生的中子数（2 或 3）。

最可能的裂变碎片是^{140}Cs（铯）和^{93}Rb（铷）。例如，涉及这些裂变碎片的反应如下：

$$^{235}_{92}\text{U} + ^{1}_{0}\text{n} \longrightarrow ^{236}_{92}\text{U}^{*} \longrightarrow ^{140}_{55}\text{Cs} + ^{93}_{37}\text{Rb} + 3^{1}_{0}\text{n} + 能量（\approx 200\ \text{MeV}） \tag{C.7}$$

高速裂变碎片通过与周围介质（燃料、结构、慢化剂等）的分子相互作用而失去能量，从而将动能（KE）转化为热能。还有伽马辐射引起的加热，以及中子慢化到较低的能量水平。^{235}U 中热中子引起的每次裂变平均产生 $v = 2.43$ 个中子。

阿伏伽德罗常数（AN）：每摩尔物质的分子数或原子数。1 mol 原子是以克为单位的物质量，在数值上等于它的原子质量。阿伏伽德罗常数等于 $AN = 6.023 \times 10^{23}$ 个原子（每摩尔原子）。

示例 C.2

天然铀中^{235}U 原子数密度（N）是每立方厘米^{235}U 的原子数。原子数密度由下式给出：

$$N = (AN)\rho e/m$$

式中 ρ——材料密度/（g/cm^3）；

e——富集度[^{235}U/（^{235}U + ^{238}U）]；

m——U 的摩尔质量。

1% 浓缩铀中^{235}U 的数量密度（材料密度为 19.0 g/cm^3）为[3]

$$N_{235} = \frac{19.0\ \text{g/cm}^3 \times 6.023 \times 10^{23}\ \text{g}^{-1}}{238} \times 0.01 = 4.80 \times 10^{20}\ \text{cm}^3$$

一些能量当量如下：

1 eV 是当电子加速通过 1 V 的电位差时，赋予电子的动能的能量。

$$1\ \text{eV} = 1.602 \times 10^{-19}\ \text{J}$$

$$1\ \text{cal} = 4.184\ \text{J}$$

^{235}U 原子核吸收中子的形式如下：

$$^{235}_{92}\text{U} + ^{1}_{0}\text{n} \longrightarrow ^{236}_{92}\text{U}^{*} \tag{C.8}$$

由于两个相互作用粒子的质量之和大于正常^{236}U 原子核（基态）的质量之和，这导致了产物的额外内能。这个多余的能量足以引起核裂变（静电斥力主导核吸引力）。

表 C.1 ^{235}U 热中子裂变的能量分布

来源	能量/MeV
裂变产物 KE	168
中子 KE	5
γ 辐射能量（瞬时和缓发）	11
裂变产物 β 衰变的能量	7
·总计（可用作热能）	191
不能作为热能使用的能量	11
·一次裂变反应产生的总能量	202

^{235}U、^{233}U 和 ^{239}U 核（奇数个中子）的中子结合能比 ^{232}Th 和 ^{238}U 核（偶数个中子）高约 1 MeV，这个额外的结合能足以超过低能中子裂变的临界能量。例如：对于 ^{235}U，发生裂变的临界能量是 5.5 MeV，一个额外中子的结合能是 6.6 MeV。^{238}U 的临界能和结合能分别为 5.9 MeV 和 4.9 MeV。

每次裂变释放出的 2~3 个中子（取决于所涉及的裂变同位素），其中一个用于在稳态链式反应中产生下一个裂变反应。剩下的中子：

- 堆芯泄漏；
- 由非燃料反应堆成分（如冷却剂、慢化剂和结构材料）吸收；
- 燃料中的非裂变俘获（辐射俘获）；
- 增值性核俘获（如 ^{238}U，共振俘获）。

各种形式的裂变能分布见表 C.1。

C.5 快中子和热中子

裂变后，中子立即拥有百万电子伏（0.1~15 MeV）的高动能，大多数反应堆具有慢化剂，其目的是慢化中子速度，同时捕获少量中子。快中子由于与介质中各种原子核的散射碰撞而失去能量（特别是在慢化剂中，见第二节），并变成慢中子（能量小于 1 MeV）。

应该注意的是，能量为 0.025 3 eV 或速度为 2 200 m/s 的单能中子对应于 20 ℃ 的温度。热中子是其动能与慢化剂的热能达到平衡的中子，较高的慢化剂温度意味着慢化剂原子更大的热运动，以及随之而来的与慢化剂原子相互作用的高能中子。慢化剂原子的能谱，以及由此产生的热化中子的能谱由麦克斯韦玻耳兹曼给出分布，图 C.1 显示三种不同温度下的麦克斯韦－玻尔兹曼分布。

在反应堆中，吸收和裂变截面必须根据慢化剂的实际温度进行修正，麦克斯韦－玻尔兹曼分布适用于与慢化剂原子平衡的中子。如基础反应堆物理书中所示，温度为 $1/v$ 的材料在慢化剂中的"有效"截面为

$$\sigma(T) = \frac{1}{1.128}\sqrt{\frac{293}{T}}\sigma(0.025\ 3\ \text{eV}) \tag{C.9}$$

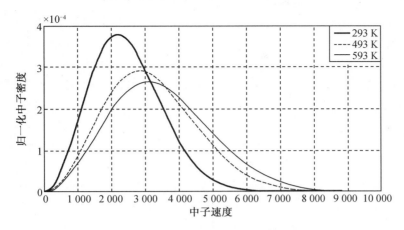

图 C.1 三种温度下热中子的麦克斯韦 – 玻尔兹曼分布

麦克斯韦谱的中子平均和最可能能量如下：

- 平均中子能量 $= 1/2\ kT$
- 最可能中子能量 $= 3/2\ kT$

其中 k 是玻尔兹曼常数，T 是绝对温度。

显然，随着慢化剂温度的升高，热谱转移到更高的能量，称为光谱硬化。

共振是材料截面上的尖峰，^{238}U 截面见图 C.2，共振对反应堆的稳态和动态特性的影响非常重要，俘获截面和裂变截面都表现出共振行为。

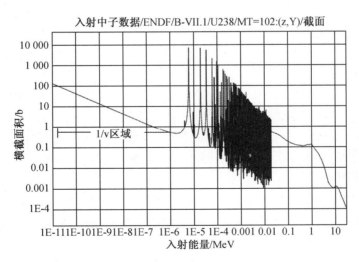

图 C.2 ^{238}U 中子截面作为中子能量的函数（见参考文献[5]，源 ENDF，JANIS 4.0）

共振影响裂变中子在没有俘获的情况下慢化为热能的能力，共振逃逸概率影响临界计算。

共振还通过两种机制影响反应堆动态学。随着燃料温度的升高，燃料中的重同位素经历多普勒展宽,多普勒展宽是在增加共振能量范围的同时减少共振峰,参见图 C.3。由于在展宽的能量区截面很大,净效应是共振吸收率的增加。可裂变材料(^{238}U 和 ^{232}Th)和 ^{240}Pu(由 ^{238}U 和 ^{239}Pu 中的俘获产生)中的中子俘获超过裂变,这是由于裂变材料共振的多普勒展宽。因此,当燃料温度升高时,多普勒展宽导致反应性降低。因此,反应性的燃料温度系数(反应性变化/燃料温度变化)总是负值。负燃料温度系数对于确保反应堆在瞬态中做出令人满意的反应非常重要。

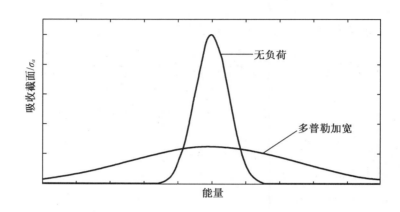

图 C.3　共振能量的多普勒展宽作为温度的函数

低能共振(主要在 $0.1 \sim 1.0$ eV 之间)影响慢化剂温度变化后的反应性变化,热能谱硬化(转移到更高的能量)。因此,更高的慢化剂温度导致更多的热中子存在于共振发生的能量处。

C.6　比功率和中子通量之间的关系

下式定义了中子通量和反应堆功率之间的关系:

$$P = FV_{\mathrm{f}}N_{\mathrm{f}}\sigma_{\mathrm{f}}\varphi \tag{C.10}$$

式中　F——从裂变率到功率的转换(3.225×10^{-11} W·s/次);

　　　v_{f}——燃料体积;

　　　N_{f}——单位体积燃料原子数。

注意,$(V_{\mathrm{f}}, N_{\mathrm{f}})$ 只是反应堆中裂变原子的数量,利用裂变材料的原子量和阿伏伽德罗数得出以下结果:

$$V_{\mathrm{f}}N_{\mathrm{f}} = 6.023 \times 10^{23}\ m_{\mathrm{f}}/M_{\mathrm{f}} \text{(反应堆中裂变材料的原子)}$$

式中　m_{f}——反应堆中裂变材料的质量;

　　　M_{f}——裂变材料的原子量。

$$\sigma_{\mathrm{f}}(T) = \frac{1}{1.128}\sqrt{\frac{293}{T}}\sigma_{\mathrm{f}}(293) \tag{C.11}$$

或者

$$\sigma_{\mathrm{f}}(T) = \frac{15.17\sigma_{\mathrm{f}}(293)}{\sqrt{T}}$$

例如,对于300 ℃的慢化剂温度,^{235}U 的有效裂变截面为348 b(而$\sigma_{\mathrm{f}}(20\,℃)$为549 b)。

结果是

$$P/m_{\mathrm{f}} = 2.948 \times 10^{-10} [\sigma_{\mathrm{f}}(293) \times T^{-0.5}/M_{\mathrm{f}}]\varphi$$

对于 ε 的燃料浓缩,比功率通常表示为铀的功率/质量

$$P/m_{\mathrm{U}} = 2.948 \times 10^{-10} x\varepsilon x [\sigma_{\mathrm{f}}(293) \times T^{-0.5}/M_{\mathrm{f}}]\varphi$$

或者

$$\varphi = (P/m_{\mathrm{U}})/[2.948 \times 10^{-10} x\varepsilon x\sigma_{\mathrm{f}}(293) \times T^{-0.5}/M_{\mathrm{f}}]$$

式中 m_{U}——反应堆中铀的质量。

例如,对于富集度为3%,比功率为30 kW/kg 的 U 燃料,通量为3.47×10^{13}中子/(cm^2·s)。

C.7 中子寿命和代时间

总中子寿命 l 由下式给出:

$$l = l_{\mathrm{s}} + l_{\mathrm{th}} \tag{C.12}$$

式中 l_{s}——慢化时间($\approx 10^{-7}$ s);

l_{th} = 热中子时间($\approx 10^{-4}$ s)。

慢化时间是中子从裂变减速到热能的时间。热中子寿命是中子在裂变核吸收之前以热能扩散的时间。

反应堆动态学方程中还使用了一个称为中子代时间的量。在临界反应堆中,中子寿命和代时间是相等的。对于非稳态反应堆,这两个量的定义略有不同(但并不重要),唯一重要的影响是确定动态学方程的形式(见第 3 章)。中子寿命(或代时间)为 $10^{-5} \sim 10^{-4}$ s,轻水反应堆(压水堆、沸水堆)为 5 s。

C.8 倍增系数和反应性

在核动力反应堆中,维持裂变反应以提供所需的功率水平。在稳态反应堆中,从一代到下一代的中子数(一代时间的间隔)保持不变。

定义倍增因子

$$K = \frac{\text{本代中子数}(n_{\mathrm{p}})}{\text{上一代产生的中子数}(n)} \tag{C.13}$$

如果 $k = 1$,链式反应是持续的,反应堆是临界的。如果 $k < 1$,中子从一代到下一代的数目减少,称为次临界。如果 $k > 1$,中子从一代到下一代的数量会毫无限制地增加,称为超临界。总而言之:

- $k = 1$,临界反应堆
- $k < 1$,次临界反应堆
- $k > 1$,超临界反应堆

C.9　计算有效倍增系数

下列因素决定乘法系数 k 的大小:

1 热裂变因子 η:该因子 η 定义为燃料中每次热中子吸收产生的快中子数。即

$$\eta = v\frac{\sigma_{\text{f}}^{\text{fuel}}}{\sigma_{\text{a}}^{\text{fuel}}}$$

2. ν = 每次裂变产生的中子数

对于以 ^{235}U 为燃料的热反应堆,η 的典型值约为 1.65。

3. 热中子利用系数 f:系数 f 是指每一个中子吸收总数中燃料的中子吸收数。即

$$f = \frac{\sum_{\text{a}}^{\text{fuel}}}{\sum_{\text{a}}^{\text{total}}}$$

对于以 ^{235}U 为燃料的热中子反应堆,f 的典型值约为 0.71。

4. 共振逃逸概率 p:该因子 p 等于每代快中子达到热中子的比例,它解释了减速过程共振中的中子损失。对于以 ^{235}U 为燃料的热中子反应堆,p 的典型值约为 0.87。

5. 快速裂变因子 ε:该因子定义为热裂变和快速裂变产生的中子总数。对于以 ^{235}U 为燃料的热中子反应堆,ε 的典型值约为 1.02。

利用上述四个因子,我们将无限大核的有效倍增因子定义为

$$k_{\infty} = \eta f p \varepsilon \tag{C.14}$$

上述公式称为四因子公式,没有考虑到有限尺寸堆芯的中子泄漏概率。为了考虑这种影响,在上述计算中又增加了两个因子[1-4]。

6. 快中子不泄漏概率(p_{fnl}):快中子不泄漏因子是每产生一个快中子,在减速至热中子期间,不会从堆芯泄漏的快中子数。对于以 ^{235}U 为燃料的热反应堆,p_{fnl} 的典型值约为 0.97。

7. 热中子不泄漏概率 p_{Tnl}:热中子不泄漏系数是每产生一个热中子,热中子不从堆芯泄漏的数量。^{235}U 燃料热反应堆的 p_{Tnl} 的典型值约为 0.99。

8. 有效倍增因子,k_{eff}:根据不泄漏概率的定义,我们现在可以计算有效倍增因子为

$$k_{\text{eff}} = k_{\infty} P_{\text{Fnl}} P_{\text{Tnl}} = \eta f p \varepsilon P_{\text{Fnl}} P_{\text{Tnl}} \tag{C.15}$$

式(C.15)一般称为六因子公式。读者可以在参考文献中找到更多的细节[1-2]。

C.10　中子传输和扩散

中子输运理论给出了反应堆中子空间分布最完整的描述。输运理论用七个自变量来

定义一个反应堆:三个位置坐标,两个方向向量,能量和时间。输运理论方程称为玻尔兹曼方程。已经开发了用于输运理论分析的计算机代码,但是它们存在复杂性、计算时间长和难以确定详细网格参数的问题。

大多数反应堆研究将中子运动视为扩散过程——也就是说,中子往往从中子密度高的区域扩散到中子密度低的区域。扩散理论忽略了中子的方向依赖性。

习　题

C.1　某个反应堆的中子通量是 2×10^{13} 中子$/(cm^2 \cdot s)$。如果中子的平均速度为 3 100 m/s,计算中子密度,指明单位。

C.2　商用压水堆(PWR)的中子通量是 $2 \times 10^{13}/(cm^2 \cdot s)$。裂变的宏观截面为 30 cm^2/cm^3。计算每立方厘米裂变反应的速率,指明单位,简化你的回答。

C.3　高通量反应堆中的中子通量约为 10^{15} 个$/(cm^2 \cdot s)$。这个反应堆 ^{235}U 裂变的微观中子截面是 500×10^{24} cm^2。^{235}U 靶核密度为 10^{24} 个$/cm^3$。

(a)计算该反应堆中发生裂变反应的速率,简化你的答案并指出单位。

(b)如果每次裂变产生的能量约为 200 MeV,计算每立方厘米反应堆产生的总功率,指明单位。1 MeV $= 1.60 \times 10^{13}$ J。

C.4　将以下中子能量(E)与热中子、快中子和共振能量范围内的中子相匹配。

E:0.1 ~ 15 MeV ＿＿＿＿＿＿＿＿＿＿＿＿＿。

$E < 1$ eV ＿＿＿＿＿＿＿＿＿＿＿＿＿。

E:1 eV ~ 0.1 MeV ＿＿＿＿＿＿＿＿＿＿＿＿。

C.5　轻水堆中的中子能量约等于 0.025 3 eV。这相当于 20 ℃ 时中子的速度约为 2 200 m/s。

(a)如果中子通量是 2×10^{12} 个$/(cm^2 \cdot s)$ 计算中子密度,标明单位。1 m $= 100$ cm。

(b)如果微观吸收截面 $\sigma_a = 694 \times 10^{-24}$ cm^2,靶核密度为 $N = 0.048 \times 10^{24}/cm^3$,计算总反应速率,指示单位。

(c) ^{235}U 原子核在这个反应堆中的消耗速率是多少?

参 考 文 献

［1］ J. J. Duderstadt, L. J. Hamilton, Nuclear Reactor Analysis, John Wiley, New York, 1976.

［2］ J. K. Shultis, R. E. Faw, Fundamentals of Nuclear Science and Engineering, second ed, CRC Press, Boca Raton, FL, 2007.

［3］ A. R. Foster, R. L. Wright, Basic Nuclear Engineering, Allyn and Bacon, Boston, 1983.

［4］ J. R. Lamarsh, Introduction to Nuclear Reactor Theory, Addison-Wesley, Reading, MA, 1983.

［5］ https://www. nuclear-power. net/glossary/, 2018.

附录 D　拉普拉斯变换和传递函数

D.1　引言

拉普拉斯变换在动态系统分析中具有重要作用,其将代数方程转化为线性方程。然后可以将代数方程进行拉普拉斯变换或一些简单规则来获得原始差分方程的解。

本章将介绍系统传递函数的重要概念。向拉普拉斯域的转换有助于简化具有多个动态子系统的大型系统,从而解决整体系统响应问题。动态系统的传递函数表示可用于研究系统的频率响应。

D.2　定义拉普拉斯变换

时间函数 $f(t)$ 的拉普拉斯变换定义如下[1-2]:

$$F(s) = L\{f(t)\} = \int_0^\infty f(t)\mathrm{e}^{-st}\mathrm{d}t \qquad (\mathrm{D}.1)$$

当上述积分为有限($<\infty$)时存在拉普拉斯变换:

$f(t)$——时间 t 的某些函数;

$F(s)$——$f(t)$ 的拉普拉斯变换。

s——拉普拉斯变量,通常 s 是一个复数,除了必须存在 s 的值以确保积分收敛的要求外,其具有任意性。

L——拉普拉斯变换运算符(这只是一种表示法)。

参数 s 要求具有确保积分收敛的值,这限制了具有拉普拉斯变换的函数的数量。如果 e^{-st} 对于 t 取很大值时有界,则积分认为是指数级的。因此,拉普拉斯变换仅对指数级的函数存在。幸运的是,此类功能很大,并且是工程应用程序中需要的重要功能。应当指出,不必指定 s 的数值来评估拉普拉斯变换,仅需保证存在 s 的某个值即可确保积分的收敛。

D.3　计算拉普拉斯变换

为了说明获得拉普拉斯变换的一般过程,在本节中展示了时间函数的拉普拉斯变换的一些示例。

考虑图 D.1 所示的指数函数 $f(t) = \mathrm{e}^{-at}$,

其拉普拉斯变换是:

$$F(s) = \int_0^\infty \mathrm{e}^{-at}\mathrm{e}^{-st}\mathrm{d}t \tag{D.2}$$

$$F(s) = -\frac{1}{s+a}\big[-(s+a)t\big]^2\big|_0^\infty \tag{D.3}$$

如果$(s+a)$的实数部分为正,则该函数在上限处消失。我们要求s的实部足够大,以确保$(s+a)$的实部为正。因此,积分变为

$$F(s) = \frac{1}{s+a} \tag{D.4}$$

函数$f(t)$及其拉普拉斯变换$F(s)$成为变换对。

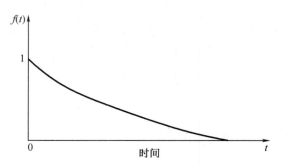

图 D.1　指数函数

例 D.2　考虑图 D.2 所示的单位阶跃函数

$$f(t) = \begin{cases} 0, t<0 \\ 1, t\geqslant 0 \end{cases}$$

$$F(s) = \int_0^\infty \mathrm{e}^{-st}\mathrm{d}t = -\frac{1}{s}\mathrm{e}^{-st}\big|_0^\infty = \frac{1}{s} \tag{D.5}$$

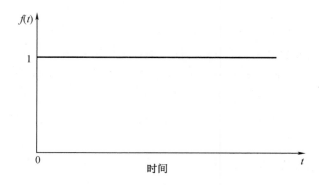

图 D.2　单位阶跃函数(Heavisde 函数)

例 D.3　现在考虑微分

$$f(t) = \frac{\mathrm{d}x}{\mathrm{d}t} \tag{D.6}$$

拉普拉斯变换由下式给出：

$$F(s) = \int_0^\infty \frac{dx}{dt} e^{-st} dt \tag{D.7}$$

积分式如下：

$$F(s) = x(t) e^{-st} \Big|_0^\infty + s \int_0^\infty x(t) e^{-st} dt$$

$$F(s) = -x(0) + sL\{x(t)\} = sX(s) - x(0) \tag{D.8}$$

此通用过程可用于导出各种函数的拉普拉斯变换。表 D.1 给出了变换对的简短摘要。

表 D.1　常用函数的拉普拉斯变换对

$f(t)$（时域）	拉普拉斯域
$\dfrac{dx}{dt}$	$sF(s) - f(0)$
$\dfrac{df}{dt^2}$	$s^2 F(s) - sf(0) - \dfrac{df}{dt}\Big|_{t=0}$
$\int f(t) dt$	$\dfrac{F(s)}{s}$
$f(t-\tau)$（延迟函数）	$e^{-\tau S} F(s)$，$\tau > 0$
$f(t) e^{-at}$	$F(s+a)$
$\delta(t)$（单位脉冲函数）	1
$u(t)$ 单位阶跃函数（Heaviside 函数）	$\dfrac{1}{s}$
t（单位斜坡功能）	$\dfrac{n!}{s^{f+1}}$
e^{-at}	$\dfrac{1}{s+a}$
$t^n e^{-at}$	$\dfrac{n!}{(s+a)^{n+1}}$
$\sin(\omega t)$	$\dfrac{\omega}{s^2 + \omega^2}$
$\cos(\omega t)$	$\dfrac{S}{s^2 + \omega^2}$

D.4　拉普拉斯逆变换

拉普拉斯变换的求逆是确定对应于拉普拉斯变换量的函数（系统动态学应用程序中的

时间函数)。一种称为留数法。如果拉普拉斯变换的分母多项式根(极点)显示为一阶项,则可以轻松应用分式方法。两种技术都进行了说明。

D.4.1 留数法

$$L^{-1}\{F(s)\} = \sum_{\text{所有极点}} [\text{residues of } F(s)e^{st}] \tag{D.9}$$

其中在 $s=s_1$ 处的 n 阶极点的留数为

$$R_{s_1} = \frac{1}{(n-1)!}\left[\frac{d^{n-1}}{ds^{n-1}}((s-s_1)^n F(s)e^{st})\right]_{s=s_1} \tag{D.10}$$

这个是看似强大的公式非常容易应用,尤其是对于一阶极点($n=1$)。

对于一阶的情况,留数为

$$R_{s_1} = [(s-s_1)F(s)e^{st}]_{s=s_1} \tag{D.11}$$

可以将其应用于具有所有一阶极点($a_1, a_2, \cdots$)的一般变换:

$$F(s) = \frac{(s-b_1)(s-b_2)\cdots(s-b_m)}{(s-a_1)(s-a_2)\cdots(s-a_n)} \tag{D.12}$$

留数定理给出

$$f(t) = \frac{(a_1-b_1)(a_1-b_2)\cdots(a_1-b_m)}{(a_1-a_2)(a_1-a_3)\cdots(a_1-a_n)}e^{a_1 t} + \cdots + \frac{(a_n-b_1)(a_n-b_2)\cdots(a_n-b_m)}{(a_n-a_1)(a_n-a_2)\cdots(a_n-a_{n-1})}e^{a_n t} \tag{D.13}$$

请注意,针对特定极点的求逆需要删除包含该极点的项,并用其他项中的 s 替换该极点的值。一点经验将使人们能够非常快速地执行这样的逆变换。

例 D.4 用留数法求以下的拉普拉斯逆变换

$$F(s) = \frac{(s+1)(s+4)}{(s+2)(s+6)(s+7)} \tag{D.14}$$

给出逆变换

$$f(t) = \frac{(-2+1)(-2+4)e^{-2t}}{(-2+6)(-2+7)} + \frac{(-6+1)(-6+4)e^{-6t}}{(-6+2)(-6+7)} + \frac{(-7+1)(-7+4)e^{-7t}}{(-7+2)(-7+6)}$$

$$f(t) = \frac{-1}{10}e^{-2t} - \frac{5}{2}e^{-6t} + \frac{18}{5}e^{-7t} \tag{D.15}$$

例 D.5 考虑二阶极点

$$F(s) = \frac{(s+1)(s+4)}{(s+2)(s+6)^2} \tag{D.16}$$

极点 $s=-2$ 处的留数,由下式给出

$$R_{s=-2} = \frac{(-2+1)(-2+4)}{(-2+6)^2}e^{-2t}$$

$$R_{s=-2} = \frac{-1}{8}e^{-2t}$$

极点 $s=-6$ 处的留数由下式给出

$$R_{s=-6} = \frac{1}{(s-1)!}\left[\frac{d^{(2-1)}}{ds^{(2-1)}}\left\{(s+6)^2\frac{(s+1)(s+4)}{(s+2)(s+6)^2}e^{st}\right\}\right]_{s=-6}$$

$$R_{s=-6} = \left[\frac{\mathrm{d}}{\mathrm{d}s} \left\{ (s+6)^2 \frac{(s+1)(s+4)}{s+2} \mathrm{e}^{st} \right\} \right]_{s=-6}$$

$$R_{s=-6} = \left[\frac{s+4}{s+2} \mathrm{e}^{st} + \frac{s+1}{s+2} \mathrm{e}^{st} - (s+1)(s+4) \frac{\mathrm{e}^{st}}{(s+2)^2} + \frac{t(s+1)(s+4)}{s+2} \mathrm{e}^{st} \right]_{s=-6}$$

$$R_{s=-6} = \frac{-6+4}{-6+2} \mathrm{e}^{-6t} + \frac{-6+1}{-6+2} \mathrm{e}^{-6t} - \frac{(-6+1)(-6+4)}{-6+2} \mathrm{e}^{-6t} + \frac{(-6+1)(-6+4)}{-6+2} \mathrm{e}^{-6t}$$

$$R_{s=-6} = \left(\frac{1}{2} + \frac{5}{4} - \frac{5}{8} \right) \mathrm{e}^{-6t} - \frac{5}{2} t \mathrm{e}^{-6t}$$

$$R_{s=-6} = \frac{9}{8} \mathrm{e}^{-6t} - \frac{5}{2} t \mathrm{e}^{-6t}$$

因此,完整的逆变换为

$$f(t) = \frac{1}{8} \mathrm{e}^{-2t} + \frac{9}{8} \mathrm{e}^{-6t} - \frac{5}{2} t \mathrm{e}^{-6t} \tag{D.17}$$

这些示例表明,与所有的一阶变换相比,具有多阶极点的变换要烦琐许多,但是许多常用的动态系统,没有多阶极点。

传递函数的极点可确定线性系统的稳定性,如果任何极点具有正实部,则响应将无限期增加。因此,对稳定性的要求是极点的实部必须是负的。

D.4.2　使用部分分式的逆变换

用于拉普拉斯逆变换的部分分式法将变换重新写为与分母因子相对应的单个项的总和,完成此操作后,可通过简单的查表将每项转换为时域。该方法在例 D.6 中进行了说明。

例 D.6　当 $f(t)$ 是单位阶跃函数时,求解以下二阶微分方程,假设初始条件为零,使用拉普拉斯变换的方法。

$$\frac{\mathrm{d}^2 x}{\mathrm{d}t^2} + 3 \frac{\mathrm{d}x}{\mathrm{d}t} + 2x = f(t) \tag{D.18}$$

方法

对式 D.18 的左右两边同时做拉普拉斯变换,可使用表 D.1 做适当的变换。

$$s^2 X(s) - sx(0) - \dot{x}(0) + 3 [sX(s) - x(0)] + 2X(s) = F(s)$$

在 $F(s) = 1/s$ 和零初始条件的前提下,上述转化为

$$X(s) = \frac{F(s)}{s^2 + 3s + 2} = \frac{1}{s(s+1)(s+2)}$$

将 $X(s)$ 以部分分式的形式表现为

$$\tag{D.19}$$

依次应用以下步骤求解常数 k_1、k_2 和 k_3。

式(D.19)的两边同时乘以 $1/s$,令 $s=0$,求解 k_1,式(D.19)的两边同时乘以 $(s+1)$,令 $s=-1$,求解 k_2,式(D.19)的两边同时乘以 $(s+2)$,令 $s=-2$,求解 k_3,式(D.20)中给出了 k_1、k_2、k_3 的数值。

$$k_1 = \frac{1}{2}, \quad k_2 = -1, \quad k_3 = \frac{1}{2} \tag{D.20}$$

因此,将 $X(s)$ 简化为

$$X(s) = \frac{1}{2s} - \frac{1}{s+1} + \frac{1}{2(s+2)} \qquad (D.21)$$

为了得出 $x(t)$,对式(D.21)中的三项进行拉普拉斯逆变换。有关的拉普拉斯变换对,请参见表 D.1。因此

$$x(t) = \frac{1}{2} - e^{-t} + \frac{1}{2}e^{-2t} \qquad (D.22)$$

请注意式(D.22)满足假定的零初始条件:

$$x(0) = \frac{1}{2} - 1 + \frac{1}{2} = 0$$

$$\frac{\mathrm{d}x}{\mathrm{d}t} = e^{-t} - e^{-2t}, \quad \dot{x}(0) = 0$$

最后要注意的是 $x(t)$ 的稳态值,即 $t \to \infty$ 时,则 $x_{ss}(t) = 1/2$。

D.5 传递函数

拉普拉斯变化适用于传递函数的形式,对于传递函数,输入和输出为扰动变量或系统具有零初始条件,也就是说,它们是与稳态的偏差。考虑图 D.3 所示的线性系统。

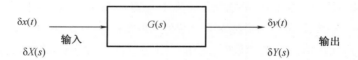

图 D.3 线性系统表示

输入和输出分别由 $\delta x(t)$ 和 $\delta y(t)$ 表示。相应的拉普拉斯变换是 $\delta X(s)$ 和 $\delta Y(s)$。传递函数 $G(s)$ 定义为输出的拉普拉斯变换与输入的拉普拉斯变换之比。

$$G(s) \equiv \frac{\delta Y(s)}{\delta X(s)} \qquad (D.23)$$

通常,传递函数的分子(m 阶)和分母(n 阶)是“s”中的多项式。

$$G(s) = \frac{(s-z_1)(s-z_2)\cdots(s-z_m)}{(s-p_1)(s-p_2)\cdots(s-p_n)} \qquad (D.24)$$

参数 $\{p_1, p_2, \cdots, p_n\}$ 称为 $G(s)$ 的极点。参数 $\{z_1, z_2, \cdots, z_m\}$ 称为 $G(s)$ 的零点。如果 r 个极点具有相同的值,则该极点称为 r 阶极点。通常,$G(s)$ 的极点和零点是复数,极点比零点更复杂,因为 $G(s)$ 的极点代表系统动态学。同样,分母多项式的阶数总是大于分子多项式的阶数。传递函数反映了系统的基本特征(例如微分方程),并且不依赖于初始条件。

D.6 反馈传递函数

常见且重要的情况是系统将输出反馈到输入,如图 D.4 所示。

注意,在某些情况下,反馈效果可能是正反馈,如下所示:

$$\delta Y(s) = G(s)\delta X(s) + G(s)H(s)\delta Y(s)$$

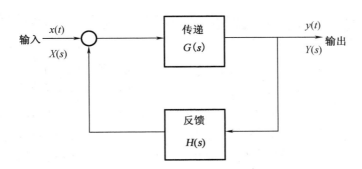

图 D.4 反馈配置中的传递函数

(在某些情况下,反馈效果可能是正的)

简化

$$\frac{\delta Y(s)}{\delta X(s)} = \frac{G(s)}{1 - G(s)H(s)} \tag{D.25}$$

通常从反馈中减去反馈,而不是将反馈添加到输入中(负反馈系统)。在这种情况下,闭环传递函数为

$$\frac{\delta Y(s)}{\delta X(s)} = \frac{G(s)}{1 + G(s)H(s)} \tag{D.26}$$

由于工业控制器通常会提供偏差信号,因此形如式 D.26 在这种情况下适用。

D.7 卷积积分

如果输入(x)和输出(y)变量由线性时不变系统关联,并且 $G(s)$ 是与 $x(t)$ 和 $y(t)$ 相关的传递函数,则

$$Y(s) = G(s)X(s) \tag{D.27}$$

如果输入是单位脉冲函数,则 $X(s) = 1$ 和 $Y(s) = G(s)$。因此,该系统的脉冲响应函数 $g(t)$ 只是 $G(s)$ 的拉普拉斯逆变换。即

$$y_i(t) \equiv g(t) = L^{-1}[G(s)] \tag{D.28}$$

因此,一旦知道线性系统的脉冲响应,就可以通过对式(D.27)求逆变换来确定对任何其他输入的响应。两个拉普拉斯变换的乘积的这种求逆称为卷积积分,由下式给出

$$y(t) = L^{-1}[G(s)X(s)] = \int_0^\infty g(t - \tau)x(\tau)\mathrm{d}\tau \tag{D.29}$$

这是线性系统的基本属性。对于物理上可实现的系统而言,在时间 $t < 0$ 时脉冲响应为零的性质,可以通过将上限更改为当前时间 t 来重写式(D.29)。

$$y(t) = \int_0^t g(t - \tau)x(\tau)\mathrm{d}\tau \tag{D.30}$$

式(D.30)是在数值计算中使用的卷积积分形式,卷积积分可直接应用于多元状态变量方程。

D.8　拉普拉斯变换和偏微分方程

偏微分方程是具有多个独立变量的方程。对于反应堆工程应用,自变量是时间和位置。应用程序包括一个、两个或三个位置变量。最常见和最容易解决的是一维模型。

回想一下,拉普拉斯变换将常微分方程简化为代数方程,一维偏微分方程的拉普拉斯变换(相对于时间)会得到一个以位置为自变量的常微分方程,多维模型的拉普拉斯变换消除了时间导数项,但仍然是位置变量的偏微分方程。拉普拉斯变换方程的解提供了传递函数。依赖于空间和频率的频率响应可以通过用 $j\omega$ 代入传递函数中的 s 来获得。

一个示例说明了该过程。考虑以下简单的一维偏微分方程:

$$\frac{\partial u}{\partial t} + \frac{\partial u}{\partial x} + bu(x,t) = 0 \tag{D.31}$$

变量 $u(x,t)$ 是位置(x)和时间(t)的函数,假定初始条件为零,也就是说 $u(x,0)=0$。式(D.30)的拉普拉斯变换为

$$\frac{\mathrm{d}u}{\mathrm{d}t} + (s+b)U = 0 \tag{D.32}$$

其中 $U(x,s)$ 是 $u(x,t)$ 的拉普拉斯变换。

式(D.32)的解是

$$U(x,s) = U_0 \mathrm{e}^{-(s+b)x} \tag{D.33}$$

给定 x 值的频率响应由下式(设置 $s=j\omega$)给出

$$\frac{U(x,\omega)}{U_0} = \mathrm{e}^{-bx}\mathrm{e}^{-j\omega x} \tag{D.34}$$

频率响应函数在(x,ω)处的大小和相位由下式给出

大小:

$$U(x,\omega) = \mathrm{e}^{-bx} \tag{D.35}$$

相位:

$$U(x,\omega) = -\omega x \tag{D.36}$$

注意,$U(x,\omega)$ 的大小不是频率 ω 的函数;但随着变量 x 的变化而变化,对于给定的 ω 值,相位随 x 的线性函数而变化。

习　　题

D.1　确定以下项的拉普拉斯逆变换:

1. $\dfrac{s+1}{(s+2)(s+3)}$;

2. $\dfrac{s+1}{(s+2)^2}$;

3. $\dfrac{s+1}{s^2+4}$。

D.2　时间函数 $x(t)$ 的拉普拉斯变换由下式给出

$$X(s)=\frac{6}{s(s+1)(s+3)}$$

(a)确定时间函数 $x(t)$;

(b)计算 $t=0$ 时 $x(t)$ 的值;

(c)当 t 趋于无穷大(与稳态值相同)时,计算 $x(t)$ 的值 $\overline{\varTheta}$。

D.3　时域函数 $f(t)$ 由下式给出

$$f(t)=\sin t+\cos t+\mathrm{e}^{-t}$$

确定 $f(t)$ 的拉普拉斯变换 $F(s)$,并以 s 中两个多项式之比的形式简化答案。

D.4　考虑以下二阶系统的传递函数:

$$G(s)=\frac{Y(s)}{X(s)}=\frac{2}{s^2+s+2}$$

计算分母多项式的根(极点)。

如果输入 $x(t)$ 是单位阶跃函数,请确定对此输入的响应 $y(t)$,可以使用留数法或部分分式法。

绘制此阶跃响应图,可以使用 MATLAB 命令步骤(sys),其中“sys”由传递函数 $G(s)$ 定义。分析此二阶系统响应的特征。

解释该系统是否稳定。

D.5　系统具有以下传递函数:

$$G(s)=\frac{1}{s+1}$$

系统的输入由下式给出

$$x(t)=\begin{cases}\sin t, & 0\leqslant t\leqslant T\\ 0, & t>T\end{cases}$$

推导系统输出函数 $y(t)$。使用卷积积分确定 $y(t)$。请注意,必须为 $y(t)$ 派生两个表达式,一个为 $0\leqslant t\leqslant T$,另一个为 $t>T$。

D.6　如果 $F(s)$ 是时间函数 $f(t)$ 的拉普拉斯变换,并且如果 $G(s)$ 是另一个时间函数 $g(t)$ 的拉普拉斯变换,则声明 $\{a.f(t)+b.g(t)\}$,其中 a 和 b 是常量参数。

D.7　确定图 $D.3$ 所示的脉冲函数 $f(t)$ 的拉普拉斯变换

$$f(t)=\begin{cases}2, & 1\leqslant t\leqslant 5\\ 0, & \text{其他}\end{cases}$$

(a)通过使用拉普拉斯变换积分的定义解决此问题。

(b)使用延迟的正单位阶跃函数和延迟的负单位阶跃函数的叠加方法验证您的答案。

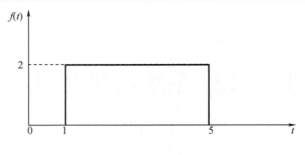

图 **D.3** 习题 **D.7** 图

参 考 文 献

［1］ R. Saucedo, E. E. Schiring, Introduction to Continuous and Digital Control Systems, MacMillan Company, New York, 1968.

［2］ C. L. Phillips, J. M. Parr, Feedback Control Systems, fifth ed, Prentice Hall, Upper Saddle River, NJ, 2011.

附录 E　线性系统的频率响应分析

E.1　频率响应理论

线性时不变系统的频率响应定义为所选系统输入的响应,该响应是由所选系统输入中的正弦扰动引起的。线性系统的正弦输入的输出也是一个正弦函数,其频率与输入正弦的频率相同,但相移 Φ。输出正弦函数的幅度与输入正弦函数的幅度之比以及相位完全定义了系统的频率响应。在通过某个频率的正弦函数扰动系统后,会发生初始的非正弦输出。初始瞬态分量衰减后,会出现连续的正弦输出。这种方法仅对稳定的系统有效,即传递函数的所有极点都带有负实部的系统。

频率响应函数广泛用于线性系统的研究,实现所需特性的系统设计以及线性系统的稳定性分析。某些频域参数可以与时域中的系统特性直接相关。另外,频域分析可以通过解释某些频带中幅度或相位的重要性来快速了解系统的动态特性。Bode、Nyquist、Nichols 等[1]在系统分析领域做出了基础贡献。波特图是系统频率响应最常见的图形描述,显示了响应幅度与频率的关系,相位与频率的关系,相位以度为单位。

针对稳定系统的传递函数 $G(s)$ [2],计算频率响应,见图 E.1。

$$G(s) = \frac{\delta Y(s)}{\delta X(s)} \tag{E.1}$$

$$\delta Y(s) = G(s)\delta X(s) \tag{E.2}$$

图 E.1　具有传递函数 $G(s)$ 的开环系统

考虑以下形式的输入 $\delta x(t)$

$$\delta x(t) = A\sin(\omega t) \tag{E.3}$$

如附录 D 中的表 D.1 所示,$\delta x(t)$ 的拉普拉斯变换为

$$\delta X(s) = \frac{A\omega}{s^2 + \omega^2} \tag{E.4}$$

式中　A——正弦函数的振幅;

　　　ω——$\sin(\omega t)$ 的频率,rad/s。

代入 $\delta X(s)$,式(E.2)可表示为

$$\delta Y(s) = G(s) \frac{A\omega}{s^2 + \omega^2} \qquad (E.5)$$

如果 $G(s)$ 是稳定的并且具有 n 个不同的极点 p_i，则可以得到拉普拉斯逆变换 $\delta y(t)$，如下所示：

$$\delta y(t) = k_1 e^{p_1 t} + k_2 e^{p_2 t} + \cdots + k_n e^{p_n t} + L^{-1}\left(\frac{A\omega}{s^2 + \omega^2}\right) \qquad (E.6)$$

因为在稳定系统中所有极点均具有负实部，因此对应于 $G(s)$ 极点的时域项以 $t\to\infty$ 时变为零，因此，对于稳态响应，考虑 $\frac{1}{s^2 + \omega^2}$ 的极点就足够了，即 $s = \pm j\omega$，因此 $\delta Y(s)$ 表示为

$$\delta Y(s) = \frac{G(s)A\omega}{(s + j\omega)(s - j\omega)} \qquad (E.7)$$

式（E.7）的拉普拉斯逆变换如下：

$$\delta y(s) = \frac{G(-j\omega)A\omega e^{-j\omega t}}{-2j\omega} + \frac{G(j\omega)A\omega e^{j\omega t}}{2j\omega} \qquad (E.8)$$

$G(j\omega)$ 是一个复数，可以用其大小和相位表示：

$$G(j\omega) = |G(j\omega)| \exp(j\varphi(\omega)) \qquad (E.9)$$

其中

$$|G(j\omega)| = \left\{[\operatorname{Re} G(j\omega)]^2 + [\operatorname{Im} G(j\omega)]^2\right\}^{1/2} \qquad (E.10a)$$

$$\tan \varphi(\omega) = \operatorname{Im} G(j\omega) / \operatorname{Re} G(j\omega) \qquad (E.10b)$$

这种复杂的平面表示如图 E.2 所示。

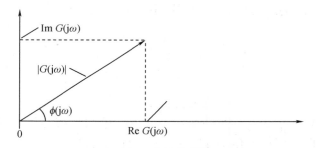

图 E.2　复数 $G(j\omega)$ 的幅值和相位表示

时间相关的响应变为

$$\delta y(s) = \frac{A|G(j\omega)|e^{j\varphi}e^{j\omega t}}{2j} - \frac{A|G(j\omega)|e^{-j\varphi}e^{-j\omega t}}{2j} \qquad (E.11)$$

或者

$$\delta y(t) = A|G(j\omega)|\frac{e^{j(\omega t + \varphi)} - e^{-j(\omega t + \varphi)}}{2j} \qquad (E.12)$$

注意 $\dfrac{e^{j(\omega t + \varphi)} - e^{-j(\omega t + \varphi)}}{2j} = \sin(\omega t + \varphi)$。因此，对正弦输入的稳态响应为

$$\delta y(t) = A|G(j\omega)|\sin(\omega t + \varphi) \qquad (E.13)$$

当线性系统受到振幅 A 和频率 ω 的正弦输入的干扰时,其稳态响应也就是相同频率(ω)的正弦函数,并且偏移了角度 Φ,振幅是 $|G(j\omega)|$ 与输入振幅的乘积。简单地通过将 $j\omega$ 代入传递函数中的 s 并执行复数运算即可获得理论频率响应。

E.2　计算频率响应函数

说明系统频率响应的计算。

例 E.1　考虑以下传递函数:

$$G(s) = \frac{1}{s+1} \qquad (E.14)$$

$$G(j\omega) = \frac{1}{j\omega+1} = \frac{1-j\omega}{1+\omega^2}$$

$$\operatorname{Re} G(j\omega) = \frac{1}{1+\omega^2} \qquad (E.15a)$$

$$\operatorname{Im} G(j\omega) = \frac{-\omega}{1+\omega^2} \qquad (E.15b)$$

$$|G(j\omega)| = ((\operatorname{Re} G)^2 + (\operatorname{Im} G)^2)^{1/2} = \frac{1}{\sqrt{1+\omega^2}} \qquad (E.16)$$

$$\varphi(\omega) = \arctan \frac{\operatorname{Im} G(j\omega)}{\operatorname{Re} G(j\omega)} = \arctan(-\omega) \qquad (E.17)$$

这些大小和相位是针对选定的 ω 值计算的。例如,对于 $\omega = 0.1$ rad/s,

$$\operatorname{Re} G(j\omega) = \frac{1}{1.01} = 0.99 \qquad (E.18a)$$

$$\operatorname{Im} G(j\omega) = \frac{-0.1}{1.01} = -0.099 \qquad (E.18b)$$

$$|G(j\omega)| = (0.99^2 + 0.099^2)^{1/2} = 0.995 \qquad (E.19)$$

$$\varphi = \arctan(-0.1) = -5.7° \qquad (E.20)$$

注意,通过将 $G(j\omega)$ 的分子的大小除以分母的大小,可以容易地计算出频率响应大小。可以在多个频率处重复该计算,结果在图 E.3 中显示为波特图。

请注意,幅值在低频下是恒定的,在高频下幅值逐渐下降;低频和高频渐近线相交的频率称为频率响应幅度图的转折频率 ω_b;在 $\omega = 1$ rad/s 处的大小或等于 $\frac{1}{\sqrt{2}} = 0.707$;由于 $|G(j\omega)|^2 = 1/2$,该频率称为半功率频率;0.707 称为均方根值。

频率的单位为 rad/s,但一般使用周期/s 或赫兹(Hz)的频率,将频率 ω(rad / s)转换为频率 f(Hz 或周期/s)。

$$\omega = 2\pi f \qquad (E.21)$$

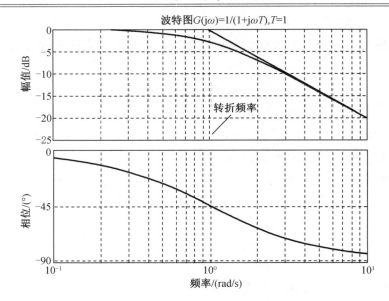

图 E.3　示例 E.1 的波特图

对于常微分方程描述的系统,系统的极点和零点与渐近幅值和相位之间存在直接关系。例如,考虑项 $1/(s+a)$ 在传递函数中的贡献。将 $s=j\omega$ 代入 $1/(j\omega+a)$。该项在低频下为常数 $1/a$,在高频下为 $j\omega/\omega^2$。项 $-j\omega/\omega^2$ 是所有 ω 值的负虚数,对应于 $90°$ 的相移。其他极点和零点也将对整个系统的频率响应产生渐近影响。表 E.1 列出了系统传递函数中各种项的渐近大小和相位,表 E.1[2] 中所示的渐近关系为特征的系统称为最小相位系统。由普通微分方程描述的所有系统都是最小相位系统,除了包含纯时滞的系统以外。一些系统需要偏微分方程进行描述,不是最小相位系统。

表 E.1　常见频率响应函数的渐近大小和相位

传递函数 $G(s)$	渐近振幅		渐进相位	
$(G(j\omega))$	低频	高频	低频	高频
$S(j\omega)$	$\mid G(j\omega)\mid \propto \omega$	$\mid G(j\omega)\mid \propto \omega$	$+90$	$+90$
$s+a(j\omega+a)$	$\mid G(j\omega)\mid =$ 常数	$\mid G(j\omega)\mid \propto \omega$	0	$+90$
$(s+a)^n[(j\omega+a)^n]$	$\mid G(j\omega)\mid =$ 常数	$\mid G(j\omega)\mid \propto \omega^n$	0	$+90n$
$\dfrac{1}{s}\ \dfrac{1}{j\omega}$	$\mid G(j\omega)\mid \propto \dfrac{1}{\omega}$	$\mid G(j\omega)\mid \propto \dfrac{1}{\omega}$	-90	-90
$\dfrac{1}{s+a}\ \dfrac{1}{j\omega+a}$	$\mid G(j\omega)\mid =$ 常数	$\mid G(j\omega)\mid \propto \dfrac{1}{\omega}$	0	-90
$\dfrac{1}{(s+a)^n}\ \dfrac{1}{(j\omega+a)^n}$	$\mid G(j\omega)\mid =$ 常数	$\mid G(j\omega)\mid \propto \dfrac{1}{\omega}$	0	$-90n$

评论

1. 在有关控制系统分析的文献中,通常的做法是根据下式给出的分贝(dB)来定义振幅:

$$|G(j\omega)|（以 dB 为单位）= 10\lg |G(j\omega)|^2 \tag{E.22}$$

$$dB（以 dB 为单位）= 20\lg |G(j\omega)| \tag{E.23}$$

1 dB = 0.1 Bel,Bel 单位以 Graham Bell 的名字命名,用于表示相对于标准功率水平的功率水平。因此,以贝尔为单位的振幅为 $\lg |G(j\omega)|^2$。

2. 如果传递函数的一般形式为 $G(s) = 1/(s+a)$,则参数 a 为幅值图的转折频率。此参数的倒数称为一阶系统的时间常数,即时间常数为 $\tau = 1/a$,单位为 s。

例 E.2　为了说明渐近幅度和相位的使用,请考虑传递函数。

$$G(s) = \frac{s+1}{(s+0.1)(s+10)} \tag{E.24}$$

每一项都会影响幅度和相位。

项 $(s+1)$、$(s+0.1)$ 和 $(s+10)$ 的转折频率分别为 1、0.1 和 10 rad/s。图 E.3 显示了每个项的渐近幅度图和复合幅度图。渐近波特图如图 E.4 所示,精确的波特图如图 E.5 所示。

对于大的相位,其渐近值为 $\varphi(\omega) \rightarrow 0, \omega \rightarrow 0, \varphi(\omega) \rightarrow 90°$。

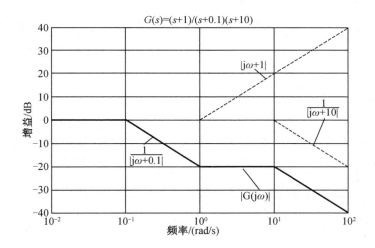

图 E.4　渐进波特图 $G(s) = (s+1)(s+0.1)(s+10)$

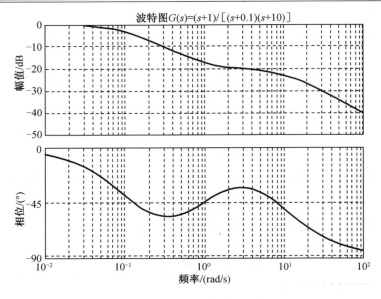

图 E.5　精确的波特图 $G(s) = (s+1)/[(s+0.1)(s+10)]$

某些其他有用的信息可以从波特图获得,例如,我们在图 E.2 中观察到 $\dfrac{1}{s+a}$ 的频率响应的振幅基本上恒定到 1 rad/s。这仅意味着系统的惯性足够小,使输出在这些频率上与输入保持同步。在较高的频率下,系统输出无法跟上系统输入的速度,并且幅度减小。在相位图中也可以观察到这一点,振幅大于等于稳态($\omega = 0$)振幅的 $\dfrac{1}{\sqrt{2}} = 0.707$ 的频率范围称为系统带宽。

E.3　具有振荡行为的系统

系统频率响应也可以用于提供系统振荡特性的相关信息,如果振幅在某个频率达到峰值,则意味着系统将在该频率上极大地放大输入,这种现象称为共振。通常,波特图在幅度上有一个高而窄的峰,表明该系统趋向于高度振荡。在沸水堆的中子功率响应中也注意到阻尼振荡行为,这主要是由空泡反应性反馈引起的。

例 E.3　例如,考虑具有以下传递函数的系统

$$G(s) = \frac{\omega_n^2}{s^2 + 2\zeta\omega_n s + \omega_n^2} \tag{E.25}$$

重新书写 $G(s)$

$$G(s) = \frac{1}{\dfrac{s^2}{\omega_n^2} + \dfrac{2\zeta s}{\omega_n} + 1} \tag{E.26}$$

频率响应函数由下式给出

$$G(j\omega) = \frac{1}{\left(1 - \dfrac{\omega^2}{\omega_n^2}\right) + J\dfrac{2\zeta}{\omega_n}\omega} \tag{E.27}$$

图 E.6 显示了 $\omega_n = 1.0$ 和 $\zeta = 0.1$ 的频率响应。

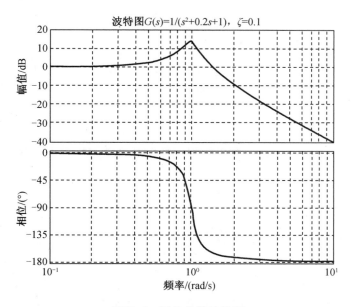

图 E.6　例 E.3 的波特图

由于 1.0 rad/s 的共振,输入干扰将导致该频率的振荡响应。

例 E.4　应用于沸水堆的一个例子是中子功率的频率响应特性随反应性的变化。沸水堆中的中子功率到反应性传递函数展示了频率响应行为,类似于具有振荡行为的二阶系统幅值。图中的尖峰表明中子功率的振荡持续性更高,从而改变了反应性。此测量用于监测核电厂运行期间沸水堆的稳定性。

图 E.7 显示了来自两个沸水堆的中子探测器信号的频率响应函数,表明了特征峰值频率。频率响应函数通过沸水堆的两个功率区探测器的测量结构计算得出的,最大或峰值频率约等于 0.4 Hz 和 0.35 Hz。

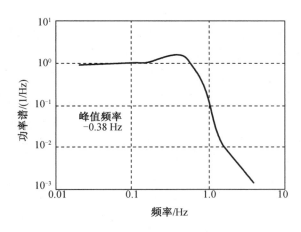

图 E.7　两个沸水堆的中子探测器信号的频率响应函数

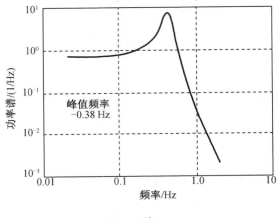

图 E.7（续）

E.4　具有时滞动态学的系统

许多动态系统具有固有的时滞。例如,在管道流动中,下游点的干扰有时会比上游干扰更迟。在核电厂中,压水堆热管段的冷却剂输送到蒸汽发生器,当堆芯出口冷却剂温度发生变化时,温度变化的冷却剂会随着热管段冷却剂流动,根据热管段的长度,需要一定的流动时间才能在特定位置的传感器采集到温度变化。

两个变量 $\delta x(t)$ 和 $\delta y(t)$ 之间的时滞表示为

$$\delta y(t) = c\delta x(t - D),c\text{ 是一个常量参数} \tag{E.28}$$

$Y(t)$ 在 D 秒后检测 $x(t)$ 的变化。纯时滞的传递函数为

$$G(s) = \frac{\delta Y(s)}{\delta X(s)} = ce^{-sD} \tag{E.29}$$

频率响应函数由下式给出

$$G(j\omega) = c\exp(-j\omega D) \tag{E.30}$$

因此, $|G(j\omega)|$ = 常数,对所有 ω 恒定,而相位 $\varphi(\omega) = -\omega D$,$D$ 是线性相位图的斜率。

例 E.5　在两个探测器信号之间使用纯滞后动态学的一个示例是沸水堆中流速的测量。平行于中心轴放置的两个堆芯内探测器之间的相位呈线性形式,并且相位的斜率对应于从上游探测器到下游探测器的流动通道中的时间延迟。

图 E.8 是典型沸水堆的堆芯图,显示了堆芯中子探测器的位置,典型的 1 200 MWe 反应堆堆芯中有 40~50 个局部功率区探测器通道,从堆芯的底部(上游)到顶部(下游),每个通道中的探测器分别标记为 A、B、C、D。图 E.9 是来自探测器 B 和 C 的信号之间的相位的曲线图,从该曲线图中可以看出,探测器 B 和 C 的信号之间的相位是线性的,表明这两个探测器之间的信号可以通过频带中的纯时滞来近似。诸如此类的属性(包括沸水堆中的中子探测器的特征频率响应)可用于在线监测反应堆性能(稳定性、流动模式等)。

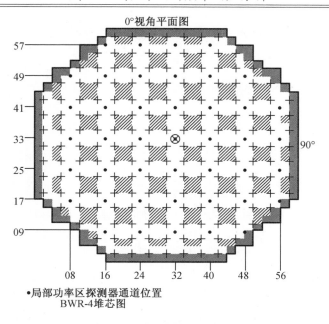

图 E.8　典型沸水堆堆芯图

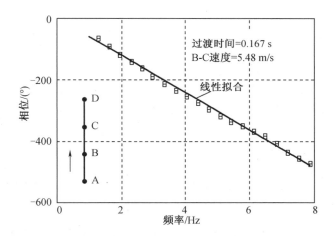

图 E.9　探测器 B 和 C 之间的相位,以及相位的线性拟合

　　相位图的线性拟合如图 E.9 所示,该直线的斜率对应于两个探测器位置之间的传输时间。然后,可以使用两个探测器之间的距离(0.91 m)来计算该 BWR 中探测器通道所在位置的平均两相流速。估计的传输时间为 0.17 s,平均流速为 5.48 m/s。

E.5　分布式系统的频率响应

　　如附录 D,第 D.8 节,式(D.34)所示。根据通道入口温度的变化,给出了流体通道在位置 x 处温度的传递函数。传递函数是

$$U(x,s) = U_0 e^{-(s+b)x} \qquad\qquad (\text{E.31})$$

当 $b = 1$ 时,式(E.31)可改写为

$$\frac{U(x,s)}{U_0} = e^{-(s+1)x} \qquad\qquad (E.32)$$

通过代入 $s = j\omega$ 可以确定该传递函数的频率响应:

$$\frac{U(x,\omega)}{U_0} = e^{-x}e^{-j\omega x} \qquad\qquad (E.33)$$

频率响应函数在 (x,ω) 处的大小和相位由下式给出

$$\text{振幅 } U(x,\omega) = e^{-x} \qquad\qquad (E.34)$$

$$\text{相位 } U(x,\omega) = -(\omega x) \qquad\qquad (E.35)$$

注意,振幅与频率无关,并且随着位置 x 的增加而减小。相位随着频率和位置的增加而减小。这说明分布式参数频率响应不是集总参数频率响应,也不是最小相位系统。

E.6 频率响应测量

有时会使用频率响应测量来帮助理解动态过程,或检查理论动态模型的有效性。最明显的方法是输入正弦波,但是许多系统(包括核反应堆)缺少可以产生正弦输入的硬件,但通常能够引入阶跃变化。因此,已经设计和实现了可以采用二进制输入(采用两个值并按规定顺序递增和递减的输入)的方法。

最简单的二进制信号是方波,傅里叶分析表明方波可以表示为正弦波之和。方波在单个频率中具有高强度,也可以使用其他二进制序列,强度分布在一定频率范围内的序列是伪随机二进制序列(PRBS),如图 E.10 所示。这是一个 7 位序列,请注意,该序列每隔 7 位重复一次,每一位都有一定的时间间隔。

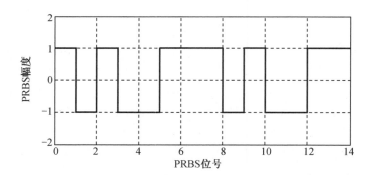

图 E.10 七位 PRBS 输入

伪随机二进制序列的频谱如下[4]

$$P_k = \frac{A^2}{Z^2}, \qquad\qquad k = 0$$

$$P_k = \frac{2(Z+1)A^2}{Z^2}\frac{\sin(k\pi/Z)}{k\pi/Z}, k \neq 0 \qquad\qquad (E.36)$$

图 E.11[4]中显示了几个伪随机二进制序列信号的频谱。

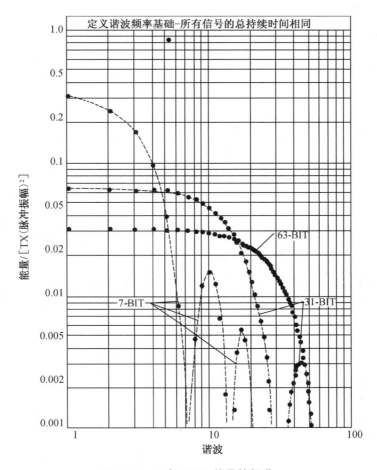

图 E.11　几个 PRBS 信号的频谱

　　请注意,频谱非常平坦,尤其是对于较长的序列。此功能近似于宽带随机信号的频谱(在所有频率下均恒定)。还要注意,伪随机二进制序列是周期性的(信号强度集中在离散频率上)。谐波频率下的 A 傅里叶分析可以提供该频率下的正弦响应。因此,频率响应是选定谐波频率下输出的傅里叶变换与输入的傅里叶变换之比。

　　产生伪随机二进制序列信号的算法使用具有模二加法器反馈的数字移位寄存器。模二加法如下:

$$0 + 0 = 0$$
$$0 + 1 = 1$$
$$1 + 0 = 1$$
$$1 + 1 = 0$$

　　移位寄存器通过在每次移位时将每个寄存器(0 或 1)的内容移到右边的下一个寄存器来进行操作。此操作清空最左边的寄存器,反馈将内容的总和(取模 2)移到最左边的寄存器。例如,考虑具有寄存器 1 和 3 的加法器反馈的 3 寄存器结构,在表 E.2 中,寄存器的初

始内容都设置为等于 1,系统的运行结果如下:

表 E.2　寄存器

1	2	3
1	1	1
0	1	1
1	0	1
0	1	0
0	0	1
1	0	0
1	1	0
1	1	1

注意,寄存器的内容在七次移位后重复。每个寄存器中的序列是一个 7 位伪随机二进制序列。几个 PRBS 信号的反馈配置见表 E.3。

表 E.3　反馈配置表

寄存器数	反馈状态的寄存器	PRBS 的长度
2	1,2	3
3	1,3	7
4	1,4	15
5	2,5	31
6	1,6	63
7	1,7	127

使用可用的执行机构(例如控制棒位置和蒸汽阀开度),PRBS 序列可用作操作反应堆的输入。通过使用序列的多个周期可以提高信号强度。输入和输出信号的傅里叶分析提供了所用 PRBS 谐波频率下的频率响应。

注意,PRBS 序列的位数为奇数,输出将在由输入级引起的方向上产生切换,而该输入级的用途要多于另一种,即一次谐波为非零。

另一个二进制测试序列是多频二进制序列。它是通过对位模式进行计算机优化而获得的,可以优化选定频率中的信号强度。

上述所有二进制序列已用于研究堆的测试(使用 ^{235}U 燃料的熔融盐堆实验,使用 ^{233}U 燃料的熔融盐堆实验,高通量同位素反应堆,EBR II)和动力堆(HB Robinson、Oconee 和 Millstone PWR)。所有这些测试都有助于检验理论模型的有效性[5]。

习   题

E.1   为下面给出的开环传递函数构造渐近的波特图,使用 MATLAB 函数"bode"生成的波特图,并进行比较验证。

(a)$G(s) = \dfrac{40(s+2)}{s^2(s+8)(s+10)}$

(b)$G(s) = \dfrac{9}{(s+1)(s+3)^2}$

(c)$G(s) = 10\,\dfrac{e^{-s}}{s+10}$

E.2   考虑以下频率响应函数

$$G(\mathrm{j}\omega) = \dfrac{1}{1 + \dfrac{\mathrm{j}\omega}{4} - \left(\dfrac{\omega}{4}\right)^2}$$

构造频率为 $0.01 \sim 10$ Hz 的 $|G(f)|$ 与 f 的图像。代入 $\omega = 2\pi f$,得到 $|G(f)|$ 的表达式,计算并绘制 $|G(f)|$ 作为 f 的函数。

估计在 $|G(f)|$ 图中看到峰值的频率。

E.3   考虑以下线性系统的传递函数。

$G(s) = \dfrac{1}{s+0.2}$,其中 s 是拉普拉斯变量,时间单位是"s"。

提示:如果 $z = x + \mathrm{j}y$ 是复数,则 z 的大小为 $z = \sqrt{x^2 + y^2}$,并且相位为 $\varphi = \arctan\left(\dfrac{x}{y}\right)$。

(a)陈述 $G(s)$ 的频率响应函数。

(b)计算 $\omega = 0$ rad/s 的频率响应函数 $G(\mathrm{j}\omega)$ 的大小。

(c)计算 $\omega = 0$ rad/s 的 $G(\mathrm{j}\omega)$ 的相位(°)。

(d)以 $\omega = 0.2$ rad/s 计算 $G(\mathrm{j}\omega)$ 的大小。简化您的答案。

(e)计算 $\omega = 0.2$ rad/s 的 $G(\mathrm{j}\omega)$ 的相位(°)。简化您的答案。

(f)使用 MATLAB 函数"bode"绘制 $G(\mathrm{j}\omega)$ 的波特图。

(g)确定由上述传递函数 $G(s)$ 定义的设备的转折频率(rad/s)。

(h)如果此设备是电阻温度检测器(RTD),请确定其时间常数(s)。

(i)在任何频率 ω 下,线性系统的频率响应函数 $G(\mathrm{j}\omega)$ 的大小是什么意思?

E.4   沸水堆的中子功率至反应性传递函数模型具有以下零点和极点。($\mathrm{j} = \sqrt{-1}$)
零点:-0.03,$-0.18 + \mathrm{j}0.27$,$-0.18 - \mathrm{j}0.27$。
级数:-0.25,-21.7,$-0.045 + \mathrm{j}0.32$,$-0.045 - \mathrm{j}0.32$。

(a)将传递函数计算为两个多项式的比率;

(b)绘制频率响应函数的波德图,并指示幅度图的显著特征。

参 考 文 献

［1］ C. L. Phillips, J. M. Parr, Feedback Control Systems, fifth ed. , Prentice-Hall, Upper Saddle River, NJ, 2011.

［2］ R. Saucedo, E. E. Schiring, Introduction to Continuous and Digital Control Systems, Mac Millan Company, New York, 1968.

［3］ B. R. Upadhyaya, M. Kitamura, Stability monitoring of boiling water reactors by time series analysis of neutron noise, Nucl. Sci. Eng. 77 (4) (1981) 480-492.

［4］ T. W. Kerlin, Frequency Response Testing in Nuclear Reactors, Academic Press, New York, 1974.

［5］ T. W. Kerlin, E. M. Katz, J. G. Thakkar, J. E. Strange, Theoretical and experimental dynamic analysis of the H. B. Robinson nuclear plant, Nucl. Technol. 30 (September 1976) 299-316.

附录 F　状态变量模型和瞬态分析

F.1　引言

实际系统的模型通常需要大量耦合的微分方程来表示所有相互关联的过程。涉及数百个方程的模型并不少见,这自然导致矢量矩阵符号的使用以及计算机求解软件包的制定,这些软件包可以接受具有任意数量的系统方程式的模型(最大限度由计算机能力决定),并进行求解。这些仿真软件包括 MATLAB(请参阅附录 G)、MAPLE、MATH EMATICA、MODELICA 等。向量矩阵公式和面向矩阵的求解技术在动态建模和仿真中很重要,本附录描述了系统(线性和非线性)的状态变量表示,并着重介绍了线性系统模型。状态变量表示法最早是由卡尔曼(Kalman)用于描述控制系统的一般理论[1-2]。本附录介绍了多输入多输出(MIMO)线性时不变系统的时域和复域分析。

F.2　状态变量模型

考虑 n 个变量 $(x_1, x_2, \cdots x_n)$ 中的 n 个线性代数方程。

$$
\begin{aligned}
a_{11}x_1 + a_{12}x_2 + \cdots + a_{1n}x_n &= b_1 \\
a_{21}x_1 + a_{22}x_2 + \cdots + a_{2n}x_n &= b_2 \\
&\vdots \\
a_{n1}x_1 + a_{n2}x_2 + \cdots + a_{nn}x_n &= b_n
\end{aligned}
\tag{F.1}
$$

方程组可以重写为

$$
\begin{bmatrix}
a_{11} & a_{12} & \cdots & a_{1n} \\
a_{21} & a_{22} & \cdots & a_{2n} \\
\vdots & \vdots & & \vdots \\
a_{n1} & a_{n2} & \cdots & a_{nn}
\end{bmatrix}
\begin{bmatrix}
x_1 \\ x_2 \\ \vdots \\ x_n
\end{bmatrix}
=
\begin{bmatrix}
b_1 \\ b_2 \\ \vdots \\ b_n
\end{bmatrix}
\tag{F.2}
$$

使用矩阵符号,式(F.2)可以写成

$$
Ax = b
\tag{F.3}
$$

A 是一个 $(n \times n)$ 方阵;X 和 b 是 $(n \times 1)$ 的列向量。矩阵由大写字母表示,向量由黑体字母表示,变量 $z(t)$ 的拉普拉斯变换由大写字母 $Z(s)$ 表示,第 i 行和第 j 列中的矩阵元素 A 用 a_{ij} 表示。如果行数 (m) 等于列数 (n),即 $m = n$,则 A 称为方矩阵;如果 $m \neq n$,则 A 是一个矩形矩阵;如果大多数矩阵元素为零,则称矩阵为稀疏矩阵。核反应堆仿真中的状态变量矩阵通常是稀疏的,非零元素聚集在矩阵对角线上。大多数核反应堆的 A 矩阵都带有负对角线元素。对于稳定的系统,模型中可能存在正对角线元素,但这种模型经常会遇到不稳定性问题。正对角线元素可能引起不稳定性。

变量的列向量 $\boldsymbol{x}$ 是标量的有序数组,具有 n 个元素的列向量 $\boldsymbol{x}$ 为 $(n \times 1)$,如方程式所示(F.4a)。

$$列向量\ \boldsymbol{x} = \begin{bmatrix} x_1 \\ x_2 \\ \vdots \\ x_n \end{bmatrix} \tag{F.4a}$$

行向量定义为列向量的转置。

$$\boldsymbol{x}^{\mathrm{T}} = [x_1, x_2, \cdots, x_n] \tag{F.4b}$$

动态分析涉及矩阵微分方程的使用,如方程(F.5)所示。

$$\begin{aligned} \frac{\mathrm{d}x_1}{\mathrm{d}t} &= a_{11}x_1 + a_{12}x_2 + \cdots + a_{1n}x_n + f_1 + g_1 \\ \frac{\mathrm{d}x_2}{\mathrm{d}t} &= a_{21}x_1 + a_{22}x_2 + \cdots + a_{2n}x_n + f_2 + g_2 \\ &\vdots \\ \frac{\mathrm{d}x_n}{\mathrm{d}t} &= a_{n1}x_1 + a_{n2}x_2 + \cdots + a_{nn}x_n + f_n + g_n \end{aligned} \tag{F.5}$$

n 个方程解 n 个变量 $\{x_i, i = 1, 2, \cdots, n\}$。有 n^2 个常数系数。$\{f_i, i = 1, 2, \cdots, n\}$ 表示外部扰动函数(包括零值)。$\{g_i, i = 1, 2, \cdots, n\}$ 代表状态变量中的非线性项(包括零值)。

这些方程式可以如下表示为矩阵符号:

$$\frac{\mathrm{d}\boldsymbol{x}}{\mathrm{d}t} = \boldsymbol{A}\boldsymbol{x} + \boldsymbol{f} + \boldsymbol{g} \tag{F.6}$$

式中　$\boldsymbol{x}$——解向量(状态变量);

　　　$\boldsymbol{A}$——系数的系统矩阵;

　　　$\boldsymbol{f}$——扰动函数的向量;

　　　$\boldsymbol{g}$——状态变量中非线性项的向量。

F.3　多输入多输出(MIMO)线性的一般解

状态变量模型

拉普拉斯变换方法用于表示系统传递函数并获得对外部扰动的时域响应,可以扩展到多变量系统[3]。本节讨论以下主题:

(1)状态空间形式的时不变系统的一般表示。

(2)多输入多输出(MIMO)系统的传递函数表示。

(3)MIMO 系统的瞬态响应。

(4)状态转换矩阵。

F.3.1 多输入多输出（MIMO）系统的定义

通过以下形式定义多变量线性系统。

$$\frac{\mathrm{d}\boldsymbol{x}}{\mathrm{d}t} = \boldsymbol{Ax} + \boldsymbol{Bf} \qquad\qquad (\mathrm{F.7a})$$

$$\boldsymbol{y} = \boldsymbol{Cx} \qquad\qquad (\mathrm{F.7b})$$

式中　$\boldsymbol{x} = \{x_1, x_2, \cdots, x_n\}$——$n$ 维状态向量；

$\boldsymbol{f} = \{f_1, f_2, \cdots, f_p\}$——$p$ 维输入向量；

$\boldsymbol{y} = \{y_1, y_2, \cdots, y_m\}$——$m$ 维输出向量；

$\boldsymbol{A}$——一个（$n \times n$）维时间无关（或时间不变）的系统矩阵；

$\boldsymbol{B}$——（$n \times p$）维时间无关的输入矩阵；

$\boldsymbol{C}$——一个（$m \times n$）时间无关的输出矩阵。

如果 $\boldsymbol{C} = \boldsymbol{I}$ 为单位矩阵，则 $\boldsymbol{y} = \boldsymbol{x}$。

如果 $p = 1$，则矩阵 $\boldsymbol{B}$ 为（$n \times 1$）维向量，f 为标量输入。通常，测量次数（m）小于状态变量的个数（n）。在实际系统中，通常不可能测量模型中的所有状态变量。

如果 y 是标量，则矩阵 $\boldsymbol{C}$ 是（$1 \times n$）维行向量。

F.3.2 MIMO 系统的传递函数表示

假设初始条件是已知的，并且由 $\boldsymbol{x}(0)$ 给出，进行拉普拉斯变换，得到式（F.7a）。

$$s\boldsymbol{X}(s) - \boldsymbol{x}(0) = \boldsymbol{AX}(s) + \boldsymbol{BF}(s)$$

简化公式

$$(s\boldsymbol{I} - A)\boldsymbol{X}(s) = \boldsymbol{X}(0) + \boldsymbol{BF}(s) \qquad\qquad (\mathrm{F.8})$$

求解出 $\boldsymbol{X}(s)$。

$$\boldsymbol{X}(s) = (s\boldsymbol{I} - A)^{-1}\boldsymbol{x}(0) + (s\boldsymbol{I} - A)^{-1}\boldsymbol{BF}(s) \qquad\qquad (\mathrm{F.9})$$

式（F.9）可用于求解 $\boldsymbol{X}(t)$。假设 $\boldsymbol{x}(0) = \boldsymbol{0}$，可以使用以下形式表示 $\boldsymbol{X}(s)$。

$$\boldsymbol{X}(s) = \boldsymbol{G}_{fX}(s)\boldsymbol{F}(s) \qquad\qquad (\mathrm{F.10})$$

即

$$\boldsymbol{G}_{fX} = (s\boldsymbol{I} - A)^{-1}\boldsymbol{B} \qquad\qquad (\mathrm{F.11})$$

$\boldsymbol{G}_f\boldsymbol{X}$ 是一个（$n \times p$）矩阵，并且是 $\boldsymbol{f}$（输入变量）和 $\boldsymbol{X}$（状态变量）之间的传递函数矩阵。

为了导出 $\boldsymbol{Y}(s)$ 和 $\boldsymbol{f}(s)$ 之间的传递函数，对式（F.7b）进行拉普拉斯变换。

$$\boldsymbol{Y}(s) = \boldsymbol{CX}(s) \qquad\qquad (\mathrm{F.12})$$

将式（F.10）代入式（F.12）中，有

$$\boldsymbol{Y}(s) = \boldsymbol{C}(s\boldsymbol{I} - A)^{-1}\boldsymbol{BF}(s) \qquad\qquad (\mathrm{F.13})$$

式（F.13）将输入 $\boldsymbol{f}$ 和输出 $\boldsymbol{Y}$ 之间的传递函数矩阵定义为

$$\boldsymbol{G}_{fY}(s) = \boldsymbol{C}(s\boldsymbol{I} - \boldsymbol{A}^{-1})B \qquad\qquad (\mathrm{F.14})$$

使用式（F.14）代入式（F.13）得出

$$\boldsymbol{Y}(s) = \boldsymbol{G}_{fY}(s)\boldsymbol{F}(s) \qquad\qquad (\mathrm{F.15})$$

评论

注意,方程(F.14)中传递函数的分母的根是 s 的多项式的根,由 $(s\boldsymbol{I}-\boldsymbol{A})$ 的行列式给出。这些根也是传递函数的极点。对于第 n 阶矩阵,有 n 个极点。这些极点也是系统矩阵 $\boldsymbol{A}$ 的特征值。因此,可以通过计算矩阵 $\boldsymbol{A}$ 的特征值检查系统稳定性。

例 F.1 考虑一个具有两输入($\boldsymbol{f}$)和两输出($\boldsymbol{y}$)的系统,式(F.15)可以写成

$$\begin{bmatrix} y_1(s) \\ y_2(s) \end{bmatrix} = \begin{bmatrix} G_{11} & G_{12} \\ G_{21} & G_{22} \end{bmatrix} \begin{bmatrix} f_1(s) \\ f_2(s) \end{bmatrix} \tag{F.16}$$

因此,输出 y_i 和输入 f_j 之间的传递函数由矩阵元素给出

$$\frac{y_i(s)}{f_j(s)} G_{ij}(s); \quad i=1,2; j=1,2 \tag{F.17}$$

F.3.3 MIMO 系统的瞬态响应

给定的初始条件 $\boldsymbol{x}(0)$ 和扰动项 $\boldsymbol{f}(t)$ 的响应 $\boldsymbol{x}(t)$ 是通过对方程(F.9)进行拉普拉斯逆变换确定的。因此,

$$\boldsymbol{x}(t) = L^{-1}\big[(s\boldsymbol{I}-\boldsymbol{A})^{-1}\boldsymbol{x}(0)\big] + L^{-1}\big[(s\boldsymbol{I}-\boldsymbol{A})^{-1}\boldsymbol{B}\boldsymbol{F}(s)\big] \tag{F.18}$$

定义

$$\boldsymbol{\varphi}(t) \equiv L^{-1}\big[(s\boldsymbol{I}-\boldsymbol{A})^{-1}\big] \tag{F.19}$$

式(F.18)中的逆变换可以通过使用卷积积分来完成(请参阅附录 D)。如果 $Y(s) = G(s)X(s)$,则通过以下卷积积分实现逆变换。

$$y(t) = L^{-1}\big[\boldsymbol{G}(s)\boldsymbol{X}(s)\big] = \int_0^\infty \boldsymbol{g}(t-\tau)\boldsymbol{x}(\tau)\mathrm{d}\tau$$

使用卷积积分和式(F.19),$\boldsymbol{x}(t)$ 变为

$$\boldsymbol{x}(t) = \boldsymbol{\varphi}(t)\boldsymbol{x}(0) + \int_0^t \boldsymbol{\varphi}(t-\tau)\boldsymbol{B}\boldsymbol{f}(\tau)\mathrm{d}\tau \tag{F.20}$$

两个时间函数 $p(t)$ 和 $q(t)$ 之间的卷积由以下积分定义:$p(t)*q(t) = \int_0^t p(t-\tau)q(\tau)\mathrm{d}\tau$,$p(t)$ 和 $q(t)$ 是因果函数。

式(F.20)类似于具有初始条件的一阶线性时不变系统的解。

$$\frac{\mathrm{d}x}{\mathrm{d}t} = ax + f(t) \tag{F.21}$$

由下式给出

$$x(t) = \mathrm{e}^{at}x(0) + \int_0^t \mathrm{e}^{a(t-\tau)}f(\tau)\mathrm{d}\tau \tag{F.22}$$

因此,对于式(F.7a)所描述的 MIMO 系统。解 $\boldsymbol{x}(t)$ 写为

$$\boldsymbol{x}(t) = \mathrm{e}^{At}\boldsymbol{x}(0) + \int_0^t \mathrm{e}^{A(t-\tau)}\boldsymbol{B}\boldsymbol{f}(\tau)\mathrm{d}\tau \tag{F.23}$$

对于线性时不变系统,式(F.20)中的矩阵 $\boldsymbol{\varphi}(t)$ 与矩阵函数 e^{At} 相同。因此,对于该时不

变线性系统。

$$\boldsymbol{\varphi}(t) = \mathrm{e}^{At} \qquad (\mathrm{F}.24)$$

例 F.2　线性系统描述为

$$\frac{\mathrm{d}\boldsymbol{x}}{\mathrm{d}t} = \begin{bmatrix} -2 & -3 \\ -1 & -4 \end{bmatrix} \begin{bmatrix} x_1 \\ x_2 \end{bmatrix} + \begin{bmatrix} 0 \\ 1 \end{bmatrix} f$$

$$y = x_1 + x_2$$

（a）确定传递函数 $Y(s)/F(s)$。

（b）确定单位阶跃函数 $f(t)$ 的响应 $y(t)$，假设初始条件为零。

解

$$\boldsymbol{X}(s) = (s\boldsymbol{I} - \boldsymbol{A})^{-1} b F(s)$$

$$|s\boldsymbol{I} - \boldsymbol{A}| = \begin{vmatrix} s+2 & 3 \\ 1 & s+4 \end{vmatrix} = (s+2)(s+4) - 3 = (s+1)(s+5)$$

$$(s\boldsymbol{I} - \boldsymbol{A})^{-1} = \frac{1}{(s+1)(s+5)} \begin{bmatrix} s+4 & -3 \\ -1 & s+2 \end{bmatrix}$$

$$Y(s) = \begin{bmatrix} 1 & 1 \end{bmatrix} \boldsymbol{X}(s) = \begin{bmatrix} 1 & 1 \end{bmatrix} (s\boldsymbol{I} - \boldsymbol{A})^{-1} \begin{bmatrix} 0 \\ 1 \end{bmatrix} F(s)$$

$$\frac{Y(s)}{F(s)} = \frac{s-1}{(s+1)(s+5)}$$

（a）对于单位阶跃输入，$F(s) = 1/s$

$$Y(s) = \frac{s-1}{s(s+1)(s+5)}$$

使用部分分式法（或留数法）可得。

$$Y(s) = -\frac{1}{5s} + \frac{1}{2(s+1)} - \frac{3}{10}\frac{1}{(2+5)}$$

时间响应 $y(t) = -\frac{1}{5} + \frac{1}{2}\mathrm{e}^{-t} - \frac{3}{10}\mathrm{e}^{-5t}$

F.3.4　状态转移矩阵

式（F.20）中的矩阵 $\boldsymbol{\varphi}(t)$ 通常称为状态转换矩阵（STM），因为提供了从初始时间 $t=0$（或 $t=t_0$）到时间 t 的解 $x(t)$。

一般而言，式（F.20）可以写成如下形式：

$$\boldsymbol{x}(t) = \boldsymbol{\varphi}(t,t_0)\boldsymbol{x}(t_0) + \int_{t_0}^{t} \boldsymbol{\varphi}(t,\tau)\boldsymbol{B}f(\tau)\mathrm{d}\tau \qquad (\mathrm{F}.25)$$

证明了对于时不变系统的特殊情况。

$$\boldsymbol{\varphi}(t) = L^{-1}\left[(s\boldsymbol{I} - \boldsymbol{A})^{-1}\right] \qquad (\mathrm{F}.26\mathrm{a})$$

以及

$$\boldsymbol{\varphi}(t) = \mathrm{e}^{At} \qquad (\mathrm{F}.26\mathrm{b})$$

对于时不变系统，状态转移矩阵 $\boldsymbol{\varphi}(t)$ 满足以下特性[3]。

$$\frac{\mathrm{d}\boldsymbol{\varphi}}{\mathrm{d}t} = \boldsymbol{A}\boldsymbol{\varphi}(t) \qquad (\text{F}.27)$$

$$\boldsymbol{\varphi}(t_0, t_0) = \boldsymbol{I}, \boldsymbol{\varphi}(0) = \boldsymbol{I} \qquad (\text{F}.28)$$

$$\boldsymbol{\varphi}(t, t_0) = \boldsymbol{\varphi}(t - t_0) \qquad (\text{F}.29)$$

这些特性可得到解,即

$$\boldsymbol{x}(t) = \boldsymbol{\varphi}(t)\boldsymbol{x}(0) + \int_0^t \boldsymbol{\varphi}(t - \tau)\boldsymbol{B}\boldsymbol{f}(\tau)\mathrm{d}\tau \qquad (\text{F}.30)$$

关于 t 的微分方程(F.30)为

$$\frac{\mathrm{d}\boldsymbol{x}}{\mathrm{d}t} = \frac{\mathrm{d}\boldsymbol{\varphi}(t)}{\mathrm{d}t}\boldsymbol{x}(0) + \boldsymbol{\varphi}(0)\boldsymbol{B}\boldsymbol{f}(t) + \int_0^t \boldsymbol{A}\boldsymbol{\varphi}(t - \tau)\boldsymbol{B}\boldsymbol{f}(\tau)\mathrm{d}\tau$$

使用上面给出的式(F.27)和(F.28)

$$\frac{\mathrm{d}\boldsymbol{x}}{\mathrm{d}t} = \boldsymbol{A}\boldsymbol{\varphi}(t)\boldsymbol{\varphi}\boldsymbol{x}(0) + \boldsymbol{B}\boldsymbol{f}(t) + \boldsymbol{A}\int_0^t \boldsymbol{\varphi}(t - \tau)\boldsymbol{B}\boldsymbol{f}(\tau)\mathrm{d}\tau$$

$$= \boldsymbol{A}\left[\boldsymbol{\varphi}(t)\boldsymbol{x}(0) + \int_0^t \boldsymbol{\varphi}(t - \tau)\boldsymbol{B}\boldsymbol{f}(\tau)\mathrm{d}\tau\right] + \boldsymbol{B}\boldsymbol{f}(\tau)$$

或者

$$\frac{\mathrm{d}\boldsymbol{x}}{\mathrm{d}t} = \boldsymbol{A}\boldsymbol{x}(t) + \boldsymbol{B}\boldsymbol{f}(t)$$

这是原始的微分方程组。

状态转移矩阵 $\boldsymbol{\varphi}(t) = \mathrm{e}^{\boldsymbol{A}t}$ 也具有以下特性。

$$\boldsymbol{\varphi}(t_1)\boldsymbol{\varphi}(t_2) = \boldsymbol{\varphi}(t_1 + t_2) \qquad (\text{F}.31)$$

$$\boldsymbol{\varphi}(t)^{-1} = \boldsymbol{\varphi}(-t) \qquad (\text{F}.32)$$

$$\boldsymbol{x}(t) = \boldsymbol{\varphi}(t - t_0)\boldsymbol{x}(t_0) + \int_{t_0}^t \boldsymbol{\varphi}(t - \tau)\boldsymbol{B}\boldsymbol{f}(\tau)\mathrm{d}\tau \qquad (\text{F}.33)$$

例 F.3 对于例 F.2 中定义的系统,确定状态转换矩阵。

解

$$\boldsymbol{\varphi}(t) = L^{-1}\left[(s\boldsymbol{I} - \boldsymbol{A})^{-1}\right]$$

$$\boldsymbol{A} = \begin{bmatrix} -2 & -3 \\ -1 & -4 \end{bmatrix}, (s\boldsymbol{I} - \boldsymbol{A}) = \begin{bmatrix} s+2 & 3 \\ 1 & s+4 \end{bmatrix}$$

$$(s\boldsymbol{I} - \boldsymbol{A})^{-1} = \frac{1}{(s+1)(s+5)}\begin{bmatrix} s+4 & -3 \\ -1 & s+2 \end{bmatrix}$$

$$= \begin{bmatrix} \dfrac{s+4}{(s+1)(s+5)} & \dfrac{-3}{(s+1)(s+5)} \\ \dfrac{-1}{(s+1)(s+5)} & \dfrac{s+2}{(s+1)(s+5)} \end{bmatrix}$$

$$= \begin{bmatrix} \dfrac{3}{4}\dfrac{1}{s+1} + \dfrac{1}{4}\dfrac{1}{s+5} & -\dfrac{3}{4}\dfrac{1}{s+1} + \dfrac{3}{4}\dfrac{1}{s+5} \\ -\dfrac{1}{4}\dfrac{1}{s+1} + \dfrac{1}{4}\dfrac{1}{s+5} & \dfrac{1}{4}\dfrac{1}{s+1} + \dfrac{3}{4}\dfrac{1}{s+5} \end{bmatrix}$$

进行拉普拉斯逆变换可得出状态转换矩阵。

$$\boldsymbol{\varphi}(t) = \begin{bmatrix} \dfrac{3}{4}e^{-t} + \dfrac{1}{4}e^{-5t} & -\dfrac{3}{4}e^{-t} + \dfrac{3}{4}e^{-5t} \\ -\dfrac{1}{4}e^{-t} + \dfrac{1}{4}e^{-5t} & \dfrac{1}{4}e^{-t} + \dfrac{3}{4}e^{-5t} \end{bmatrix}$$

例 F.4　对于例 F.2 中定义的系统,求解单位阶跃输入 $f(t)$ 的 $x_1(t)$ 和 $x_2(t)$。假设初始条件为零。

解决方案

$$X(s) = (sI - A)^{-1}bF(s) = \frac{1}{(s+1)(s+5)} \begin{bmatrix} s+4 & -3 \\ -1 & s+2 \end{bmatrix} \begin{bmatrix} 0 \\ 1 \end{bmatrix} \frac{1}{s}$$

$$X(s) = \frac{1}{s(s+1)(s+5)} \begin{bmatrix} -3 \\ s+2 \end{bmatrix}$$

$$X_1(s) = \frac{-3}{s(s+1)(s+5)}$$

那么

$$x_1(t) = -\frac{3}{5} + \frac{3}{4}e^{-t} - \frac{3}{20}e^{-5t}$$

$$X_2(s) = \frac{s+2}{s(s+1)(s+5)}$$

那么

$$x_2(t) = \frac{2}{5} - \frac{1}{4}e^{-t} - \frac{3}{20}e^{-5t}$$

评论

注意,$y(t) = x_1(t) + x_2(t)$

替换 x_1 和 x_2

$$y(t) = -\frac{1}{5} + \frac{1}{2}e^{-t} - \frac{3}{10}e^{-5t}$$

将此与例 F.2 中的解进行比较。

F.4　矩阵指数解

本节介绍矩阵指数求解方法,该方法巧妙地利用了矩阵属性,从而获得了一种有效而简单的求解方法[4]。对于具有非齐次项的非齐次($f \neq 0$)线性系统($g = 0$)的模型,(f)是常数或可以在每个时间步长表示为分段常数,则解如下。

使用式(F.23)中给出的线性系统响应并根据时间步长 $\{i-1\}$ 的值,给出时间步长 $\{i\}$ 的 $X(t)$ 的迭代解。

$$x(i) = e^{A\Delta t}x(i-1) + A^{-1}(e^{A\Delta t} - I)f(i) \tag{F.34}$$

式中　Δt——求解的时间步长;

　　　I——单位矩阵(在对角处的值为 1,在其他地方为零)。

矩阵指数定义为

$$e^{A\Delta t} = I + A\Delta t + (A\Delta t)^2/2! \ + (A\Delta t)^3/3! \tag{F.35}$$

与标量指数定义相似。还要注意,仅需对 $e^{A\Delta t}$ 进行一次求解,即可用于 $X(i)$ 的每次计算,为简单起见,定义

$$C_1 = e^{A\Delta t} \tag{F.36}$$

现在考虑方程式(F.34)中的另一项。

$$A^{-1}(e^{A\Delta t} - I) = A^{-1}[I + A\Delta t + (A\Delta t)^2/2! \ + (A\Delta t)^3/3! \ + \cdots - I]$$

简化得出

$$A^{-1}(e^{A\Delta t} - I) = \Delta t[I + (A\Delta t)/2! \ + (A\Delta t)^2/3! \ + \cdots] \tag{F.37}$$

还必须求解一次,并在每个时间步长均应用它。将该常数矩阵定义为

$$C_2 = A^{-1}(e^{A\Delta t} - I) \tag{F.38}$$

我们现在可以将递归解写为

$$x(i) = C_1 x(i-1) + C_2 f(i) \tag{F.39}$$

因此,该解涉及在每个时间步长使用相同的 C_1 和 C_2 值进行重复的矩阵乘法。矩阵指数方法适用于线性齐次模型(初值问题)或具有恒定扰动矢量的非齐次模型。矩阵指数方法可以通过将变量扰动向量或非线性项视为分段常数项来提供近似解,这些解的精度随着时间步长的减小而提高。

在 F.6 和 F.7 节中考虑了其他数值求解方法。

F.5 敏感性分析

敏感性分析有时用于确定指定系统参数在确定系统响应中的重要性,由于敏感性分析最容易用矩阵指数法进行,因此在本附录后面的其他数值方法之前先进行敏感性分析。

参数 P 的敏感性由 $\Delta(x(t))/\Delta P$ 给出,参数 P 可能出现在一个以上的矩阵元素中,敏感性是随时间变化的矢量,对于敏感性分析的参数,每单位变化都会使计算出的响应发生变化。

敏感性信息使分析人员能够评估设计参数不确定性的后果,并确定指定设计参数所需的更改,以便获得所需的系统响应更改。敏感性可以通过"扰动"获得。也就是说,更改模型中的参数,重复模拟并查看会发生什么,这意味着整个分析必须从一个新的系数矩阵开始,使用矩阵指数方法的线性模型仿真可以进行有效的敏感性分析,避免了通过 C_1 和 C_2 矩阵进行重新分析的问题。

对矩阵元素 a_{jk} 的敏感性为 dx/da_{jk},通过对方程(F.7a)进行微分,可以得到关于 a_{jk} 敏感性方程如下:

$$\frac{d}{dt}\left(\frac{dx}{da_{jk}}\right) = A\frac{dx}{da_{jk}} + \frac{dA}{da_{jk}}x \tag{F.40}$$

将敏感性向量定义为

$$S_{jk} = \frac{dx}{da_{jk}} \tag{F.41}$$

敏感性矢量的微分方程变为

$$\frac{\mathrm{d}\boldsymbol{S}_{jk}}{\mathrm{d}t} = \boldsymbol{A}\boldsymbol{S}_{jk} + \frac{\mathrm{d}\boldsymbol{A}}{\mathrm{d}a_{jk}}\boldsymbol{x} \tag{F.42}$$

注意 $(\mathrm{d}A/\mathrm{d}a_{jk})$ 是一个矩阵,在第 j 行和第 k 列中为 1,在所有其他矩阵位置中为零。另外,请注意,式(F.42)的形式与式(F.7a)完全相同。因此,方程式(F.42)的解,在时间步长 $(i+1)$ 时的敏感性向量为

$$\boldsymbol{S}_{jk}(i+1) = C_1\boldsymbol{S}_{jk}(i) + C_2(\mathrm{d}A/\mathrm{d}a_{jk})\boldsymbol{x}(i+1) \tag{F.43}$$

注意 $\mathrm{d}A/\mathrm{d}a_{jk}$ 是一个具有一个非零元素的简单矩阵,并且 C_1 和 C_2 与 X 解中所用的相同;从 X 的解中可得 $X(i+1)$。因此,敏感性方程的解仅涉及已知量的矩阵乘法。

设计参数 P 通常出现在几个矩阵元素中。从中获得对 P 的敏感性。

$$\frac{\mathrm{d}\boldsymbol{x}}{\mathrm{d}P} = \sum_{j,k} \frac{\mathrm{d}\boldsymbol{x}}{\mathrm{d}a_{jk}}\frac{\mathrm{d}a_{jk}}{\mathrm{d}P} \tag{F.44}$$

敏感性分析可能很乏味,需要检查大量与时间相关的敏感性结果,但为反应堆设计人员提供了重要而有用的结果。

如果系统描述是非线性的,涉及多个参数(有时会彼此相乘),则可以对一个或多个参数进行系统扰动,并进行几次模拟运行,从而进行敏感性分析。典型参数的示例包括传热系数、热特性、反馈系数、热工水力方程式中使用的面积和质量以及时间常数。

F.6 常微分方程的数值解

已经开发出许多数值技术来求解常微分方程[6-7],数值解存在三个主要问题:

(1)截断误差:这是由于用有限数量的项逼近无限级数而引起的误差。

(2)四舍五入:这是由于必须携带有限数量的数字而导致的误差。

(3)稳定性:稳定性与求解过程中误差增加或减少的趋势有关。

数值技术分为一步法或多步法。在一步法中,近似值仅取决于时间 t 处可用的信息。在多步方法中,时间 $(t + \Delta t)$ 的解取决于一个以上时间步长的信息。一些更重要的技术如下。

一步法:

(1)欧拉;

(2)龙格 – 库塔二阶;

(3)龙格 – 库塔四阶;

(4)朗格·库塔·菲尔伯格。

多步法:

(1)亚当斯·巴什福斯(Adams – Bashforth);

(2)亚当斯·莫尔顿;

(3)亚当斯四阶预测因子 – 校正因子;

(4)米尔恩;

(5)辛普森。

可用的求解软件包使用这些技术中的一种或多种,用户在使用准备好的计算机软件时不需要编程求解,但应该知道计算机求解的原理。下面介绍两种方法以说明一般求解过程,基本思想是估计时间步长 i 和时间步长 $(i+1)$ 之间的解的平均斜率。

F.6.1 欧拉法

欧拉法是最简单的公式,它使用时间步长 i 处的斜率来估算式(F.7a)从 i 到 $(i+1)$ 的变化,即

$$x(i+1) = x(i) + \frac{\mathrm{d}x(i)}{\mathrm{d}t}(\Delta t) \tag{F.45}$$

$$x(i+1) = x(i) + [Ax(i) + f(i) + g(i)]\Delta t \tag{F.46}$$

F.6.2 二阶 Runge – Kutta 法

在二阶 Runge – Kutta 法中,估计时间步长 i 和时间步长 $(i+1)$ 之间的平均斜率,并将其用于计算 $x(i+1)$。首先对 $x(i+1)$ 的值进行近似(如在 Euler 的方法中一样),然后将其用于在时间步长 $i+1$ 处获得斜率的估算值,如下所示:

$$\frac{\mathrm{d}x(i+1)}{\mathrm{d}t} \approx [Ax(i) + f(i) + g(i)]\Delta t \tag{F.47}$$

然后,对于时间步长 i 和时间步长 $(i+1)$ 之间的时间间隔的平均斜率的估计为

$$S = 平均斜率 \approx \frac{1}{2}\left[\frac{\mathrm{d}x(i)}{\mathrm{d}t} + \frac{\mathrm{d}x(i+1)}{\mathrm{d}t}\right] \tag{F.48}$$

请注意,从时间步长 i 的解中知道 $\dfrac{\mathrm{d}x(i)}{\mathrm{d}t}$,并且使用时间步长 i 的条件估计了 $\dfrac{\mathrm{d}x(i+1)}{\mathrm{d}t}$,则 $(i+1)$ 的估计值为

$$x(i+1) = x(i) + S\Delta t \tag{F.49}$$

F.7 偏微分方程的解

一些偏微分方程适合解析解。例如,如第10章所示,对于某些传热问题,解析解是可能的,但是大多数物理过程的仿真都需要数值解。

对于核反应堆模拟,中子扩散方程将位置、中子能量和时间作为自变量,这些解通常用离散能群表示中子能量,并将数字近似值用于位置变量,结果是一组以时间为自变量的普通方程,然后通过上面讨论的技术进行求解。

F.7.1 偏微分方程的例子

下面列举了工程应用中遇到的偏微分方程的一些例子。

中子扩散方程:单速中子扩散方程是空间(r)和时间(r)的函数,由下式给出:

$$\frac{1}{v}\left(\frac{\partial \varphi}{\partial t}\right) - \nabla \cdot D(r)\nabla\varphi + \sum_a(r)\varphi(r,t) = S(r,t) \tag{F.50}$$

该公式中的参数定义如附录 C 所示。式(F.50)是随时间变化的中子通量 $\varphi(r,t)$。

一维热传导:通过薄板的一维热传导形式为

$$\frac{\partial^2 T}{\partial x^2} = \frac{1}{\alpha} \frac{\partial T}{\partial t} \tag{F.51}$$

$T(x,t)$ 是薄板的温度变化,α 是薄板的热导率。

二维热传导:平板热传导的偏微分方程,其温度分布为 $T(x,y,t)$,具有以下形式:

$$\frac{\partial^2 T}{\partial x^2} + \frac{\partial^2 T}{\partial y^2} = \frac{1}{\alpha} \frac{\partial T}{\partial t} \tag{F.52}$$

三维热传导:各向同性物体中的温度分布 $\{T(x,y,z,t)\}$,(物体中任意点的热导率与热流的方向无关)由下式给出:

$$\frac{\partial^2 T}{\partial x^2} + \frac{\partial^2 T}{\partial y^2} + \frac{\partial^2 T}{\partial z^2} = \frac{1}{\alpha} \frac{\partial T}{\partial t} \tag{F.53}$$

一维波动方程:如果弦固定在两点之间并在垂直平面上振动,则其在时间 t 处的垂直位移 x 由微分方程给出。

$$A \frac{\partial^2 u(x,t)}{\partial x^2} = \frac{\partial^2 u(x,t)}{\partial t^2} \tag{F.54}$$

F.7.2 使用有限差分法求解偏差分方程

数值计算的进步促进了复杂边界值问题的准确、快速求解,这些方法用于解决扩散理论、传热、流体力学、结构分析、静电学、磁性和其他工程领域遇到的问题。本节简要介绍了有限差分法(FDM),它是一种流行的且发达的偏微分方程(PDE)数值解法。本节中的某些资料改编自参考文献[6,8]。

F.7.2.1 引言

使用以下二维方程式对 FDM 进行简明的描述,该方程式是二维热传导问题的典型代表[6,8]。

$$\frac{\partial^2 T(x,y)}{\partial x^2} + \frac{\partial^2 T(x,y)}{\partial y^2} = q(x,y) \tag{F.55}$$

边界条件具有形式

$$T(x,y) = g(x,y), \quad a \leqslant x \leqslant b, \ c \leqslant y \leqslant d \tag{F.56}$$

在 FDM 中,数由偏差近似。例如,对于一个变量的函数,近似值具有以下形式(如参考文献[6,8]中所述)。

$$\frac{\mathrm{d}f(x)}{\mathrm{d}x} = \frac{f(x+\Delta x) - f(x)}{\Delta x}, \ \frac{\mathrm{d}^2 f(x)}{\mathrm{d}x^2} = \frac{f(x+\Delta x) - 2f(x) + f(x-\Delta x)}{(\Delta x)^2} \tag{F.57}$$

F.7.2.2 网格和节点的表述

选择整数 n 和 m,定义步长。

$$\Delta x = \frac{b-a}{n}, \ \Delta y = \frac{d-c}{m} \tag{F.58}$$

区间 $[a,b]$ 和 $[c,d]$ 的划分使得能够形成具有垂直和水平线的网格以及将节点定义为

网格线的交点。因此,

$$x_i = a + i\Delta x, y_j = c + j\Delta y; \quad i = 0,1,2,\cdots,n; j = 0,1,2,\cdots,m \qquad (\text{F}.59)$$

图 F.1 说明了一个 $n = m = 4$ 的网格和节点的示例。

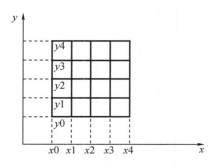

图 F.1　具有 $n = m = 4$ 的二维有限差分网格的网格和节点

(改编自 R. L. Burden, J. D. Fairs, Numerical Analysis, third ed, PWS-Kent Publishing Co., Boston, 1985.)

网格线 $x = x_i$ 和 $y = y_j$ 的交点是有限差分网格的节点或网格点 (i,j)。

F.7.2.3　二维热传导的 FDM 解

二维热传导方程在式(F.55)中给出,边界条件为式(F.56),温度 $T(x,y)$ 的二阶导数近似如下[8]:

$$\frac{\partial^2 T(x_i,y_i)}{\partial x^2} \approx \frac{T(x_{i+1},y_j) - 2T(x_i,y_i) + T(x_{i-1},y_j)}{(\Delta x)^2} \qquad (\text{F}.60)$$

$$\frac{\partial^2 T(x_i,y_i)}{\partial y^2} \approx \frac{T(x_i,y_{j+1}) - 2T(x_i,y_i) + T(x_i,y_{j-1})}{(\Delta y)^2} \qquad (\text{F}.61)$$

导热系数(F.56)然后将节点 (x_i,y_i) 改写为离散形式,即

$$\frac{T(x_{i+1},y_j) - 2T(x_i,y_j) + T(x_{i-1},y_j)}{(\Delta x)^2} + \frac{T(x_i,y_{j+1}) - 2T(x_i,y_j) + T(x_i,y_{j-1})}{(\Delta y)^2} = q(x_i,y_j)$$

$$(\text{F}.62)$$

对于具有适当边界条件的 $i = 1,2,\cdots,(n-1)$ 和 $j = 1,2,\cdots,(m-1)$。式(F.62)改写为差分方程式,则

$$2\left[\left(\frac{\Delta x}{\Delta y}\right)^2 + 1\right]T_{i,j} - (T_{i+1,j} + T_{i-1,j}) - \left(\frac{\Delta x}{\Delta y}\right)^2(T_{i,j+1} + T_{i,j-1}) = -(\Delta x)^2 q(x_i,y_j)$$

$$(\text{F}.63)$$

对于 $n = m = 4$ 的情况,边界条件由下式给出:

$$T_{0,j} = g(x_0,y_j), j = 0,1,2,3,4$$
$$T_{n,j} = g(x_n,y_j), j = 0,1,2,3,4$$
$$T_{i,0} = g(x_i,y_0), j = 1,2,3$$
$$T_{i,m} = g(x_i,y_m), j = 1,2,3 \qquad (\text{F}.64)$$

注意,$T_{i,j}$ 值是式(F.63)和(F.64)中实际值 $T(x_i,y_j)$ 的近似值,中心节点 (x_i,y_j) 由四个

相邻节点的平均值得到，这种近似称为中心差法。

使用由式（F.64）定义的边界条件，式（F.63）表示 $(n-1) \times (m-1)$ 个未知数中的一组 $(n-1) \times (m-1)$ 个线性方程，矩阵表示具有以下形式。

$$AT = q \tag{F.65}$$

矩阵 A 是对角线有值的稀疏矩阵，T 是除边界值外所有节点上温度值的向量，q 是输入到系统的已知能量的向量，然后针对大型稀疏方程组迭代求解方程式（F.65）。

通过适当的节点化和边界条件的知识，可以将此处描述的技术推广到三维物体，参考文献[6,8]提供了偏微分方程解的更多细节。

F.7.3　使用有限元法求解偏差分方程

用空间变量的导数求解不规则几何形状和边界条件的偏微分方程会导致问题制定的复杂性增加。边界形状不规则以及需要通过有限差分来近似导数条件需要建立适当的网格点[6]。有限元方法（FEM）可以克服 FDM 面临的一些数值问题，并已用于多维中子扩散方程求解[9]。有限元法用于解决各种工程学科中的问题，包括分析民用和航空航天结构、流体力学、传热、静电、电磁、波传播等[10]。

习　　题

F.1　计算状态变量矩阵方程的拉普拉斯变换向量 $X(s)$

$$\frac{\mathrm{d}x}{\mathrm{d}t} = Ax + f$$

$$A = \begin{bmatrix} -1 & 2 \\ -3 & -4 \end{bmatrix}, f = \begin{bmatrix} 1 \\ 2 \end{bmatrix}, X(0) = \begin{bmatrix} 3 \\ 4 \end{bmatrix}$$

F.2　状态变量矩阵微分方程定义如下

$$\frac{\mathrm{d}x}{\mathrm{d}t} = Ax + bf$$

$$X = \begin{bmatrix} x_1 \\ x_2 \end{bmatrix}, A = \begin{bmatrix} -1 & 2 \\ -3 & -4 \end{bmatrix}, b = \begin{bmatrix} 1 \\ 2 \end{bmatrix}$$

确定传递函数向量，简化您的答案。

$$\begin{bmatrix} \dfrac{X_1(s)}{U(s)} \\[2mm] \dfrac{X_2(s)}{U(s)} \end{bmatrix}$$

F.3　确定具有附加延迟项的系统的传递函数向量。

$$\frac{\mathrm{d}x}{\mathrm{d}t} = Ax + d + bf$$

$$x = \begin{bmatrix} x_1 \\ x_2 \end{bmatrix}, A = \begin{bmatrix} -1 & 2 \\ -3 & -4 \end{bmatrix}, d = \begin{bmatrix} x_1(t-1) + 2x_2(t-3) \\ 4x_1(t-2) \end{bmatrix}, b = \begin{bmatrix} 1 \\ -3 \end{bmatrix}$$

F.4 考虑具有两个输入的二阶系统。

$$\frac{dx_1}{dt} = -x_1 + 2x_2 + f_1 + 2f_2$$

$$\frac{dx_2}{dt} = -3x_1 - 4x_2 + f_2$$

计算传递函数矩阵

$$G(s) = \begin{bmatrix} G_{11}(s) & G_{12}(s) \\ G_{21}(s) & G_{22}(s) \end{bmatrix}$$

其中

$$G_{ij}(s) = X_i(s)/f_j(s)$$

F.5 验证式(F.37)。

F.6 计算以下矩阵的 e^{At}。

$$A = \begin{bmatrix} -1 & 2 \\ 3 & -4 \end{bmatrix}$$

F.7 对于具有$(n \times n)$系数矩阵的动态系统,对矩阵元素的最大敏感性是多少? 并解释说明。

F.8 考虑下面的一阶微分方程。

$$\frac{dx}{dt} = -3x + 5$$

(a)使用欧拉方法和二阶龙格库塔方法在 $\Delta t = 0.5$ 处计算 $t = 1$ 处的解。

(b)令 $\Delta t = 0.2$,重复计算。

(c)讨论计算结果。

F.9 计算练习 F.6 中矩阵的特征值。

参 考 文 献

[1] R. E. Kalman, On the general theory of control systems, IRE Transactions on Control Systems (1959) 481-492.

[2] T. Kailath, A. H. Sayed, B. Hassibi, Linear Estimation, Prentice-Hall, Upper Saddle River, NJ, 2000.

[3] D. G. Shultz, J. L. Melsa, State Functions and Linear Control Systems, McGraw-Hill, New York, 1967.

[4] S. J. Ball, R. E. Adams, MATEXP, a General Purpose Digital Computer Program for Solving Ordinary Differential Equations by the Matrix Exponential Method, Oak Ridge

National Laboratory（ORNL），ORNL-TM-1933，1967.

[5]   T. W. Kerlin，Sensitivities by the state variable method，Simulation 8（6）（1967）337－345.

[6]   R. L. Burden，J. D. Faires，Numerical Analysis，third ed，PWS-Kent Publishing Co，Boston，1985.

[7]   G. W. Gear，Numerical Initial-Value Problems in Ordinary Differential Equations，Prentice-Hall，Englewood Cliffs，NJ，1971.

[8]   Two-Dimensional Conduction：Finite-Difference Equations and Solutions. www. visualslope. com/Library/FDM-for-heat-transfering. pdf，2018.

[9]   J. J. Duderstadt，L. J. Hamilton，Nuclear Reactor Analysis，John Wiley & Sons，New York，1976.

[10]   Introduction to Finite Element Analysis（FEA）or Finite Element Method（FEM）. https：//www. engr. uvic. ca/_x0007_mech410/lectures/FEA_Theory. pdf，2018.

附录 G   MATLAB 和 Simulink 简要教程

G.1   引言

Simulink 是 MATLAB 的配套程序,是一种用于模拟动态系统的软件系统,是图形菜单驱动程序,允许用户通过在计算机屏幕上绘制框图并进行相应操作来模拟各种系统响应,可用于线性、非线性、连续、离散、单输入单输出(SISO)和多输入多输出(MIMO)系统。线性时间不变系统可以使用传递函数轻松构建[1],本教程讨论了状态空间和传递函数模型及其解决方案。

系统响应图可以在模拟期间获得,可以与 MATLAB 命令集成。本教程讨论以下内容:

- Simulink 的功能。
- 使用 Simulink 获取一阶系统的示例。
- 使用 Simulink 设计比例积分(P-I)控制器。
- 求解状态空间方程。

G.2   Simulink 入门

通过双击 MATLAB 图标启动 MATLAB 程序,在 MATLAB 提示下启动 Simulink。

- 在 Simulink Library Browser 窗口中单击 create a new model 图标。这将创建一个未命名的新窗口。

- 通过点击 Simulink 图标打开 Simulink 目录。显示了几个项目,包括下列项目:

- Continuous
- Discontinuous
- Discrete
- Look-up Tables
- Math Operations
- Model Verification
- Ports & Subsystems
- Signal Attributes
- Signal Routing
- Sinks
- Sources

■   User-defined Functions

使用其中的一些项目来构建模型并显示结果。通过单击每个项目来探索这些项目的细节,使用其中的帮助功能来了解更多关于 Simulink 函数的信息。

G.3   单输入单输出(SISO)系统仿真

考虑下面的例子来说明 Simulink 的一些特性。

- 点击 Continuous 按钮,拖动 Transfer Fcn 图标到工作区域,显示了默认的传递函数,双击传递函数模块,把分母中的第二个系数改成 0.02。现在传递函数块形式如下:

$$G_p(s) = \frac{12}{s + 0.02} \tag{G.1}$$

- 点击 Sources 按钮,将 Step 函数拖动到工作区域,将 Step 模块连接到 $G_p(s)$ 模块,在 Step 模块中,令阶跃时间等于 0,这样在阶跃输入中就没有延迟。

- 点击 sink 按钮,将 Scope 和 To Workspace 按钮拖动到工作区域。将传递函数模块的输出连接到 Scope 和 To Workspace 模块。

- 如果需要,调整 Scope 和 To Workspace 的参数。例如,将 To Workspace 模块的名称更改为 level。对任何块的更改可以通过双击块并调整参数来实现。使用"array"来表示数据结构。

- 图 G.1 显示了模型图和上面的模块(这不是一个可执行模块)。模型完成后,您可以将其保存在一个文件中。

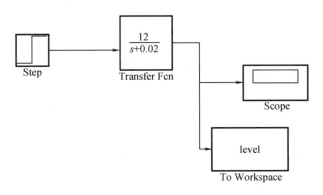

Step——阶跃输入;Transfer Fcn——传递函数;

Scope——示波器;To Workspace——绘图器。

图 G.1   Simulink 模型框图

提示:连接一个模块到另一个:选择 Sources 模块;然后按住 Ctrl 键,同时左键点击目标块。

- 通过单击 Simulation 按钮,然后单击"开始"来运行程序,设置停止时间为 300 s。通过单击范围,您可以查看仿真结果。输出也可以用 MATLAB plot 命令 plot (tout, level)绘制,如图 G.2 所示。注意,时间点存储在数组"tout"中。

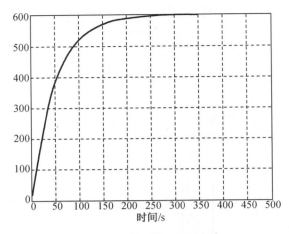

图 G.2　从 Simulink Simulation 模块获得的变量 level 的曲线图

G.4　具有 P－I 控制器的闭环系统模拟

使用比例积分(P－I)控制器控制变量 level 的模型如图 G.3 所示。给出了 P－I 控制器的传递函数

$$G_c(s) = K_P + \frac{K_I}{s} = \frac{K_P s + K_I}{s} \tag{G.2}$$

式中　K_P——比例常数;

　　　K_I——积分常数。

$$G_c(s) = \frac{0.01s + 0.0025}{s} \tag{G.3}$$

求和模块对应于数学库中的 SUM 函数。单击该模块并将其拖到工作区域,创建如图 G.3 所示的连接。如果求和模块有一个正反馈,通过插入带有 Gain = －1 的增益模块将反馈信号转换为一个负值。

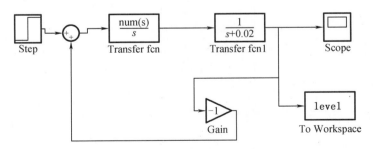

图 G.3　具有 P－I 控制器的 level 控制 Simulink 模型,在第一个 Transfer fcn 模块中
　　　　 输入 $K_P = 0.01, K_I = 0.0025$

图 G.4 显示了系统对单位阶跃输入（或设定点）的响应。

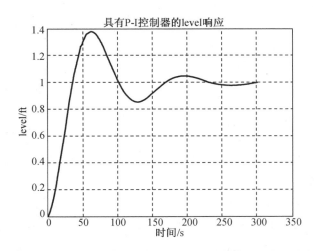

图 G.4　输入单位阶跃变化时变量 **level** 的动态响应，注意稳定时间（**level** 在稳态值的 5% 的范围内）约 **200 s**

G.5　使用状态空间模型求解线性微分方程

线性动态系统的状态空间模型可写为

$$\frac{\mathrm{d}\boldsymbol{x}}{\mathrm{d}t} = \boldsymbol{A}\boldsymbol{x} + \boldsymbol{B}\boldsymbol{f}$$

$$\boldsymbol{y} = \boldsymbol{C}\boldsymbol{x} + \boldsymbol{D}\boldsymbol{f} \tag{G.4}$$

$\boldsymbol{x} = (n \times 1)$ 是状态变量的向量，$\boldsymbol{y} = (r \times 1)$ 是输出向量，$\boldsymbol{f}(m \times 1)$ 是输入向量。

$\boldsymbol{A}(n \times n)$、$\boldsymbol{B}(n \times m)$、$\boldsymbol{C}(r \times n)$ 和 $\boldsymbol{D}(r \times m)$ 是矩阵。在大多数应用中，矩阵 $\boldsymbol{D}$ 为零。而且，矩阵 $\boldsymbol{B}$ 可以是 $(n \times 1)$ 维的列向量，具有单个输入变量。

在 Simulink 界面中，单击 continuous 按钮并选择 state-space 模型，单击并拖动 state-space 模块到工作空间，双击此模块，将出现一个 state-space 的参数窗口。

可在 state-space 模块中定义矩阵，也可以简单地定义矩阵的名称（例如 $\boldsymbol{A}$、$\boldsymbol{B}$、$\boldsymbol{C}$、$\boldsymbol{D}$）并在 MATLAB 工作区域中指定它们。如果这些矩阵保存在一个文件中，那么将这个文件加载到 MATLAB 中。定义初始条件向量为 $[0\ 0\ 0\ 0]$。向量的长度等于向量 $\boldsymbol{x}$ 中状态变量的数量。有关保存和绘制数组的方式，请参阅末尾的备注。

将 Step（来自 Source）、Scope、To Workspace（来自 Sinks）连接到 state-space 模块，如图 G.5 所示。将一个模块连接到另一个模块：选择 Source，然后按住 Ctrl 键，同时左键单击目标块。验证每个模块的参数值是否合适。

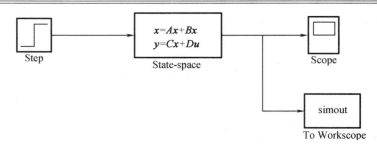

图 G.5　stare-space 模型的框图

双击 To workspace,输出变量在向量 simout 中定义,可以更改变量名。decimation 允许在每 n 个样本写入数据,Decimation 和 sample time 使用默认值 1 和 -1,使用 array 设置数据结构,设置并应用这些参数后,回到主工作区域,单击控制栏上的 simulation。设置 start time (0)和结束时间(10 s),设置完成后,请单击 simulation,然后单击 Start,这样模拟就完成了。你可以用 MATLAB 绘制向量 simout 的趋势图。

例 G.1

A = [0 1; -1 -1]

　　B = [0 1]'; the magnitude of the step may be changed by changing the entry in（B）

　　C = [1 0;0 1]

　　D = [0 0]'　　　Initial Condition = [0 0]'

Save your model（use a filename）for future applications.

图 G.6 显示了两个状态变量的曲线,该图是通过使用 MATLAB 命令来绘制的,您还可以在文件中保存此图。

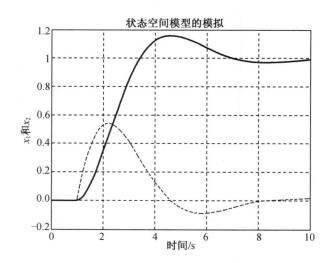

图 G.6　状态变量 x_1（—）和 x_2（—）对单位阶跃输入的响应

G.6　利用传递函数计算阶跃响应

线性系统的传递函数定义为其输出 $\{Y(s)\}$ 的拉普拉斯变换与其输入 $\{X(s)\}$ 的拉普拉斯变换之比。

考虑如下形式的传递函数：

$$G(s) = \frac{Y(s)}{X(s)} = \frac{b_1 s + b_0}{a_2 s^2 + a_1 s + a_0} \qquad (G.5)$$

分子是一个一阶多项式，分母是一个二阶多项式。下面是计算上述系统单位阶跃响应的 MATLAB 命令，$x(t)$ 是单位阶跃输入。

num = $[\,b_1\quad b_0\,]$;

den = $[\,a_2\quad a_1\quad a_0\,]$;

sys = tf(num, den);

step(sys, tfinal)

具有传递函数 s 的二阶线性系统阶跃响应如图 G.7 所示。

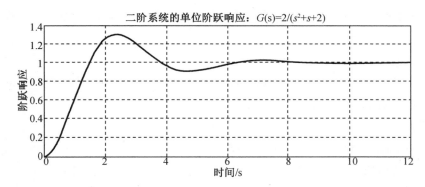

二阶系统的单位阶跃响应：$G(s)=2/(s^2+s+2)$

图 G.7　具有传递函数 s 的二阶线性系统阶跃响应 $G(s) = \dfrac{Y(s)}{X(s)} = \dfrac{2}{s^2 + s + 2}$

附注　num 和 den 是由系数定义的分子和分母多项式。tf 是定义系统 sys 的传递函数。在调用 step(sys) 命令后，最好通过标记 x 轴和 y 轴、图的标题和网格来表示图。tfinal 是计算的总时间。

例 G.2

计算和画出单位阶跃响应曲线，系统定义为如下传递函数：

$$G(s) = \frac{Y(s)}{X(s)} = \frac{2}{s^2 + s + 2}$$

MATLAB Commands：

num = $[\,2\,]$;

den = $[\,1\quad 1\quad 2\,]$;

sys = tf(num, den);

$$\text{step}(\text{sys}, 100)$$

单位阶跃响应函数如图 G.7 所示。

G.7 计算特征值和特征向量

为了确定方阵 A 的特征值,使用命令 eig(a)。

求特征值和单位特征向量,使用命令 [U,D] = eig(A)。

U 的列为单位特征向量,D 的对角线元素为 A 的特征值。试着使用矩阵 $A = [2\ 1; 1\ 2]$ 计算其特征值和特征向量。

附注

- 绘制 simout 变量#n,其中 n 是定义变量数量的整数。

plot(tout, simout(:,n))

将两条曲线绘制在一张图上:plot(tout, simout(:,1),' – ', tout, simout(:,2),' – –')

' – '为实线,' – –'为虚线。相同的方法可以将多条曲线绘制在一张图上。

- 可以使用 Tools 选项或单击 edit 图标对 plot 进行编辑,实现线条样式、符号、颜色的编辑。

- 保存系统矩阵和其他参数。定义所有矩阵,例如 A、B、C 和 D。然后在 MATLAB 中保存:

Save filename A B C D

注意,变量名之间没有逗号分隔。如果不指定变量名,那么 save filename 将保存 MATLAB 工作空间中的所有变量。

例 G.3

save F:\Example\SecndOrderSystem A B C D

- 在启动模拟之前,加载存储的文件。在运行模拟之前,可能需要检查此文件中的参数值。

示例:

load F:\Example\SecndOrderSystem A B C D

必要的提示:

需要确保变量 tout(时间点的数量)的长度与系统状态变量的长度匹配,在运行模拟之前,请执行以下操作。

- 在 Simulink 图形模型中,单击"Simulation"。
- 然后点击"配置参数"。
- 在该窗口的左列,选择 Data Import/Export 并点击。
- 然后转到 save options。
- 禁用标记为"list data points to last"的块。这在新版的 MATLAB – Simulink 中可能看不到。

进一步阅读请参阅参考文献[2]。

参 考 文 献

［1］　MATLAB and Simulink User's Guide，MathWorks，Inc，Natick，MA，2018.

［2］　H. Klee，Simulation of Dynamic Systems with MATLAB and Simulink，CRC Press，Boca Raton，FL，2007.

附录 H 点堆中子动力学方程的
解析解和瞬变近似

H.1 引言

本附录介绍了点堆动力学方程的近似解,并将其与精确解进行了比较,近似解的推导很烦琐,但最终结果却非常简单。瞬变是反应性阶跃变化后反应堆功率的初始快速响应,本附录给出了一个用于瞬变的简单公式。

开发使用单群缓发中子模型来说明响应的特性,不需要使用复杂的多群缓发中子模型。

H.2 点堆中子动力学方程的解析解

从单群缓发中子的点动力学方程开始。

$$\frac{\mathrm{d}n}{\mathrm{d}t} = \frac{\rho - \beta}{\Lambda} n(t) + \lambda C(t) \tag{H.1}$$

$$\tag{H.2}$$

方程(H.1)和(H.2)经过拉普拉斯变换得到以下公式:

$$sN(s) - n(0) = \frac{\rho - \beta}{\Lambda} N(s) + \lambda C(s) \tag{H.3}$$

$$sC(s) - C(0) = \frac{\beta}{\Lambda} N(s) - \lambda C(s) \tag{H.4}$$

初始条件为 $\frac{\mathrm{d}C}{\mathrm{d}t} = 0$,则

$$C(0) = \frac{\beta}{\lambda \Lambda} n(0) \tag{H.5}$$

代入式(H.4)得到

$$C(s) = \frac{\beta}{\Lambda(s + \lambda)} N(s) + \frac{\beta}{\Lambda(s + \lambda)} n(0) \tag{H.6}$$

将(H.6)代入(H.3),进行拉普拉斯变换:

$$\left(s - \frac{\rho - \beta}{\Lambda}\right) N(s) = n(0) + \frac{\lambda \beta}{\Lambda(s + \lambda)} N(s) + \frac{\beta}{\Lambda(s + \lambda)} n(0) \tag{H.7}$$

或

$$\left[s - \frac{\rho - \beta}{\Lambda} - \frac{\lambda \beta}{\Lambda(s + \lambda)} \right] N(s) = \left[1 + \frac{\beta}{\Lambda(s + \lambda)} \right] n(0) \tag{H.8}$$

这个方程可简化为

$$\left[s^2 + \left(\lambda + \frac{\beta - \rho}{\Lambda} \right) s - \frac{\lambda \rho}{\Lambda} \right] N(s) = \left(s + \lambda + \frac{\beta}{\Lambda} \right) n(0) \tag{H.9}$$

解 $N(s)/n(0)$ 的拉普拉斯变换如下式：

$$\frac{N(s)}{n(0)} = \frac{s + \lambda + \dfrac{\beta}{\Lambda}}{\left[s^2 + \left(\lambda + \dfrac{\beta - \rho}{\Lambda} \right) s - \dfrac{\lambda \rho}{\Lambda} \right]} n(0) \tag{H.10}$$

分母多项式的根是

$$s_1, s_2 = \frac{1}{2} \left[-\left(\lambda + \frac{\beta - \rho}{\Lambda} \right) \pm \sqrt{\left(\lambda + \frac{\beta - \rho}{\Lambda} \right)^2 + 4 \frac{\lambda \rho}{\Lambda}} \right] \tag{H.11}$$

根可以改写为

$$s_1, s_2 = \frac{1}{2\Lambda} \left[-(\beta - \rho + \lambda \Lambda) \pm \sqrt{(\beta - \rho + \lambda \Lambda)^2 + 4 \lambda \rho \Lambda} \right] \tag{H.12}$$

将（H.11）改写为

$$s_1, s_2 = \frac{1}{2} \left[-\left(\lambda + \frac{\beta - \rho}{\Lambda} \right) \pm \left(\lambda + \frac{\beta - \rho}{\Lambda} \right) \sqrt{1 + \frac{4 \lambda \rho / \Lambda}{\left(\lambda + \frac{\beta - \rho}{\Lambda} \right)^2}} \right] \tag{H.13}$$

式（H.13）中的平方根项的形式为 $(1 + x)^{1/2}$，这可以用二项式定理展开：

$$(1 + x)^{1/2} = 1 + \frac{1}{2}x - \frac{1}{8}x^2 + \cdots$$

$$\text{Let } x = \frac{4 \lambda \rho / \Lambda}{\left(\lambda + \frac{\beta - \rho}{\Lambda} \right)^2} \tag{H.14}$$

然后

$$s_1, s_2 = \frac{1}{2} \left\{ -\left(\lambda + \frac{\beta - \rho}{\Lambda} \right) \pm \frac{1}{2} \left(\lambda + \frac{\beta - \rho}{\Lambda} \right) \left[1 + \frac{4 \lambda \rho / \Lambda}{\left(\lambda + \frac{\beta - \rho}{\Lambda} \right)^2} \right] \right\} \tag{H.15}$$

重写式（H.15）得到

$$s_1, s_2 = \frac{1}{2} \left[-\left(\lambda + \frac{\beta - \rho}{\Lambda} \right) \pm \frac{1}{2} \left(\lambda + \frac{\beta - \rho}{\Lambda} \right) + \frac{2 \lambda \rho}{\lambda \Lambda + \beta - \rho} \right] \tag{H.16}$$

因为 $\dfrac{\beta - \rho}{\Lambda} \gg \lambda$，$\dfrac{\beta - \rho}{\Lambda} + \lambda \sim \dfrac{\beta - \rho}{\Lambda}$，且 $\dfrac{\lambda \rho}{\lambda \Lambda + \beta - \rho} \ll 1$，所以展开序列中的高阶项比第一项小（$n = 1$）。

两个根 s_1 和 s_2 可以近似为

$$s_1 = -\frac{\beta - \rho}{\Lambda} \tag{H.17}$$

$$s_2 = \frac{\lambda \rho}{\beta - \rho} \tag{H.18}$$

近似的拉普拉斯变换解是：

$$\frac{N(s)}{n(0)} = \frac{\left(s + \lambda + \dfrac{\beta}{\Lambda}\right)}{\left(s + \dfrac{\beta - \rho}{\Lambda}\right)\left(s - \dfrac{\lambda\rho}{\beta - \rho}\right)} \tag{H.19}$$

对式（H.19）进行逆变换得到 $n(t)/n(0)$ 的时间响应：

$$\frac{n(t)}{n(0)} = -\frac{\rho}{\beta - \rho}e^{-\frac{\beta - \rho}{\Lambda}t} + \frac{\beta}{\beta - \rho}e^{-\frac{\lambda\rho}{\beta - \rho}t} \tag{H.20}$$

H.3　瞬变

第二项表示对反应性阶跃变化的响应中的瞬变，由于响应非常快，因此近似的瞬时变化由 $\dfrac{\beta}{\beta - \rho}$ 给出，这种快速的初始响应称为瞬变。

H.4　示例

现在，我们获得了 $a + 10 \, \mathcal{C}$ 反应性阶跃的两个解。上面得出的近似值（方程（H.15））为第一个解，没有简化假设的解（使用公式（H.11）中的实际值）为第二个解，两个解均使用以下值作为模型系数：

$$\rho = -10 \, \mathcal{C} = 0.1 \times 0.006\,7 = 0.000\,67$$
$$\beta = 0.006\,7$$
$$\Lambda = 0.000\,01 \text{ s}$$
$$\lambda = 0.08 \text{ s}^{-1}$$

将这些值代入近似解中得到：

$$\frac{n(t)}{n(0)} = 1.111e^{0.008\,8t} - 0.111e^{-603t} \tag{H.21}$$

对于没有简化假设的解，在以下初始条件下，求解了 10cents 反应性阶跃的动力学方程：

$$C(0) = \frac{\beta}{\lambda\Lambda}n(0) = 8\,375n(0)$$

用拉普拉斯变换来解方程，经过代数运算得到解的拉普拉斯变换：

$$\frac{N(s)}{n(0)} = \frac{670.08}{(s - 0.008\,88)(s + 603.088\,9)} \tag{H.22}$$

式（H.22）得到

$$\frac{n(t)}{n(0)} = = 1.111e^{0.008\,8t} - 0.111e^{-603.09t} \tag{H.23}$$

图 H.1 为两种模型的响应，图中只显示了一个响应图，因为两个解几乎相同（最大差异 $\approx 0.45\%$）。

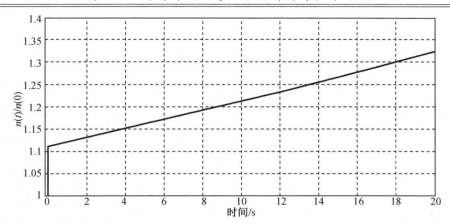

图 H.1　反应性变化为 10 ¢ 的零功率反应堆瞬态和稳态响应

附录 I 移动边界模型

I.1 引言

动态模型能够表示在瞬态过程中沿通道不同位置特性发生变化的现象。有两种建模方法。一种节点模型方法使用固定的节点大小,随着条件的变化更新节点系数,这种方法经常使用,但不能使用标准方程求解。另一种方法是将节点边界表示为在瞬态过程中发生变化的模型变量,在这种情况下,可以使用标准方程求解。本附录以燃料节点相邻的耦合通道节点的移动边界模型为例,介绍移动边界建模方法。

I.2 移动边界模型的开发

考虑图 I.1 所示的示意图,下游节点定义为沸腾开始的节点。注意,当冷却剂中热量变化或下游压力变化时,边界将移动,从而改变流体的饱和温度(和出口温度)。

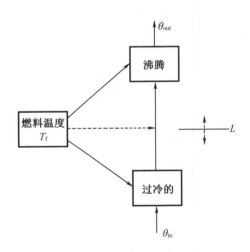

图 I.1 移动边界模型

识别常量、其他子系统变量、当前子系统变量的数量。

常量如下:

ρ_f = 燃料密度;

S = 燃料棒周长(单位长度面积);

U = 燃料到冷却剂的整体传热系数;

ρ_{c} = 冷却剂的密度；

A = 冷却剂通道的截面积。

在其他子系统模型中,常量或变量如下：

P_{f} = 提供给燃料的功率(由中子模型提供)；

W_{in} = 通道入口流量；

θ_{in} = 冷却剂入口温度；

θ_{out} = 冷却剂出口温度(等于饱和温度,是压力的函数,是由下游模型决定的变量)；

C_{f} = 燃料比热容；

C_{c} = 冷却剂比热容。

当前子系统中确定的变量如下：

T_{f} = 燃料温度；

L = 通道的长度(确定当前子系统的边界位置)；

W_{out} = 从子系统流出的冷却剂流量；

θ_{av} = 子系统内的冷却剂平均温度,有

$$\theta_{av} = (\theta_{in} + \theta_{out})/2 \tag{I.1}$$

θ_{in} 和 θ_{out} 均在其他子系统指定,因此 θ_{av} 为当前子系统的变量。

接下来考虑冷却剂质量平衡。

$$\rho A = \frac{\mathrm{d}L}{\mathrm{d}t} = W_{in} - W_{out} \tag{I.2}$$

或者

$$W_{out} = W_{in} - \rho A \frac{\mathrm{d}L}{\mathrm{d}t} \tag{I.3}$$

注意,这个方程表明出口流量随着节点长度的增加而减少,这是一个直观的事实。因为 L 是子系统模型中的一个变量,所以如果 L 已知,则 W_{out} 已知。

现在考虑燃料的能量平衡。方程如下：

$$C_{f}\rho_{f}S \frac{\mathrm{d}}{\mathrm{d}t}(LT_{f}) = P_{f} - USL(T_{f} - \theta_{av}) \tag{I.4}$$

或者

$$C_{f}\rho_{f}S \left(L\frac{\mathrm{d}T_{f}}{\mathrm{d}t} + T_{f}\frac{\mathrm{d}L}{\mathrm{d}t} \right) = P_{f} - USL(T_{f} - \theta_{av}) \tag{I.5}$$

这个方程包含所有已知量,或除 T_{f} 和 L 之外的其他子系统模型的量,S 是传热面积。因此式(I.5)是有两个未知数的方程。

冷却剂的能量平衡提供所需的附加方程。冷却剂的能量平衡如下：

$$\rho_{c}AC_{c} \frac{\mathrm{d}}{\mathrm{d}t}(L\theta_{av}) = USL(T_{f} - \theta_{av}) + W_{in}C_{c}\theta_{in} - W_{out}C_{c}\theta_{out} \tag{I.6}$$

改写式(I.6)变为

$$\rho_{c}AC_{c} \left(\frac{\mathrm{d}\theta_{av}}{\mathrm{d}t} + \theta_{av}\frac{\mathrm{d}L}{\mathrm{d}t} \right) = USL(T_{f} - \theta_{av}) + W_{in}C_{c}\theta_{in} - W_{out}C_{c}\theta_{out} \tag{I.7}$$

方程中每个量要么是常数,要么是由除 L 以外的其他子系统方程定义的。

式(I.5)和式(I.7)给出两个未知数(L 和 T_f)的非线性方程。因此,该子系统模型是完整的。一个完整的系统仿真需要将这里开发的子系统模型与其他子系统模型相结合,并求解整个模型。有各种各样的解法,从非线性方程的数值解到线性化和使用线性解法。

本附录说明了移动边界模型是非线性和相当复杂的。

附录 J 压水堆的建模与仿真

J.1 简介

本附录描述了压水堆(PWR)的建模和仿真,并提出了两种版本:一种是用于单独堆芯建模的线性模型;另一种是带有 U 形管蒸汽发生器的核蒸汽供应系统(NSSS)的非线性模型,但没有配套系统的设备(汽轮机、冷凝器、再热器、汽水分离器、给水加热器)。

核电厂的建模和仿真包括以下步骤:

(1)定义仿真的目的(例如不受控制的装置本身的固有特性,控制器的优化,负荷跟踪特性的演示、训练等)。

(2)确定模型的节点结构。

(3)确定每个节点的公式。

(4)计算方程式中系数的数值,并以矩阵形式表示。

(5)运行仿真(可使用方程式求解器,例如 MATLAB Simulink)。

线性化单独堆芯模型的目的是说明模型方程的开发过程,建立简单系统的模型并显示对外部扰动的典型响应。当然,该模型是一个抽象模型,因为压水堆堆芯不是孤立运行的。

核蒸汽供应系统模型的目的是说明更真实的仿真模型(非线性、六个缓发中子群、U 形管蒸汽发生器、管道和稳压器、但没有电厂配套系统)可获得的结果。

大型系统由多个子系统组成,为了进行有效的动态建模,仔细开发各个设备的模型,并独立验证模型。然后将这些设备模型集成在一起,形成整个核电厂模型。子系统或模块的建模及其集成形成了整个系统模型的建模,称为模块化建模,这种方法在实践中很常见,特别是对于具有多个子系统以及堆对模块互换性有需求的核电厂。

整个核电厂仿真(NSSS 和 BOP)将包括以下模块化模型:

- 反应堆堆芯中子动力学和传热
- 热管段和冷管段以及连接管道
- 蒸汽发生器及其控制器
- 稳压器及其控制器
- 蒸汽箱
- 高压和低压汽轮机
- 蒸汽再热器
- 汽水分离器

- 冷凝器及其控制器
- 给水加热器和控制器
- 反应堆功率控制器

其他部件包括阀门、泵和传感器。

第 3 章(点堆动力学方程)、第 10 章(热工水力学)和第 12 章(压水堆特性)提供了建模所需的信息。

J.2 线性化单独堆芯中子模型

点堆动力学方程要求详细说明反应性。在单独的堆芯模型中,总反应性是由于燃料和慢化剂温度变化引起的反应性和外部反应性的总和。设温度 θ_1 和 θ_2 的两个冷却剂节点(见下文 J.4 节),其总反应性和反馈反应性表示为

$$\delta\rho_{total} = \delta\rho_{feedback} + \delta\rho_{external} \tag{J.1}$$

$$\delta\rho_f = \alpha_c \frac{\delta\theta_1 + \delta\theta_2}{2} + \alpha_f \delta T_f \tag{J.2}$$

式中　$\delta\rho_{total}$——总反应性变化;

　　　$\delta\rho_{feedback}$——反馈反应性变化;

　　　$\delta\rho_{external}$——外部反应性变化;

　　　$\delta\rho_f$——燃料温度反应性反馈;

　　　α_c——冷却剂温度负反馈系数;

　　　α_f——燃料温度负反馈系数;

　　　$\delta\theta_1$——冷却剂节点 1 温度变化;

　　　$\delta\theta_2$——冷却剂节点 2 温度变化。

反应堆功率和先驱核浓度方程变为(请参阅第 3 章):

$$\frac{d}{dt}\left(\frac{\delta P}{P_0}\right) = \frac{-\beta}{\Lambda}\frac{\delta P}{P_0} + \frac{\alpha_c}{2\Lambda}(\delta\theta_1 + \delta\theta_2) + \frac{\alpha_f}{\Lambda}\delta T_f + \lambda\delta C + \frac{\delta\rho_{ext}}{\Lambda} \tag{J.3}$$

在此简化模型中使用了单群缓发中子:

$$\frac{d}{dt}\delta C = \frac{\beta}{\Lambda}\frac{\delta P}{P_0} - \lambda\delta C \tag{J.4}$$

方程中的变量和参数见表 J.1。

请注意,等式(J.3)中的最后一项是(外部)反应性改变,可以在仿真中输入其相关函数。

表 J.1 单独堆芯的变量和常量

变量	
P_0	反应堆热功率名义值
δP	反应堆功率变化
δC	缓发中子先驱核浓度的百分比变化
θ_1	冷却剂节点 1 温度
θ_2	冷却剂节点 2 温度
T_f	燃料节点温度
T_{HL}	热管冷却剂温度
T_{CL}	冷管冷却剂温度
ρ_{ed}	外部反应性
β	缓发中子百分比
λ	一组缓发中子先驱核衰变常数($0.082\ 2\ \text{s}^{-1}$)
Λ	中子平均寿命(1.79×10^{-5})
α_c	冷却剂温度负反馈系数($-2.0 \times 10^{-4}\ \delta\rho/\text{℉}$)
α_f	燃料温度反馈系数($-1.1 \times 10^{-5}\ \delta\rho/\text{℉}$)
m_t	燃料质量
m_{c1}	节点 1 冷却剂质量 5 602 kg
m_{c2}	节点 2 冷却剂质量 5 602 kg
m_c	堆芯冷却剂质量流量 6.8×10^4 t/h
A_{tc}	燃料与冷却剂之间的传热面积 5 570 m^2
U_{tc}	燃料到冷却剂的总传热系数 837 kJ/(kg · ℃)
C_{pf}	燃料的比热容 0.24 kJ/(kg · ℃)
C_{pc}	冷却剂比热容 5.81 kJ/(kg · ℃)
f	沉积在燃料中的裂变能(0.974)
$1 - f$	沉积在冷却剂中的裂变能(0.026)

注:冷却剂反应性温度系数在反应堆运行期间会发生变化。硼酸通常在早期使用以抑制较大的反应性。这导致温度系数与不含硼酸时冷却剂相比负反馈效应更弱。因此,以上数据来自不含硼时的值。

J.3 单独的堆芯中子模型系数

在式(J.3)和式(J.4)中导入表 J.1 中的值,得到

$$\frac{d}{dt}\left(\frac{\delta P}{P_0}\right) = -385.36\frac{\delta P}{P_0} + 0.082\ 2\delta C - 0.614\ 5\delta T_f - 5.586\ 6\delta\theta_1 - 5.586\ 6\delta\theta_2 +$$

$$5.59 \times 10^4 \delta\rho_{ext}$$

$$\frac{d}{dt}(\delta C) = 385.36\frac{\delta P}{P_0} - 0.082\ 2\delta C$$

J.4 燃料到冷却剂的热传递

堆芯传热模型是燃料和冷却剂在轴向方向上连续温度变化的节点近似模型，如图 J.1（参数的近似值请参见第 10 章）。

图 J.1 的集总参数模型可用于堆芯中的许多轴向和径向区域。最简单的近似方法是将单个燃料节点耦合到两个相邻的冷却剂节点，每个部分的流体输运都以"两个串联的充分混合的节点"的近似值表示（Mann 模型，请参见第 10.3 节）。产生的燃料温度方程如下：

$$\frac{\mathrm{d}}{\mathrm{d}t}(\delta T_{\mathrm{f}}) = \frac{fP_0}{m_{\mathrm{f}}C_{\mathrm{Pf}}}\frac{\delta P}{P_0} - \frac{U_{\mathrm{fc}}A_{\mathrm{fc}}}{m_{\mathrm{f}}C_{\mathrm{Pf}}}(\delta T_{\mathrm{f}} - \delta\theta_1) \tag{J.5}$$

在式（J.5）中 f 是燃料中沉积的总反应堆功率的一部分。

注意，τ 为传热时间常数，表示热量从燃料传递到冷却剂的速率，有

$$\frac{1}{\tau} = \frac{U_{\mathrm{fc}}A_{\mathrm{fc}}}{m_{\mathrm{f}}C_{\mathrm{Pf}}} \quad (\mathrm{s}) \tag{J.6}$$

使用表 J.2 中的数据计算出 τ 的估计值，其过程如下。

$$\tau = \frac{m_{\mathrm{f}}C_{\mathrm{Pf}}}{U_{\mathrm{fc}}A_{\mathrm{fc}}} = \frac{222\ 739 \times 0.059 \times 3\ 600}{200 \times 59\ 900} \approx 4\ \mathrm{s} \tag{J.7}$$

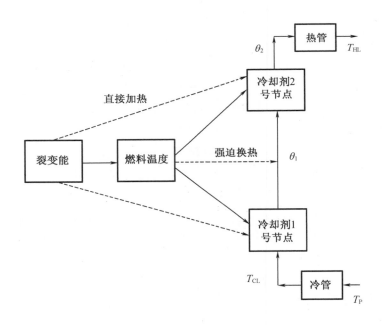

图 J.1 燃料到冷却剂传热的一个燃料节点、两个冷却剂节点模型

与冷却剂节点 1 之间的热传递模型如下：

$$\frac{\mathrm{d}}{\mathrm{d}t}(\delta\theta_1) = \frac{(1-f)P_0}{2m_{\mathrm{c1}}C_{\mathrm{pc}}}\frac{\delta P}{P_0} + \frac{U_{\mathrm{fc}}A_{\mathrm{fc1}}}{m_{\mathrm{c1}}C_{\mathrm{pc}}}(\delta T_{\mathrm{f}} - \delta\theta_1) + \frac{\dot{m}_{\mathrm{c}}}{m_{\mathrm{c1}}}(\delta T_{\mathrm{CL}} - \delta\theta_1) \tag{J.8}$$

在式（J.8）中，$\{(1-f)\delta P\}$ 是沉积在冷却剂中的一部分反应堆功率，其传热过程称为直

接加热,冷却剂的直接加热来自伽马射线的能量沉积和冷却剂中粒子(中子)的吸收。

第二个冷却剂节点的热传递模型如下:

$$\frac{\mathrm{d}}{\mathrm{d}t}(\delta\theta_2) = \frac{(1-f)P_0}{2m_{c2}C_{pc}}\frac{\delta P}{P_0} + \frac{U_{fc}A_{fc2}}{m_{c2}C_{pc}}(\delta T_f - \delta\theta_1) + \frac{\dot{m}_c}{m_{c2}}(\delta T_{CL} - \delta\theta_2) \qquad (\text{J. }9)$$

注意,δT_{CL}是冷管的温度扰动,其可以由分析人员在仿真中指定函数。

表 J. 2 典型的四回路压水堆的中子学和传热参数[3]

参数	值
1. 堆芯直径(in)	119. 7
2. 堆芯高度(in)	144
3. 第一组缓发中子百分比	0. 000 209
4. 第二组缓发中子百分比	0. 001 414
5. 第三组缓发中子百分比	0. 001 309
6. 第四组缓发中子百分比	0. 002 727
7. 第五组缓发中子百分比	0. 000 925
8. 第六组缓发中子百分比	0. 000 314
9. 总组缓发中子百分比	0. 006 898
10. 第一组衰变常数(1/s)	0. 012 5
11. 第二组衰变常数(1/s)	0. 030 8
12. 第三组衰变常数(1/s)	0. 114 0
13. 第四组衰变常数(1/s)	0. 307
14. 第五组衰变常数(1/s)	1. 19
15. 第六组衰变常数(1/s)	3. 19
16. 慢化剂温度反馈系数(1/℉)	-2.0×10^{-4}
17. 燃料温度反馈系数(1/℉)	-1.1×10^{-5}
18. 瞬发中子代时间(s)	1.79×10^{-5}
19. 功率输出名义值(MW_{th})	3 436
20. 沉积在燃料中的归一化总功率	0. 974
21. 上层节点的冷却剂体积(m^3)	128
22. 下层节点的冷却剂体积(m^3)	167
23. 热管冷却剂体积(m^3)	93
24. 冷管冷却剂体积(m^3)	186
25. 堆芯冷却剂体积(m^3)	50
26. 燃料质量(t)	12
27. 总冷却剂质量流量(t/h)	6.8×10^4
28. 燃料 – 冷却剂传热面积(m^3)	5 570

表 J.2(续)

参数	值
29. 燃料比热容 kJ/(kg·℃)	0.24
30. 慢化剂比热容 kJ/(kg·℃)	581
31. 燃料到冷却剂传热系数 kJ/(kg·℃)	837

注:$\rho_{water} = 732.27 \text{ kg/m}^3$,总冷却剂质量,$m_c = 11\ 206 \text{ kg}$。

J.5 单独的堆芯热工水力模型系数

表 J.1 中的数据用于获得 3 个热工(燃料到冷却剂的热传递)方程的数值。结果如下:

$$\frac{\mathrm{d}}{\mathrm{d}t}(\delta T_f) = 241.87\delta P/P_o - 0.253\ 2\delta T_f + 0.253\ 2\delta\theta_1$$

$$\frac{\mathrm{d}}{\mathrm{d}t}(\delta\theta_1) = 2.437\ 8\delta P/P_o + 0.097\delta T_f - 3.473\ 1\delta\theta_1 + 3.473\ 1\delta T_{CL}$$

$$\frac{\mathrm{d}}{\mathrm{d}t}(\delta\theta_2) = 2.437\ 8\delta P/P_o + 0.097\delta T_f + 3.279\ 1\delta\theta_1 - 3.376\ 1\delta\theta_2$$

J.6 动力学方程的状态空间表示

上面的五个一阶线性微分方程组可以矩阵形式编写,通常状态空间表示由系统方程式给出,如方程 J.10 所示。

$$\frac{\mathrm{d}X}{\mathrm{d}t} = AX + BU \tag{J.10}$$

式中 $X(n \times 1)$——状态变量向量;

  $U(p \times 1)$——外部输入向量;

  $A(n \times n)$——系统矩阵;

  $B(n \times p)$——输入矩阵。

X 向量的元素如下:

$x_1 = \delta P/P$,

$x_2 = \delta C$,

$x_3 = \delta T_f$,

$x_4 = \delta\theta_1$,

$x_5 = \delta\theta_2$。

U 向量的元素如下:

$u_1 = \delta\rho_{ext}$,

$u_2 = 0$,

$u_3 = 0$,

$u_4 = \delta T_{\text{CL}}$,

$u_5 = 0$。

式(J.10)在 MATLAB – Simulink 中用于计算给定输入函数 $\boldsymbol{U}(t)$ 和指定初始值 $\boldsymbol{X}(0)$ 的系统时间响应。系统矩阵 $\boldsymbol{A}$ 反映了系统的特征,线性系统的稳定性要求 $\boldsymbol{A}$ 的所有特征值必须有负实部。

单独的堆芯模型的线性系统矩阵 $\boldsymbol{A}$,如下所示:

$$\boldsymbol{A} = \begin{bmatrix} -385.36 & 0.0822 & -0.6145 & -5.5866 & -5.5866 \\ 385.36 & -0.0822 & 0 & 0 & 0 \\ 241.87 & 0 & -0.2532 & 0.2532 & 0 \\ 2.473 & 0 & 0.097 & -3.4731 & 0 \\ 2.473 & 0 & 0.097 & 3.2791 & -3.3761 \end{bmatrix} \quad (\text{J}.11)$$

矩阵 $\boldsymbol{A}$ 的特征值是线性系统的稳定性指标,对于一个稳定的系统,矩阵 $\boldsymbol{A}$ 的所有特征值必须具有负实部。

对于两个输入,$\boldsymbol{B}$ 矩阵如下:

$$\boldsymbol{B} = \begin{bmatrix} 5.59 \times 10^4 & 0 & 0 & 0 & 0 \\ 0 & 0 & 0 & 0 & 0 \\ 0 & 0 & 0 & 0 & 0 \\ 0 & 0 & 0 & 3.4731 & 0 \\ 0 & 0 & 0 & 0 & 0 \end{bmatrix} \quad (\text{J}.12)$$

如果一次使用一个输入,即 $\delta\rho_{\text{ext}}$ 或 δT_{CL},则矩阵 $\boldsymbol{B}$ 可以表示为 (5×1) 维向量,并且在对应于该输入的适当行位置具有非零项,对一次外部扰动的情况执行了仿真。

J.7 压水堆堆芯动态学响应的仿真

上面的方程式表示单独的压水堆堆芯模型,即未对蒸汽发生器和电厂配套系统进行建模,外部反应性和入口冷却剂温度是指定的输入量。在核电厂模型中,冷却剂入口温度将是蒸汽发生器和电厂配套系统的动态结果。

对单独的线性堆芯系统进行了两次仿真。图 J.2 ~ 图 J.6 显示了对 0.001(约 14.5 ¢)的外部反应性扰动的响应,该图显示了反应堆归一化功率、归一化缓发中子先驱核浓度、燃料节点温度、冷却剂节点 1 温度和冷却剂节点 2 温度。正如预期的那样,反应堆功率瞬变,然后在比其初始值约高 5.2% 的功率下稳定,这表明稳态功率变化为反应性引入的 0.36%/¢。燃料和冷却剂温度节点显示出其初始稳态值的增加,燃料温度的稳态变化约为 28.33 ℃,给出的稳态燃料温度变化为 1.94 ℃/¢。

功率迅速上升,然后下降到新的稳态,如图 J.2 所示。反应性反馈抑制了功率增加,主要是燃料的多普勒效应,注意图 J.4 中的燃料温度瞬变。

图 J.7 ~ 图 J.11 显示了冷管温度升高 2.8 ℃ 时堆芯动态学的响应。

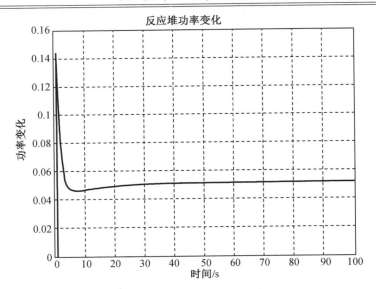

图 J.2　反应性变化 0.001 功率变化

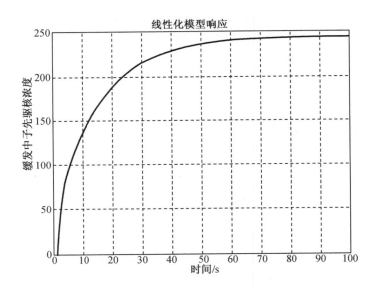

图 J.3　缓发中子先驱核浓度

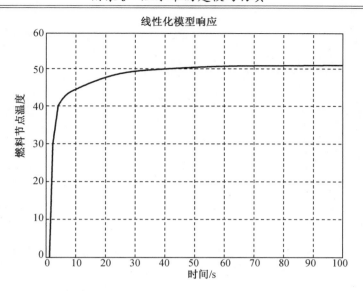

图 J.4　反应性变化 0.001 燃料节点温度

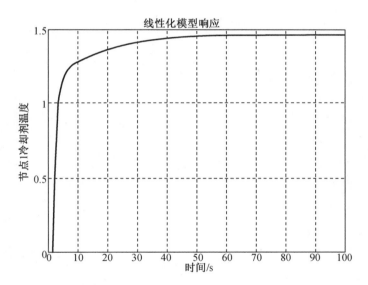

图 J.5　反应性变化 0.001 节点 1 冷却剂温度

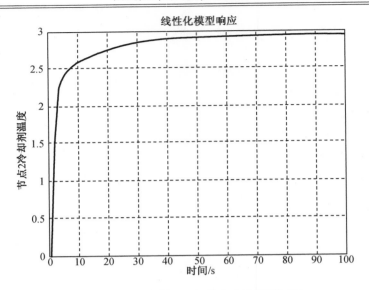

图 J.6　反应性变化 0.001 节点 2 冷却剂温度

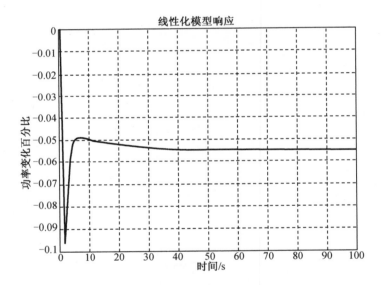

图 J.7　功率变化百分比冷管温度升高 5 ℉

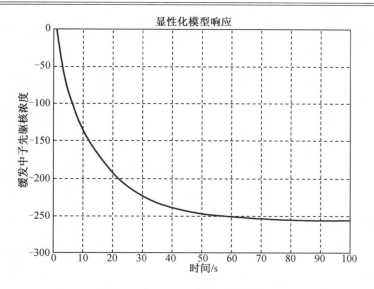

图 J.8　冷管温度升高 5 ℉缓发中子先驱核浓度

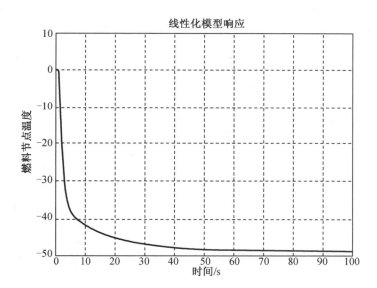

图 J.9　冷管温度升高 5 ℉燃料节点温度

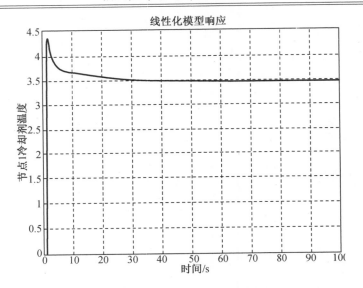

图 J.10　冷管温度程式高 5 ℉节点 1 冷却剂温度

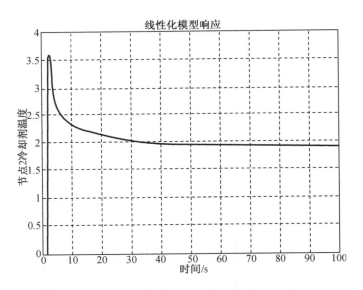

图 J.11　冷管温度升高 5 ℉节点 2 冷却剂温度

慢化剂温度升高会产生反应性负反馈效应,从而导致稳态反应堆功率水平降低,如图 J.7 所示;燃料节点温度跟随功率变化,如图 J.9 所示。燃料温度的降低会导致反应性增加,以抵消冷却剂温度升高带来的负反应性。两个节点的冷却剂温度最初由于冷管温度的升高而升高,然后降低并稳定到较低的稳态值,如图 J.10 和图 J.11 所示。最终的冷却剂温度变化为正,导致反应性负反馈。

这两个示例说明了外部反应性和温度扰动对堆芯动态响应的影响,以及在系统中没有主动控制干预的情况下经过反馈效应的影响将达到稳态值。

J.8　反应堆堆芯动态学的频率响应特性

为了完成单独的堆芯模型,计算频率响应,归一化功率－反应性的频率响应幅度如图 J.12A 所示,和预测的一样,低频和高频响应都具有不同的转折频率,低频转折约在 0.2 rad/s(由于温度负反馈效应),高频中断约在 400 rad/s($\approx\beta/A$)。

图 J.12(a)显示稳态(低频)归一化功率等于引入反应性的 0.36%/¢。这与在时域响应中观察到的功率变化相匹配,这表明线性动态学的时域和频域响应是一一对应的。

功率－反应性频率响应相位如图 J.12(b)所示。注意,当频率接近零(稳态条件)时,反应堆功率和反应性同相(相位 =0°)。

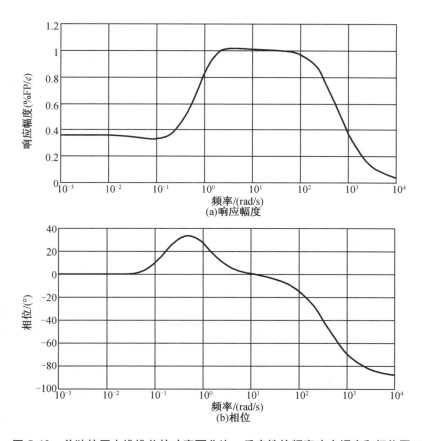

图 J.12　单独的压水堆堆芯的功率百分比－反应性的频率响应幅度和相位图

图 J.13A 和图 J.13B 分别是燃料温度与反应性动态响应的幅度和相位的频域图,幅度图表示燃料温度的低频(稳态)变化为 3.5 ℉/¢。同样,这些结果显示了时域和频域响应之间的等效性。此外,当频率接近零(稳态条件)时,燃料温度和反应性同相(相位 =0°)。

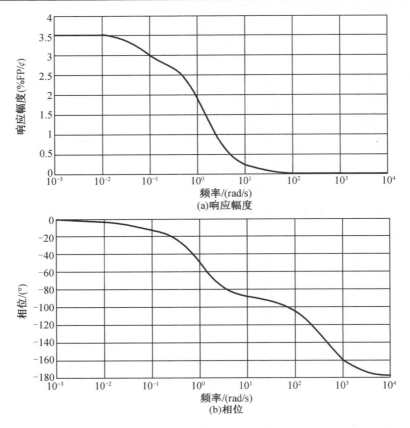

图 J.13　单独的压水堆堆芯的燃料温度–反应性频率响应幅度和相位图

J.9　压水堆核蒸汽供应系统动态响应

本节中的材料取自参考文献[3]，参考文献[3]的作者是 Upadhyaya 博士的研究生，他与田纳西大学的 Kerlin 和 Upadhyaya 的研究生终结了在压水堆子系统以及整个核电厂建模和仿真方面的数十年工作。

本节介绍带有 U 形管蒸汽发生器(UTSG)的典型四回路压水堆的仿真。仿真的重点是将反应堆堆芯动态学与蒸汽发生器动态学耦合起来。通常核蒸汽供应系统模型是非线性的，需要使用例如 MATLAB Simulink 平台这类的高级仿真软件工具。以下是此仿真过程考虑的子系统模型。

J.9.1　中子学

该模型使用六群缓发中子的点堆动力学方程，反应性的输入来自燃料温度、冷却液温度和冷却剂平均温度控制器。在点堆动力学方程中包括了由反应性和反应堆功率累计组成的非线性项。

J.9.2 堆芯热工水力

堆芯热工水力模型采用三个轴向截面,每个截面均使用 MANN 模型方法(每个轴向截面的一个燃料节点与两个相邻冷却剂节点)来建模,从而可以列出堆芯热工水力的 9 个微分方程。

J.9.3 冷却剂平均温度控制器

该模型包括第 12.8 节中描述的冷却剂平均温度控制器,使用冷却剂的平均温度作为控制器的输入,以驱动控制棒引入的反应性。

J.9.4 管道和腔室

将堆芯上部区域、热管段和蒸汽发生器腔室的冷却剂合并在一起,并假设为充分混合处理。同样,将蒸汽发生器出口腔室、冷管段中的冷却剂以及堆芯入口管道和堆芯下方的腔室之间的水合并在一起,并看作充分混合处理。

J.9.5 稳压器及其控制器

使用第 10.6 节中所述的稳压器模型和控制器(请参见第 10.6 节)。

J.9.6 U 形管蒸汽发生器的建模与控制

使用第 10.7 节中所述的移动边界模型,三冲量给水控制器模型用于蒸汽发生器。

J.9.7 核蒸汽供应系统(NSSS)模型

核蒸汽供应系统的子系统模型耦合后为 49 阶非线性模型,但不包括电厂配套系统(汽轮机、冷凝器、再热器、给水加热器及其控制器)。通过调节流向汽轮机的蒸汽流量来改变负荷,给水流量由三冲量给水控制器控制,但给水温度不是变量,其将在电厂配套系统中确定。上面介绍的核电厂模型的作者还开发了另一个模型,该模型包括所有电厂配套系统,但为简洁起见,此处未介绍。

J.10 模型中使用的核电厂系统参数

表 J.2 给出了典型 1140MWe 四回路压水堆的中子学和传热参数,堆芯动态模型以及 U 形管蒸汽发生器(UTSG)和稳压器模型的集成所需要的其他参数。表 J.3 和 J.4 列出了 UTSG 和稳压器的设计参数[2]。

表 J.3　U 形管蒸汽发生器(UTSG)的设计参数[3]

参数	值
1. U 形管数目	3 388
2. 管外径(mm)	22.23
3. 管壁厚(mm)	1.27
4. U 形管高度(m)	10.67
5. 蒸汽发生器高度(m)	20.30
6. 管区有效流通面积(m^2)	5.06
7. 下降段有效流通面积(m^2)	2.98
8. 上升段有效流通面积(m^2)	4.53
9. 分离器区域有效流通面积(m^2)	10.30
10. 上升段高度(m)	2.89
11. 一回路冷却剂流量(t/h)	1.79×10^4
12. 蒸汽发生器冷却剂流量(m^3)	30.48
13. 冷却剂比热容[kJ/(kg·℃)]	5.81
14. 堆芯入口冷却剂温度(℃)	311.61
15. 堆芯出口冷却剂温度(℃)	283.61
16. 一回路侧的平均压力(MPa)	15.51
17. 冷却剂平均密度(kg/m^3)	732.27
18. 出口蒸汽流量(t/h)	1.69×10^3
19. 蒸汽压力(MPa)	5.85
20. 饱和压力下的蒸汽温度(℃)	272.17
21. 给水温度(℃)	223.50
22. 二次侧冷却水平均密度(kg/m^3)	838.17
23. 有效传热面积(m^2)	4 789.5
24. 冷却剂传热系数[kJ/(kg·℃)]	18 810
25. 二回路冷却水传热系数[kJ/(kg·℃)]	8 243
26. 二回路沸水传热系数[kJ/(kg·℃)]	25 080
27. 金属管导热率[kJ/(kg·℃)]	62.7

表 J.4　稳压器设计参数[3]

参数	值
1. 一回路系统工作压力(MPa)	15.51
2. 饱和温度(℃)	345
3. 满功率运行蒸汽体积(m^3)	20.38
4. 满功率运行冷却剂体积(m^3)	30.56

表 J.4(续)

参数	值
5. 初始液位(m)	8.4
6. 有效截面积(m²)	3.58
7. 冷却剂平均密度(kg/m³)	593.70
8. 蒸汽密度(kg/m³)	103.33
9. 电加热器输出(kW)	1 800
10. 连续喷雾流量(m³)	0.003 8
11. 饱和水的比热容[kJ/(kg·℃)]	8.86
12. 加热器 PI 控制器增益因子(kW/MPa)	-36 258.16
13. 加热器 PI 控制器时间常数(s)	900

J.11 NSSS 对蒸汽阀扰动的响应

蒸汽流量扰动通过将蒸汽阀从 100% 标准功率水平调节至 15% 所引起。图 J.14 ~ 图 J.17 显示了所选状态变量的响应[2]。如下:

- 冷却剂平均温度
- 热管段温度
- 冷管段温度
- 第二个燃料节点的平均温度(注意在中子方程中使用了 3 个燃料节点)
- 反应堆堆芯归一化功率
- 控制棒反应性扰动
- 蒸汽流量
- 给水流量
- 蒸汽发生器的水位
- 稳压器压力
- 蒸汽发生器的蒸汽压力

当蒸汽阀关闭 15% 时,蒸汽流量最初会突然下降,蒸汽压力最初会增加。由于收缩现象,导致蒸汽发生器的下降管液面降至其设定值以下。三冲量给水控制器将水位不匹配、蒸汽流量和给水流量不匹配一起考虑,最初会导致给水流量突然下降,然后将水位恢复到设定点。在稳态时,蒸汽流量和给水流量都达到相同的值。

随着蒸汽流量和给水流量的降低,一回路平均冷却剂温度最初会升高,导致反应堆功率降低。冷却剂平均温度控制器驱动控制棒引入负反应性,以克服冷却剂平均温度和设定值的不匹配。反应堆功率稳定在 88%,外部反应性为 24 ¢,由于控制棒运动中的死区,实际平均温度在稳态时会降低约 0.56 ℃,从而导致控制棒处于死区时保持静止。

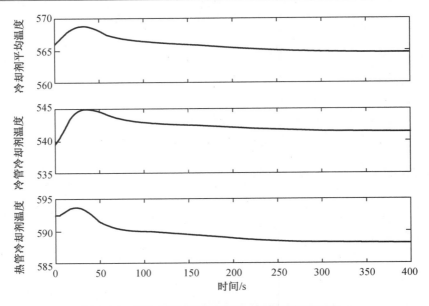

图 J.14　蒸汽阀开度降低15%一回路冷却剂温度

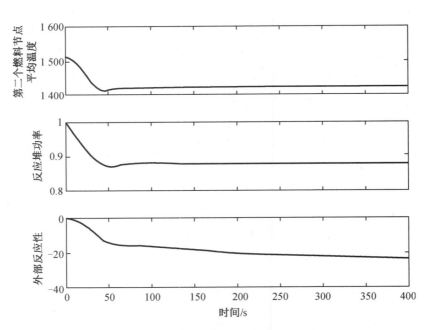

图 J.15　蒸汽阀开度降低15%时燃料温度、反应堆功率和冷却剂平均温度控制器的反应性

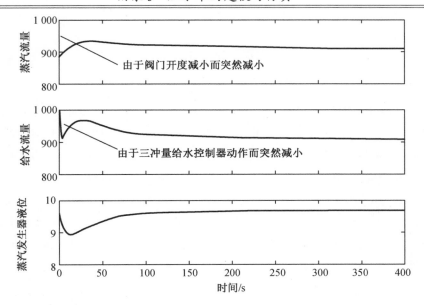

图 J.16　蒸汽阀开度降低 15 % 蒸气发生器液位、给水流量、蒸汽流量

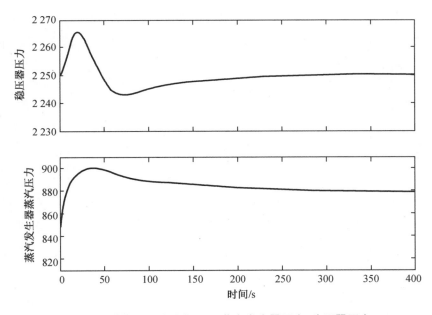

图 J.17　蒸汽阀开度降低 15 % 蒸汽发生器压力、稳压器压力

　　在瞬态过渡的早期,冷却剂平均温度升高,使稳压器水装量增加,导致稳压器压力升高,并启动喷淋控制器降低稳压器压力。在瞬态过渡的后期,由于冷却剂平均温度降低,压力降至设定点以下,加热器加热,稳压器压力返回到设定点。

　　仿真表明,集总参数模型有效地描述了压水堆的核蒸汽供应系统,并且可以用现象解释瞬态行为。建议读者阅读参考文献[2-4],其中详细描述了建模和瞬态仿真。

参 考 文 献

[1] T. W. Kerlin, Dynamic analysis and control of pressurized water reactors, in: C. T. Leondes (Ed.), Control and Dynamic Systems, vol. 14, 1978, pp. 103-212.

[2] M. Naghedolfeizi, B. R. Upadhyaya, Dynamic Modeling of a Pressurized Water Reactor Plant for Diagnostics and Control, Research Report, University of Tennessee, DOE/NE/88ER12824-02, (1991).

[3] T. W. Kerlin, E. M. Katz, J. G. Thakkar, J. E. Strange, Theoretical and experimental dynamic analysis of the H. B. Robinson nuclear plant, Nucl. Technol. 30 (September 1976) 299-316.

拓 展 阅 读

[4] S. J. Ball, Approximate models for distributed-parameter heat transfer systems, ISA Trans. 3 (1) (1964) 38-47.

附录 K 熔盐堆的建模与仿真

K.1 引言

本附录描述了熔盐堆(MSR)的建模与仿真。由于实验熔盐堆(MSRE)具有有效的设计参数,因此使用该系统来演示建模方法、瞬态响应和频响特性[1-5]。该模型包括反应堆动态学和二回路盐回路。目的是演示液体燃料反应堆的建模方法,特别是熔盐堆(MSR)和反应堆对外部扰动的响应。简要介绍以下内容,鼓励读者查阅附录中列出的相关出版物。

- 对 MSRE 的简要描述。
- 系统建模,模型假设和一些重要的动态方程。
- 列出子系统参数的表格,包括反应堆堆芯、主回路和热交换器。
- 仿真结果,包括对反应性扰动的响应和熔盐堆的频率响应特性。
- 总结、评论和建议的开放性问题。

K.2 实验熔盐堆(MSRE)

图 K.1[1]中显示了 MSRE 系统的原理图。MSRE 从 1965 年 6 月到 1969 年 12 月运行,MSRE 的设计功率额定值为 10 MW$_{th}$。在最后的临界前试验中使用铀富集度为 61% UF$_4$ – LiF 共晶盐[1]。MSRE 在最大功率水平约 8 MW$_{th}$[1]。本附录的材料改编自参考文献[5-7]。

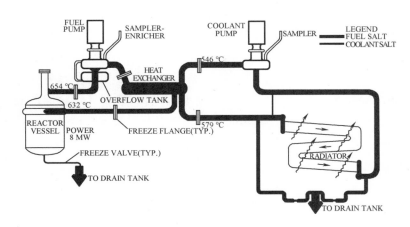

图 K.1

^{235}U 后来 ^{233}U 取代，使其成为第一个主要使用 ^{233}U 运行的反应堆。在整个功率范围内（1 MW$_{th}$、5 MW$_{th}$、8 MW$_{th}$）MSRE 运行稳定，测量的动态特性与装载 ^{233}U 和 ^{235}U 燃料的设计估计值非常一致。

反应堆堆芯是由用于中子慢化的矩形石墨块组成的。熔融燃料的燃料载体盐 ^{7}LiF – BeF$_2$ – ZrF$_4$ – UF$_4$（65 – 29.1 – 5 – 0.9 mol%）以 632 ℃ 由泵输送到堆芯，通过裂变产生 8 MW 的热功率，并将熔盐温度提高 22 ℃，然后燃料盐通过热交换器循环，在返回核心之前，将热量传递到非燃料的二次侧冷却剂盐 ^{7}LiF – BeF$_2$（66 – 34 mol%），二次侧冷却剂盐通过风冷散热器循环将热量排到大气中。以 Gd$_2$O$_3$ – Al$_2$O$_3$ 陶瓷包层组成的三个柔性控制棒，通过控制棒驱动机构驱动，以提高或降低控制棒，控制棒用于保持功率水平和出口燃料温度。

MSRE 临界首先使用 ^{235}U 燃料（33% 富集），后来使用 ^{233}U（91% 富集）燃料[1]。使用盐的质量流速的产物，比热容量（处于恒定压力）和盐的入口和出口温度的差异来估计反应器中产生的功率。使用位于二级系统的管道外部的热电偶进行温度测量。盐流的质量流量没有改变 MSRE。在不同功率水平的操作期间，仅在操作期间发生的入口和出口之间的温差。

MSRE 中的临界性首先使用 ^{235}U 燃料（33% 富集），后来使用含有 ^{233}U（91% 富集）燃料[1]。使用盐的质量流量的累计，特定的比热容（处于恒定压力）和盐的进出口温差来估计反应堆中产生的功率。温度测量通过放置在二回路系统管道外部的热电偶。盐流的质量流量在 MSRE 中没有变化，在不同功率下，只有盐进出口温差发生了变化。

K.3 MSRE 的集总参数模型

K.3.1 子系统模型及特点

MSRE 动态模型包括以下子系统[5]：
（1）反应堆堆芯中子和传热；
（2）影响缓发中子产生的燃料盐循环；
（3）从一回路盐到二回路盐的热交换器；
（4）从二回路盐到空冷散热器的热交换器。

最后一个子系统不包括在当前模拟中，详情见参考文献[5]。MSRE 的两个重要特性是其非均质堆芯和连续循环的流体燃料。燃料循环减少了缓发中子复合核在堆芯中的衰变，降低了燃料在功率变化过程中的温度变化速率，并引入了延迟燃料温度和中子产生效应。由于石墨中温度的缓慢变化[2]，堆芯的非均匀性引起了延迟反馈效应。这里所考虑的两种 MSRE 所用裂变燃料类型的主要区别是相对缓发中子组分，^{233}U 的总缓发中子分数为 $\beta = 0.002\ 64$，^{235}U 的总缓发中子分数为 $\beta = 0.006\ 5$。同时，盐的温度变化对反应性反馈的影响比石墨慢化剂的温度变化大得多，燃料盐温度的快速变化不会转化为石墨温度的快速变化。因此，短期反馈主要由燃料温度变化决定。

当在非常低的功率下运行时，MSRE 的动态变化是缓慢的，链式裂变反应仅由控制棒控制，其动态行为取决于瞬发中子寿命和有效缓发中子分数。当在高功率下运行时，MSRE 的动态学特性取决于燃料和石墨的反应性温度系数、燃料的功率密度、各组分的热容、传热系数和盐回路中的输运滞后[2-3]。

MSRE 系统具有总体负反应性系数,由于温度升高导致燃料盐密度的减小,从而减少了堆芯中存在的裂变材料的量,导致更多中子泄漏。由于泄漏和频谱效应,石墨也具有负反馈系数。

K.3.2　MSRE 系统的节点模型

本节概述了 MSRE 动态的非线性模型,参考文献描述了单节点和多节点模型[5],建模方法改编自 Kerlin[3]和辛格[5]等,每个节点的重要性权重改编自最终 ORNL 模型[3],最初用于 Ball 和 Kerlin[8]的 10 MW_{th} 的 ^{235}U 燃料 MSRE 系统,这种建模方法使用非线性中子动力学方程[7],并通过 MSRE 的实验数据验证该模型[4,9]。

修正的 6 群缓发中子的点堆动力学模型,是单节点和多节点模型以及 ^{233}U 和 ^{235}U 燃料堆芯模型的基础,明确地说明了在外回路中通过热交换器的缓发中子损失。中子密度和复合核浓度表示为标称功率,该 9 节点模型利用重要性加权的方法考虑了功率产生和反馈效应的空间变化,9 个节点的质量、停留时间和功率均取自参考文献[8],单节点模型中不考虑中子通量的空间变化。

图 K.2 显示了 MSRE 的单节点模型。除堆芯外,图 K.2 中描述的流动应用于两种模型。单节点模型的堆芯传热描述由一个石墨节点和两个燃料流动节点组成。对于 9 节点模型,堆芯从径向分为 9 个节点,共 9 个石墨节点和 18 个燃料节点[8]。

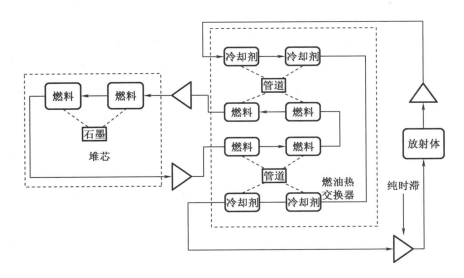

图 K.2　MSRE 的单节点集总参数模型[4-5]

K.3.3　描述中子动力学和反应堆传热的方程

中子动力学是用修正的点堆动力学方程来描述的,类似于早期研究中使用的 MSRE[3],

这里的主要区别是模型本质上是非线性的。式(K.1)和式(K.2)表示一个由 7 个耦合的非线性时滞微分方程组成的系统。

$$\frac{\mathrm{d}n(t)}{\mathrm{d}t} = \frac{(\rho(t) - \beta)}{\Lambda}n(t) + \sum_{i=1}^{6}\lambda_i C_i(t) + S(t) \tag{K.1}$$

$$\frac{\mathrm{d}C_i(t)}{\mathrm{d}t} = \frac{\beta_i}{\Lambda}n(t) - \lambda_i C_i(t) - \frac{C_i(t)}{\tau_C} + \frac{C_i(t - \tau_L)\,\mathrm{e}^{-\lambda_i \tau_L}}{\tau_C} \tag{K.2}$$

其中 $n(t)$ 是中子密度,$C_i(t)$ 代表第 i 组缓发中子复合核的浓度(其中 $i = 1, 2, \cdots, 6$),$\rho(t)$ 是时间相关的总反应性(输入),β_i 是第 i 组缓发中子的归一化值,β 是总缓发中子归一化值,$S(t)$ 是源扰动项,τ_C 是燃料在堆芯的输运时间(8.46 s),τ_L 是燃料在外部环路的输运时间(16.73 s)。

通过上述修正,稳态运行所需的反应性 ρ_o 不像固体燃料反应堆那样为零,是由方程左边的导数得到的,式(K.1)和式(K.2)等于零并求解 $\rho(t=0)$,则

$$\rho_o = \beta - \sum_{i=1}^{6}\frac{\beta_i}{\left[1 + \dfrac{1}{\lambda_i \tau_C}(1 - \mathrm{e}^{-\lambda_i \tau_L})\right]} \tag{K.3}$$

ρ_o 项是由于循环燃料的反应性变化,并释放了在堆芯外循环中泄漏的缓发中子,与可裂变材料相关,^{235}U 燃料的 $\rho_o \approx 0.002\,47$,^{233}U 燃料的 $\rho_o \approx 0.001\,12$。当反应堆模型在稳态运行时,来自燃料和石墨的反应性反馈总和为这个值。因此,ρ_o 可以视为从静止固体燃料到循环流体燃料实现稳态所需的反应性。

系统的总反应性表示为

$$\rho(t) = \rho_o + \rho_{\mathrm{fb}}(t) + \rho_{\mathrm{ext}}(t) \tag{K.4}$$

反馈反应性 $\rho_{\mathrm{fb}}(t)$ 与燃料盐和石墨温度的变化有关。

裂变产生的总热量根据权重存储在堆芯部件中,并被燃料盐带走,燃料盐是主要的冷却剂。燃料盐的温度变化方程包含一个分式功率产生项、一个燃料 – 燃料节点传热项和一个燃料 – 石墨传热项,如式(K.6)和式(K.7)所示。石墨节点的稳态温度高于燃料节点,因为石墨中产生的所有热量最终都需要燃料盐带走。

$$\frac{\mathrm{d}T_{\mathrm{fl}}}{\mathrm{d}t} = \frac{W_{\mathrm{f}}}{m_{\mathrm{fl}}}(T_{\mathrm{f_{in}}} - T_{\mathrm{fl}}) + \frac{K_1 P_0 \dfrac{n}{n_0}}{m_{\mathrm{fl}}C_{\mathrm{pf}}} + \frac{K_{\mathrm{g1}}}{K_{\mathrm{g1}} + K_{\mathrm{g2}}} \cdot \frac{hA_{\mathrm{fg}}}{m_{\mathrm{fl}}C_{\mathrm{pf}}}(T_{\mathrm{g}} - T_{\mathrm{fl}}) \tag{K.6}$$

$$\frac{\mathrm{d}T_{\mathrm{f2}}}{\mathrm{d}t} = \frac{W_{\mathrm{f}}}{m_{\mathrm{f2}}}(T_{\mathrm{fl}} - T_{\mathrm{f2}}) + \frac{K_2 P_0 \dfrac{n}{n_0}}{m_{\mathrm{f2}}C_{\mathrm{pf}}} + \frac{K_{\mathrm{g2}}}{K_{\mathrm{g1}} + K_{\mathrm{g2}}} \cdot \frac{hA_{\mathrm{fg}}}{m_{\mathrm{f2}}C_{\mathrm{pf}}}(T_{\mathrm{g}} - T_{\mathrm{fl}}) \tag{K.7}$$

在式(K.6)和式(K.7)中,W_f 是燃料盐质量流量,m_{fl} 和 m_{f2} 分别为燃料节点 1 和节点 2 的质量,C_{pf} 是燃料盐比热容,K_1 和 K_2 分别是燃料节点 1 和节点 2 的归一化总功率,K_{g1} 和 K_{g2} 是石墨转移到每个燃料节点的归一化热功率,hA_{fg} 是燃料 – 石墨界面面积与传热系数的乘积,P_o 是归一化功率,由瞬时功率与归一化中子密度 n/n_o 乘积得到,T_s 表示各节点的温度。注意,传热方向取决于各节点的瞬时温度。

石墨节点包含一个功率产生项,因为 7% 的能量存储在石墨中,以及一个燃料到石墨的传热项,如式(K.8)。

$$\frac{\mathrm{d}T_g}{\mathrm{d}t} = (K_{g1} + K_{g2})\frac{P_0 \dfrac{n}{n_0}}{m_g C_{pg}} + \frac{hA_{fg}}{m_g C_{pg}}(T_f - T_g) \tag{K.8}$$

这里,m_g 是石墨节点的质量,K_g 是存储在石墨节点的归一化热功率,C_{pg} 是石墨比热容,所有其他项的含义与以前相同。在 9 节点模型中,每个节点都建立了相似的方程。

热交换器和散热器节点使用上文所述的类似方程,但没有功率产生项。整个模型的稳态温度均来自 MSRE 设计文件。在单节点模型中,各部件的质量平均分布在各个节点上,中间节点平均温度通过平均分配进出口温差来计算。

K.3.4 仿真模型参数

ORNL 在十年间发表了大量有关 MSRE 设计和操作的各个方面文件和报告,包括在这一时期演变的 MSRE 参数。

作为田纳西大学[5]研究项目的一部分,建立了一套一致的 MSRE 参数,并代表了反应堆的运行。这些参数与实验数据采集时的 MSRE 系统相对应。

两种燃料类型(^{235}U,^{233}U)的中子学参数列于表 K.1,两种燃料的缓发中子数据见表 K.2。列标题^{233}U 和^{235}U 对应的值为 K.2 节所述的富集状态。物理建模参数如表 K.3 所示。整个参数集的电子版可以在田纳西大学获得。

表 K.1 ^{233}U 和^{235}U 的中子学参数[3,8]

参数	^{235}U	^{233}U
瞬发中子寿命 Λ	4×10^{-5} s	2.4×10^{-5} s
缓发中子份额 β	0.006 5	0.002 64
堆芯运输时间 τ_C	8.46 s	8.46 s
外部环路传输时间 τ_L	16.73 s	16.73 s
燃料盐反应性系数 α_f	-8.71×10^{-5} $\delta\rho/℃$	-11.034×10^{-5} $\delta\rho/℃$
石墨反应性系数 α_g	-6.66×10^{-5} $\delta\rho/℃$	-5.814×10^{-5} $\delta\rho/℃$

表 K.2 ^{233}U 和^{235}U 的缓发中子群数据

小组	λ_1/s	^{233}U	^{235}U
1	0.012 6	0.000 23	0.000 215
2	0.003 7	0.000 79	0.001 42
3	0.139	0.000 67	0.001 27
4	0.325	0.000 73	0.002 57
5	1.13	0.000 13	0.000 75
6	2.50	0.000 09	0.000 27
总计		0.002 64	0.006 50

表 K.3   MSRE 仿真中使用的模型参数

标称功率	BMW$_{th}$
盐中产生的功率	0.93
石墨中产生的功率	0.07
堆芯中盐的质量	1 374 kg
堆芯中石墨的质量	3 634 kg
一回路中的质量流量	165 kg/s
二回路中的质量流量	100 kg/s
燃料盐的比热容	1 966 J/(kg · ℃)
石墨的比热容	1 773 J/(kg · ℃)
冷却剂盐的比热容	2 390 J/(kg · ℃)
热交换器中的燃料盐的质量	348 kg
热交换器中的冷却盐的质量	100 kg
燃料和石墨之间的传热系数	0.036 MW/℃
燃料盐和金属之间的传热系数	0.648 MW/℃
冷却剂盐和金属之间的传热系数	0.306 MW/℃
堆芯入口温度	632 ℃
堆芯出口温度(额定功率)	657 ℃
冷却剂盐的热交换入口温度	546 ℃
冷却剂盐的热交换出口温度	579 ℃
堆芯到热交换器的时间延迟	3.77 s
热交换器到堆芯的时间延迟	8.67 s
热交换器到散热器的时间延迟	4.71 s
散热器到热交换器的时间延迟	8.24 s

K.4   MSRE 动态学仿真结果

本节给出了 MSRE 的瞬态响应及其频域特性的仿真结果。

图 K.3 显示了 ^{233}U 燃料的 MSRE 模型对 +10 ¢ 阶跃反应性扰动的响应,使用单节点模型。

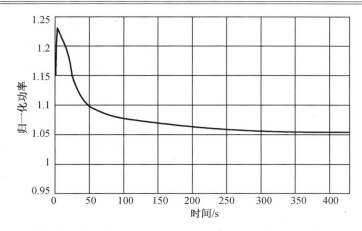

图 K.3　^{233}U 燃料的 MSRE 系统在 8 MW$_{th}$功率水平下引入 + 10 ¢ 反应性阶跃扰动时，反应堆功率的瞬态响应

随着燃料盐温度的迅速升高，堆芯功率在阶跃引入后立即发生瞬变，在到达峰值后的几秒，燃料负反馈反应阻止了功率进一步增加。在此期间，冷管段的盐从热交换器以恒定温度持续流入堆芯，此时盐的负反馈足以抵消反应性阶跃输入，在最初反应性引入的高温燃料盐通过热交换器循环后重新进入堆芯，堆芯平均温度的增加进一步引入了负反馈，从而降低了功率，燃料节点 2 和石墨节点温度的瞬态响应如图 K.4 所示。

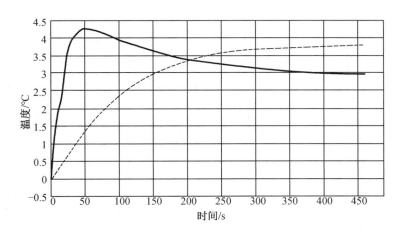

图 K.4　燃料和石墨温度对 + 10 ¢ 反应性引入的瞬态响应

在 8 MW(th)时，MSRE 系统的功率对反应性频率响应（传递函数）绘制在图 K.5 中。频率范围扩展到 1 000 rad/s，以说明 MSRE 的高频行为，随着频率增加和反馈效应减小，高频转折点在 200 rad/s 左右，类似于 MSRE 的开环响应，如第 4 章，图 4.14A 所示。由于燃料再循环时间（燃料芯停留时间和循环时间的总和）变化，下降幅度约为 0.3 rad/s。此外，频域幅值图的低频响应值约为 0.6% FP/ ¢。在 + 10 ¢ 反应性扰动下，该值与反应堆功率的稳态值（图 K.3）相匹配。

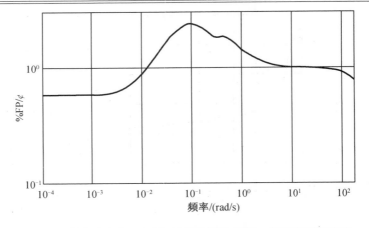

图 K.5　额定功率为 8 MW$_{th}$时熔盐堆的功率 – 反应性频率响应

图 K.6 显示了相应的相位与频率图。在低频时,相位趋于零,表明反应堆功率和输入反应性一起改变。在高频率下,反应堆功率的外部反应性滞后 90°。

频率响应分析表明,从轻水堆到熔盐堆,有反馈的堆系统在动态特性上具有普遍的相似性,本分析亦可作为集总参数动态模型应用于控制设计的验证。

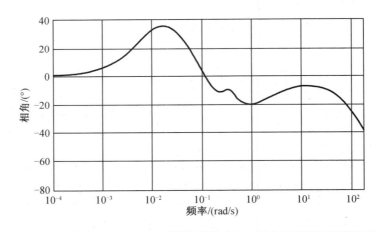

图 K.6　额定功率为 8 MW$_{th}$时熔盐堆的功率 – 反应性的相位频率响应

附注

反应堆运行的一个重要特征是 MSRE 系统对功率需求变化的开环负荷跟踪能力。燃料盐和石墨的固有温度反馈足以控制反应堆,这种自调节可以在设计良好的 MSRE 系统中加以利用,用于按需和稳定电网的发电。反应堆在响应外部功率需求时具有内在的自调节特性,对于设计真正安全的下一代反应堆非常重要。

此外,装载燃料盐位置的温度在一个平均值附近变化。这表明,在堆跟机过程中,最热节点的温度下降,而最冷节点的温度上升。因此,系统中的盐不会凝固,从而使系统安全稳定地运行[5]。

熔盐堆和熔盐增殖堆都具有自调节和负荷跟踪特性[8-9]，这些都是 MSRE 的独特特征。参考文献[10]为感兴趣的读者提供了多物理建模方法。

习　　题

K.1　复习参考文献[7,10]，比较使用集总参数建模和更详细的多物理建模方法的结果并评论这两种方法。

参 考 文 献

[1]　P. N. Haubenreich, J. R. Engel, Experience with the molten-salt reactor experiment, Nucl. Appl. Technol. 8 (1970) 118-136.

[2]　P. N. Haubenreich, J. R. Engel, B. E. Prince, H. C. Claiborne, MSRE Design and Operations Report, Part III: Nuclear Analysis, ORNL-TM-0730, 1964.

[3]　T. W. Kerlin, S. J. Ball, R. C. Steffy, Theoretical dynamic analysis of the molten-salt reactor experiment, Nucl. Technol. 10 (1971) 118-132.

[4]　T. W. Kerlin, S. J. Ball, R. C. Steffy, M. R. Buckner, Experiences with dynamic testing methods at the molten-salt reactor experiment, Nucl. Technol. 10 (1971) 103-117.

[5]　V. Singh, Study of the Dynamic Behavior of Molten Salt Reactors, MS Thesis, University of Tennessee, Knoxville, 2019.

[6]　V. Singh, M. R. Lish, O. Chva'la, B. R. Upadhyaya, Dynamic modeling and performance analysis of a two-fluid molten-salt breeder reactor system, Nucl. Technol. 202 (1) (2018) 15-38.

[7]　V. Singh, A. M. Wheeler, M. R. Lish, O. Chvala, B. R. Upadhyaya, Nonlinear dynamic model of molten-salt reactor experiment—validation and operational analysis, Ann. Nucl. Energy 113 (March 2018) 177-193.

[8]　S. J. Ball, T. W. Kerlin, Stability Analysis of the Molten Salt Reactor Experiment, ORNL-TM-1070, Oak Ridge National Laboratory, 1965.

[9]　R. C. Steffy Jr., Experimental Dynamic Analysis of MSRE with 233U Fuel, ORNL TM-2997, Oak Ridge National Laboratory, 1970.

[10]　A. Cammi, C. Fiorina, C. Guerrieri, L. Luzzi, Dimensional effects in the modeling of MSR dynamics: Moving on from simplified schemes of analysis to a multi-physics modeling approach, Nucl. Eng. Des. 246 (2012) 12-26.

拓 展 阅 读

[11]　H. G. MacPherson, Molten Salt Reactor Program: Quarterly Progress Report for the Period Ending July 31, 1960, ORNL-3014, 1960.

[12]　O. W. Burke, MSRE Analog Computer Simulation of a Loss-of-Flow Accident in the Secondary System, ORNL-CF-11-20, 1960.

词 汇 表

A a

absorption 吸收

accident 意外事故

accumulator 积分器

actuator 执行机构

actuator status sensor 执行器状态传感器

adjuster rods 控制棒

Advanced Boiling Water Reactor（ABWR） 先进沸水堆

Advanced CANDU Reactor（ACR） 先进 CANDU 堆

advanced controller 先进控制器

advanced flow measurement technology 先进流量测量技术

advanced flowmeter 先进流量计

Advanced Fuel CANDU Reactor（AFCR） 先进燃料 CANDU 堆

Advanced Gas-cooled Reactors（AGRs） 先进气冷堆

Advanced Heavy Water Reactor（AHWR） 先进重水堆

Advanced Reactors 先进反应堆

advantage and disadvantage 优点和缺点

after shutdown 停堆后

analytical solution 解析解

assessment 评估

asymptotic magnitude 渐近量级

Atomic Energy Commission 原子能委员会

auto regression（AR）mode 回归模型

automatic depressurization system reduce system 自动降压减压系统

automobile motion, control of 汽车运动,控制

auxiliary feedwater pump 辅给水泵

average power range monitor（APRM）detector signals 平均功率区监测器检测器信号

Avogadro's number（AN） 阿伏伽德罗常量

B b

balance-of-plant（BOP）system 电厂配套系统

Basic Reactor 基础反应堆

behavior equations 行为方程

Beta particle Beta 粒子

beyond design basis accidents（BDBA） 超设计基准事故

binomial theorem 二项式定理

Bode plot 波特图

Boiling Water Reactors（BWRs） 沸水堆

Boltzmann transport equation 玻尔兹曼输运方程

break frequency 中断频率

brute force 强力搜索

bubbler 鼓泡器

BWR simulation 沸水堆仿真

bypass installation 旁路安装

C c

Calandria 卡兰德里亚

calculation 计算

calculation requirements 计算要求

Calder Hall Magnox reactor Calder Hall Magnox 反应堆

Canada Deuterium Uranium（CANDU）Reactors 加拿大氘铀反应堆

CANDU Reactor 坎杜型反应堆

CANDU Reactor instrumentation 坎杜型反应堆仪器

CANDU-600 Reactor CANDU-600 反应堆

characteristics 特性

chemical and volume control system（CVCS） 化容控制系统

Chernobyl 切尔诺贝利

Chernobyl accident 切尔诺贝利事故

Chicago Pile 芝加哥一号堆

circulation effect on 循环效应

closed-loop control system 闭环控制系统

closed-loop system with P-I controller simulation 具有 P-I 控制器仿真的闭环系统

closed-loop transfer function 闭环传递函数

Code of federal regulations（CFR）document 联邦法规文件的代码

combined controller 联合控制器

combined reactivity feedback 综合反应性反馈

commercial nuclear power，evolution of 商业核电的发展

complete system simulation 完整的系统仿真

complexity of ……的复杂性

computer simulations 计算机模拟

computer software　电脑软件

computing effective multiplication factor　计算有效倍增因子

computing eigenvalue and eigenvector　计算特征值和特征向量

computing frequency response function　计算频率响应函数

computing step response using　计算使用的阶跃响应

configuration of　……的配置

consequence　结果

containment cooling engineered system　安全壳冷却工程系统

control absorber rod　控制吸收棒

control mechanism　控制装置

control of　控制

control options　控制选项

control rod drive mechanism（CRDM）　控制棒驱动机构

control rod operating band and control rod operation　控制棒操作带和控制棒操作

control room simulators　控制室仿真机

control strategy　控制策略

control system　控制系统

control theory　控制理论

convolution integral　卷积积分

coolant density　冷却剂密度

coolant temperature　冷却剂温度

coolant, energy change in　冷却剂,能量变化

core heat transfer model　堆芯传热模型

core inlet temperature　堆芯入口温度

core makeup tank（CMT）　堆芯补水箱

core thermal-hydraulic　堆芯热工水力

core-exit thermocouples　堆芯出口热电偶

Coriolis flowmeter　科里奥利流量计

coupled neutronic-xenon transients　中子－氙瞬态耦合

cross section　横截面

D　d

damped oscillatory behavior　阻尼振荡行为

dead-band controller　死区控制器

decay constant　衰减常数

decay ratio　衰减率

defense-in-depth approach　纵深防御方法

definition of　……的定义

delayed neutron　缓发中子

delayed-neutron group data for　缓发中子群数据

design basis accident（DBA）　设计基准事故

desk-top simulator, nuclear plant simulator　台式模拟器,核电站模拟器

destabilizing effect　不稳定作用

destabilizing negative feedback　不稳定的负面反馈

detector　探测器

deterministic simulation　确定性仿真

development of　……的发展

differential controller　差动控制器

differential pressure　差压

diffusion theory　扩散理论

dissolved neutron absorber　溶解中子吸收剂

dissolved poison　溶解毒药

distributed system　分布式系统

distributed system, frequency response analysis　分布式系统,频率响应分析

Doppler broadening　多普勒展宽

Doppler coefficient　多普勒系数

Doppler effect　多普勒效应

downstream node　下游节点

downstream transducer　下游换能器

Dresden boiling water reactor　德累斯顿沸水反应堆

dynamic analysis　动态分析

dynamic equation, formulating　动态方程,公式化

dynamic equation of Pressurized Water Reactor　压水堆动力学方程

dynamic equation, state space representation of　动态方程,状态空间表示

dynamic model　动态模型

dynamic performance　动态性能

E　e

Economic Safe Boiling Water Reactor（ESBWR）　经济安全沸水反应堆

eddy current flowmeter　涡流流量计

effective decay constant　有效衰减常数

effective multiplication factor　有效倍增因子

eigenvalue　特征值

eigenvector　特征向量

elastic collision　弹性碰撞

Electric Power Research Institute（EPRI）　美国电力研究院

electrical power　电力

Equivalence　等价

error signal　偏差信号

Euler's method　欧拉法

Evolutionary Power Reactor（EPR）　进化动力堆

experiment　实验

Experimental Breeder Reactor（EBR-1）　实验增殖反应堆

exponential coefficients　指数系数

ex-vessel neutron detector　堆外中子探测器

F　f

fast and thermal neutrons　快中子和热中子

fast fission factor　快速裂变因子

fast neutrons, Basic Reactor　快中子, 基础反应堆

fast non-leakage probability　快中子不泄漏率

features of　特点

feedback　反馈

feedback coefficients　反馈系数

feedback control system　反馈控制系统

feedback reactivity　反应性反馈

feedback transfer function　反馈传递函数

feedwater control　给水控制

feedwater control system simulation　给水控制系统仿真

feedwater controller　给水控制器

feedwater flow, pressurized water reactors　给水流量, 压水堆

Fermi-I　费米一号

final SAR（FSAR）　最终安全分析报告

finite difference method（FDM）　有限差分法

finite element method（FEM）　有限元法

fissile isotope, cross section　易裂变同位素, 截面

fissile materials　易裂变材料

fission　裂变

fission detector　裂变探测器

fission product feedback　裂变产物反馈

fixed-position burnable poison rod　固定位置的可燃毒物棒

flow sensor　流量传感器

flow vs. pressure drop　流量与压降

fluid fuel reactor response　液体燃料反应堆响应

Fluid-fuel Reactor　液体燃料反应堆

Fluoride Salt-cooled High-temperature Reactor（FHR）　氟盐冷却高温堆

four-factor formula　四因子公式

Fourier analysis　傅里叶分析

fragments　碎片

frequency　频率

frequency domain response　频域响应

frequency range　频率范围

frequency response analysis, of linear systems computing frequency response function
　　频率响应分析,线性系统计算频率响应函数

frequency response characteristics, reactor core dynamics　频率响应特性,反应堆堆芯动力学

frequency response function　频率响应功能

frequency response theory　频率响应理论

frequency response, point reactor kinetics equation　频率响应,点堆动力学方程

from fission product　来自裂变产物

fuel bundle　燃料棒

fuel circulation　燃料循环

fuel element　燃料元件

fuel temperature coefficient　燃料温度系数

fuel temperature feedback　燃料温度反馈

fuel-to-coolant heat transfer　燃料到冷却剂的热传递

Fukushima Dai-ichi power plant　福岛第一核电站

full-length full-strength control rod　全长全强控制棒

full-length part-strength control rod　全长部分强度控制棒

G　g

game simulator　游戏模拟器

Gamma ray　伽马射线

Gamma thermometer　伽马温度计

Gas-cooled Fast Reactor（GCFR）　气冷快堆

Gas-cooled Reactors（GCRs）　气冷堆

General Electric（GE）　通用电气

General Electric power plants, evolution of　通用发电厂的演变

Generation Ⅰ reactors　第一代反应堆

generation-Ⅱ power reactors, accidents in Chernobyl　第二代动力堆,切尔诺贝利事故

generation Ⅱ reactor parameters　二代反应堆参数

generation Ⅱ reactors　第二代反应堆

generation Ⅲ + reactors　第三代 + 反应堆

generation Ⅲ reactors 第三代反应堆

generation Ⅳ reactors 第四代反应堆

generation time 发电时间

graphite node 石墨节点

gravity driven cooling system（GDCS） 重力驱动冷却系统

grids and node formulation 网格和节点公式

H h

half-power frequency 半功率频率

heat conduction, in fuel elements 燃料元件中的热传导

heat exchanger model 换热器模型

heat transfer 传热

heavy water coolant 重水冷却剂

Heavy Water Reactors 重水堆

high frequency response 高频响应

High Temperature Gas-cooled Reactors（HTGRs） 高温气冷堆

High Temperature Gas-cooled Reactor instrumentation 高温气冷堆仪器仪表

High Temperature Reactor instrumentation 高温堆仪器仪表

high-temperature in-core fission chambers 高温堆芯裂变室

horizontal 水平的

Horizontal steam generator 卧式蒸汽发生器

Hydroelectric plant 水力发电厂

I i

in generation-Ⅱ power reactors 在第二代动力堆中

in Molten Salt Reactors 在熔盐反应堆中

incentive 激励措施

in-core neutron detector 堆芯中子探测器

in-core refueling water storage tank（IRWST） 堆芯燃料储水箱

in-core sensors 堆芯传感器

inelastic collision 非弹性碰撞

inhour equation 倒时方程

instrumentation 仪器仪表

integral controller 积分控制器

Integral windup 整体缠绕

Interactions 相互作用

International Atomic Energy Agency（IAEA） 国际原子能机构

International Atomic Energy Agency simulator 国际原子能机构模拟器

Internet-based desk-top simulators 基于互联网的台式仿真机

inverse multiplication factor　逆乘因子

inverse transform　逆变换

inverse transform using partial fractions　使用部分分式的逆变换

inversion of　倒置

Iodine-135（I-135）　碘-135

ionization chambers　电离室

isolated core dynamics response, simulation　孤立的堆芯动力学响应, 仿真

isolated core neutronic model coefficients, numerical values　孤立的堆芯中子模型系数, 数值

isolation condenser system（ICS）　孤立的冷凝器系统

isotopes　同位素

J　j

jet pumps　喷射泵

Johnson noise　约翰逊噪声, 热噪声

K　k

Kashiwazaki-6 ABWR　柏崎6 ABWR

L　l

Laplace transformation/ Laplace transform　拉普拉斯变换

Lead-cooled Fast Reactor（LFR）　铅冷快堆

level control　液位控制

level sensor　液位传感器

light water chamber　轻水室

Light Water Reactors（LWRs）　轻水堆

linear differential equations, using state-space models　使用状态空间模型的线性微分方程

linear systems, frequency response analysis of　线性系统的频率响应分析

linear time-invariant system　线性时不变系统

linearized isolated core neutronic model　线性化孤立堆芯中子模型

liquid coolant, heat transfer to　液态冷却剂, 传热到……

Liquid Metal Fast Breeder Reactor（LMFBR）　液态金属快中子增殖反应堆

Liquid Metal Fast Breeder Reactor instrumentation　液态金属快中子增殖堆仪器仪表

Liquid Metal Fast Breeder Reactors　液态金属快中子增殖堆

Liquid Salt-fueled Reactors　液态盐燃料反应堆

load following operation　负荷跟踪运行

local power range monitor（LPRM）detector signals　局部功率区监测器检测器信号

loss　损失

low-order model　低阶模型

Lucens　卢森斯

lumped parameter model neutronics and reactor heat transfer equations
集总参数模型中子学和反应堆传热方程

lumped parameter models　集总参数模型

M　m

magnetic flowmeter　电磁流量计

maneuver　机动

Mann's model　曼恩模型

manual control　手动

marketplace　市场

matrix exponential solution　矩阵指数解

matrix-oriented solution techniques　面向矩阵的求解技术

Maxwell-Boltzmann distribution　麦克斯韦-玻尔兹曼分布

measurements　测量

mechanical pumps　机械泵

method of residues　残留法

micro-simulation technology　微仿真技术

mid-frequency plateau　中频平台

minimum phase systems　最小相位系统

modal methods　模态方法

modeling　建模

modeling and simulation　建模与仿真

modeling strategy　建模策略

moderator　慢化剂

moderator density　慢化剂密度

moderator temperature feedback　慢化剂温度反馈

modified point kinetics model　修正点动力学模型

Molten Salt Breeder Reactor（MSBR）　熔盐增殖堆

Molten Salt Reactor（MSR）　熔盐堆

Molten Salt Reactor experiment（MSRE）　熔盐堆实验

Molten Salt Reactor instrumentation　熔盐堆仪器仪表

molten Zirconium　熔锆

moving boundary model　移动边界模型

multi-group diffusion theory　多群扩散理论

multiple-input multiple-output（MIMO）　多输入多输出

multiplication factor and reactivity　倍增因子与反应性

N n

n sequence　n 序列

N-16 detectors　N-16 探测器

Nautilus　鹦鹉螺号

near-term task force　近期工作小组

neutron　中子

neutron and Gamma ray detectors　中子和伽马射线探测器

neutron diffusion equation　中子扩散方程

neutron dynamics　中子动力学

neutron flux　中子通量

neutron generation time　中子产生时间

neutron interactions　中子相互作用

neutron lifetime　中子寿命

neutron source　中子源

neutron transport and diffusion　中子输运和扩散

neutronics　中子学

neutronic features　中子学特征

neutronic variable　中子变量

neutronics and reactor heat transfer, equations, nodal model
　　中子学和反应堆传热,方程,节点模型

next generation nuclear plants（NGNP）　下一代核电站

nodal methods　节点方法

nodal model　节点模型

nonlinear system　非线性系统

NRX reactor　实验性核反应堆

nuclear bomb　核弹

nuclear fission　核裂变

nuclear plant simulator　核电站仿真机

nuclear power plant　核电站

nuclear reactor safety　核反应堆安全

Nuclear Regulatory Commission（NRC）　核监管委员会

nuclear steam supply system（NSSS）　核蒸汽供应系统

nuclear steam supply system core thermal-hydraulics　核蒸汽供应系统核心热工水力

nuclei excited photoneutron　核激发光中子

nuclei excited photoneutron, by Gamma rays　伽马射线激发的光中子

numerical analysis, point reactor kinetics equations　数值分析,点堆动力学方程

O o

OECD Nuclear Energy Agency   经合组织核能机构

of zero-power reactor   零功率电抗器

on frequency response   频率响应

once-through steam generator（OTSG）   直流蒸汽发生器

one delayed neutron group model   缓发中子单群模型

one dimensional wave equation   一维波动方程

one nodal model approach   单节点模型方法

one-dimensional heat conduction   一维热传导

one-region lumped-parameter model   单区集总模型

on-line stability monitoring   在线稳定性监测

on-off controller   开关控制器

open-loop control system   开环控制系统

open-loop transfer function   开环传递函数

ordinary differential equations, numerical solutions of   常微分方程,数值解

oscillatory behavior   振荡行为

P p

parameters   参数

partial differential equations laplace transforms   偏微分方程拉普拉斯变换

part-length control rod   限长控制棒

passive containment cooling system（PCCS）   非能动安全壳冷却系统

personal computers simulation   个人计算机模拟

perturbation equation   摄动方程

perturbation form   摄动形式

phase shift   相移

photoneutron production   光中子产物

piping and plenum   管道和增压室

piping model   管道模型

plant system parameters   工厂系统参数

Platinum   铂

plenum   增压

plenum and piping models   增压和管道模型

point reactor kinetics equation   点堆动力学方程

poisoning   中毒

potential reactor accident, analysis of   潜在的反应堆事故,分析

power ascension   功率提升

power coefficient   功率系数

power flow map and startup 电力系统潮流图和启动

power maneuvering 电力调度

power range monitoring system (PRMS) 功率区监测系统

power-to-reactivity frequency response 功率 – 无功频率响应

precursors 初期形式

pressure and void coefficient 压力和空泡系数

pressure control 压力控制

pressure controller 压力控制器

pressure drop 压降

pressure sensor 压力传感器

pressure tube 压力管

pressurized Heavy Water Reactors (PHWRs) 加压重水堆

Pressurized Water Reactor (PWR) 压水堆

Pressurized Water Reactor (PWR) instrumentation 压水堆仪器仪表

pressurizer 稳压器

primary loop pressure 主回路压力

principle 准则

probabilistic risk assessment (PRA) 概率风险评估

Promethium-149 (Pm-149) 钷 – 149

prompt jump 瞬变

proportional controller 比例控制器

proportional-integral (P-I) controller simulation 比例积分控制器仿真

Protactinium-233 镤-233

prototype fast breeder reactor (PFBR) 原型快速增殖反应堆

pseudo random binary sequence (PRBS) 伪随机二进制序列

Pu-239 cross section 钚-239 横截面

PWR simulation 压水堆仿真

pyrometry 高温测定法

Q q

quasi-static method 准静态方法

R r

radiative capture 辐射捕获

radiator nodes 辐射体节点

radioactive debris 放射性碎片

radioactive decay 放射性衰变

ramp reactivity 斜坡反应性

RBMK Reactors RBMK 反应堆

reaction rates and nuclear power generation　反应速度与核能发电

reaction rate　反应速率

reactivity　反应性

reactivity and recirculation flow　反应性和再循环流量

reactivity control mechanism　反应性控制机制

Reactivity feedback　反应性反馈

Reactivity loss　反应性损失

reactor accident analysis　反应堆事故分析

reactor coolant flow rate　反应堆冷却剂流速

reactor coolant pump（RCP）　反应堆冷却剂泵

reactor core　反应堆堆芯

reactor dynamics　反应堆动力学

reactor heat transfer　反应堆传热

reactor noise analysis　反应堆噪声分析

reactor physics，six-factor formula　反应堆物理的六因子公式

reactor power influence，on reactivity　反应堆功率对反应性的影响

reactor power response　反应堆功率响应

reactor regulation system（RRS）　反应堆调节系统

reactor simulation efforts　反应堆模拟工作

reactor system model　反应堆系统模型

reactor thermal-hydraulics balance-of-plant system　反应堆热工水力配套系统

reactor thermocouple　反应堆热电偶

real-world system，model　实际系统,模型

recirculation flow and jet pump　再循环流量和喷射泵

recirculation flow　再循环流

rectangular matrix　矩形矩阵

reference model　参考模型

refueling　燃料补给

Residue theorem　残差定理,反演

resistance thermometers（RTDs）　电阻温度计

resonance escape probability　共振逃逸概率

resonance frequency　共振频率

riser region　上升区域

rod control cluster（RCC）　控制棒束

rod controller　控制棒

Runge-Kutta order-two method　二阶龙格－库塔

S s

safety analysis report（SAR）　安全分析报告

safety injection system　安全注射系统

Salt-cooled Reactor　盐冷堆

Salt-fueled Reactor　盐燃料反应堆

Samarium-149　钐-149

scintillation detector　闪烁探测器

self-powered neutron detector　自供电中子探测器

sensitivity analysis　敏感性分析

shrink-and-swell　收缩和膨胀

simulated response, to steam valve perturbation　对蒸汽阀扰动的模拟响应

simulation method　仿真方法

simulation model, parameters　仿真模型,参数

simulation　仿真

simulator　仿真机

single radial node model　单径向节点模型

single-input single-output（SISO）system　单输入单输出系统

sinusoidal reactivity and frequency response　正弦反应性和频率响应

sinusoidal reactivity, point reactor kinetics equation　正弦反应性,点堆动力学方程

six-factor formula　六因子公式

SL-1 reactor　SL-1 反应堆

slowing down time　慢化时间

Small Modular Reactor（SMR）　小型模块化反应堆

small perturbation　小扰动

small reactor　小型反应堆

Sodium（Na-23）atom　钠-23 原子

Sodium-cooled Fast Reactor（SFR）　钠冷快堆

Sodium flow rate　钠流量

Sodium-cooled Reactor experiment（SRE）　钠冷堆实验

Solid Fuel Reactor　固体燃料反应堆

sparse matrices　稀疏矩阵

spatial oscillation　空间振荡

spatial stability　空间稳定性

specific power and neutron flux　比功率和中子通量

spectrum analysis　频谱分析

square matrix　方阵

stability analysis method　稳定性分析方法

stability problem and impact on control　稳定性问题及其对控制的影响

stable reactor period　稳定的反应堆周期

stand by liquid control system（SLCS）　备用液体控制系统

state transition matrix　状态转移矩阵

state transition matrix，multiple-input multiple-output　状态转移矩阵，多输入多输出

state variable model　状态变量模型

state-space model　状态空间模型

steady state quantity　稳态量

steady-state neutron density　稳态中子密度

steady-state power distribution control　稳态配电控制，稳态功率分布控制

steady-state program　稳态程序

steam flow perturbation　蒸汽流量扰动

steam flow rate　蒸汽流量

steam generator modeling　蒸汽发生器建模

steam generator　蒸汽发生器

steam generators horizontal　卧式蒸汽发生器

steam valve　蒸汽阀

steam-water mixture　汽-水混合物

stiff system　刚性系统

subcritical reactor　亚临界反应堆

sub-system model　子系统模型

sub-system model and characteristic　子系统模型和特性

Supercritical Water-cooled Reactor（SCWR）　超临界水冷堆

system bandwidth　系统带宽

system dynamics　系统动态

system frequency response　系统频率响应

system response plot　系统响应图

systems with oscillatory behavior　具有振荡行为的系统

systems with time delay dynamics　时滞动态系统

T t

tavgcontroller　冷却剂平均温度控制器

temperature control　温度控制

temperature feedback effect　温度反馈效应

temperature sensor　温度传感器

thermal fission factor　热裂变系数

thermal lifetime　热寿命

thermal neutrons　热中子

Thermal Neutrons Basic Reactor　热中子基础反应堆

thermal non-leakage probability　热中子不泄漏概率

Thermal Neutrons Reactors　热中子反应堆

thermal utilization factor　热中子利用系数

thermocouple　热电偶

thermowell　热套管

thermowell and bypass installation　热套管和旁路安装

Thorium　钍

three element controller　三冲量控制器

Three Mile Island　三哩岛

three-dimensional heat conduction　三维热传导

three-element feedwater control　三冲量给水控制

three-element U-tube steam generator controller　三元 U 形管蒸汽发生器控制器

time delay dynamics　时滞动态特性

time-domain response　时域响应

total reactivity balance　总反应性平衡

transfer function　转换功能,传递函数

transfer function representation　传递函数表示

transient response　瞬态响应

tristructural isotropic（TRISO）small fuel particle　三结构同位素小燃料颗粒

turbine control　汽轮机控制

turbine control system　汽轮机控制系统

turbine following boiler　机跟炉

Two-dimensional heat conduction　二维热传导

type-K thermocouple　K 型热电偶

type-N thermocouple　N 型热电偶

typical pressurizer　典型的稳压器

U　u

U. S. Land-based Power Reactor　美国陆基动力堆

U. S. Nuclear Regulatory Commission（NRC）　美国核监管委员会

U-233　铀-233

U-235　铀-235

U-238 neutron　铀-238 中子

Ultrasonic flowmeter　超声波流量计

Unit power regulator　单元功率调节器

Unit step function　单位步进功能

UO_2 fuel pellet　UO_2 燃料颗粒

upstream transducer　上游换能器

Uranium　铀

Uranium oxide　氧化铀

U-tube steam generator（UTSG）　U形管蒸汽发生器

U-tube steam generator modeling and control　U形管蒸汽发生器的建模与控制

V　v

vector-matrix formulation　向量矩阵公式

Very-high Temperature Reactor（VHTR）　超高温反应堆

void coefficient　空泡系数

W　w

Western Services Corporation　西部服务公司

wide-range monitoring system（WRMS）　宽量程监测系统

windscale　风标

X　x

Xenon steady-state poisoning　氙稳态中毒

Xenon-135　氙-135

Xenon-induced spatial oscillation　氙引起的空间振荡

Z　z

Zero-power Reactor　零功率反应堆

Zircaloy cladding　锆合金包壳